아이작
뉴턴

ISAAC NEWTON
Copyright©2003 by James Gleick
All rights reserved

Korean translation copyright©2008 by Seung San Publishers
Korean translation right arranged with Carlisle & Co.
through EYA(Eric Yang Agency)

이 책의 한국어판 저작권은 EYA(Eric Yang Agency)를 통한
Carlisle & Co.사와의 독점계약으로
한국어 판권을 '도서출판 승산'이 소유합니다.
저작권법에 의하여 한국 내에서 보호를 받는 저작물이므로 무단전재와 복제를 금합니다.

이 도서의 국립중앙도서관 출판시도서목록(CIP)은
e-CIP홈페이지(http://www.nl.go.kr/ecip)에서 이용하실 수 있습니다.
(CIP제어번호 : CIP2008002709)

아이작 뉴턴

『천재』와 『카오스』의 저자 **제임스 글릭** 지음
김동광 옮김

승산

제임스 글릭의 『아이작 뉴턴』에 대한 찬사

"통찰력이 돋보이는 이 우아한 저술은 마치 뉴턴이 살아 숨 쉬는 것처럼 생생하게 느낄 수 있게 한다. …… 글릭은 이 책을 통해 뉴턴 과학의 정통 해설자이면서 유능한 문장가임이 확인되었고, 대상에 대한 절제된 감정이입을 통해 뉴턴이 보았을 바로 그 세상으로 우리를 인도한다."

『로스앤젤레스 타임스』

"뉴턴의 삶과 업적에 진지한 관심이 있는 일반 독자들에게 글릭의 이 전기를 그 훌륭한 출발점으로 추천한다. 이 책에는 세 가지 중요한 장점이 있다. 정확하고 읽기 쉬우며 짧다. 글릭은 원전으로 돌아가서 뉴턴을 되살려 냈다."

프리먼 다이슨, 『뉴욕 리뷰 오브 북스』

"글릭은 우리를 위대한 천재들의 정신으로 이끄는 탁월한 안내자이다. …… 『아이작 뉴턴』은 심오할 정도로 불가사의한 인물의 난해한 인성에 새로운 빛을 비추었다."

『시애틀 포스트인텔리전서』

"대단한 열정과 활력, 산문보다는 시에 더 가까운 문체. 글릭은 명쾌하면서도 우아하게 그 원리들을 설명한다. 과학을 편안하게 설명하는 그의 태도가 이 책이 즐거워지는 핵심적인 이유이다."

『이코노미스트』

"글릭은 우리 시대의 가장 훌륭한 과학 저술가 중의 한 사람이다. …… 역사적 문서와 서신의 더미 속에서 자신의 천재성과 광기를 가슴에 간직한 채 드러내지 않은 한 사람의 매력적인 초상을 발굴해 내었다. 글릭의 책을 손에서 내려놓기란 힘든 일이다."

『글로브 앤드 메일』(토론토)

"글릭은 …… 자신의 첫 번째 저서 『카오스: 현대 과학의 대혁명』에서 혼돈에 질서를 가져왔던 명쾌한 이해와 표현을 뉴턴의 삶과 사상에도 똑같이 쏟아 부었다."

『데일리 헤럴드』

"과학에서 가장 혼란스러운 인물에 대한 가장 훌륭하고 짧은 전기."

『뉴 사이언티스트』

"뉴턴에 관심이 있는 일반 독자들을 위해 엄선된 전기. …… 글릭은 뉴턴의 다면적 삶에 아주 가까이 접근하게 해 준다."

『뉴욕 타임스 북 리뷰』

"놀라울 정도로 풍부하고 우아하며 시적이다. …… 글릭의 뛰어난 재능은 굳이 수준을 낮춰 말하지 않고서도 복잡한 개념을 풀어내는 능력이다. 글릭은 참신하고 미려한 설명으로 뉴턴을 다룬 많은 책들이 실패했던 뉴턴의 시각이 지닌 묘한 힘을 설득력 있고 생생하게 그려내는 데 성공했다."

『더 타임스』(런던)

"글릭은 …… 전형적인 학문적 연구를 흥미진진한 이야기로 탈바꿈시켰다. 글릭은 16세기 말경 영국 지식인의 삶을 재창조하는 놀라운 일을 해내었다. 글릭은 난해한 논의를 현대인들이 알기 쉽게 명확하고 간단한 해설로 풀어내는 탁월함을 보여 주었다."

『사이언스』

"제임스 글릭은 …… 자신의 특별한 자료들을 최대한 활용하여 능숙한 솜씨로 이 위대한 수학자를 그 시대의 창조자이면서 희생자로 바라본다. …… 『아이작 뉴턴』은 현재 시장에서 넘쳐 나는 방대하고 과장된 과학 전기들에 대한 완벽한 해독제이다. 또한 이론의 여지없이 몇 안되는 세계적인 천재 중의 하나인 뉴턴의 삶에 관심이 있는 사람들에게 최상의 출발점이다."

『옵서버』

"감동적이다. …… 현재까지는 아마도 글릭의 전기가 가장 접근하기 쉬울 것이다. 글릭은 기품 있는 작가로, 천박하지 않으면서 활기차고, 연구의 본질을 탁월하게 그려 내고, 뉴턴이 그 시대와 했던 거래를 드러낸다."

『파이낸셜 타임스』

"탁월하다. …… 이 위대한 과학자에게 예리한 초점이 맞춰져 접근하기가 더 쉬워졌다. 강력히 추천한다."

『티스컨시티즌』

46세의 아이작 뉴턴 초상화, 고트프리 넬러 경 그림 (1689년)

나는 그에게 그것을 어디서 구했는지 물었고, 그는 자신이 만들었다고 말했다.
나는 그에게 그 도구를 어디서 구했는지 물었고, 그는 자신이 만들었다고 말했다.
그는 웃으면서 만약 내가 계속 다른 사람들이 나를 위해
내 도구와 물건들을 만들게 두었다면
나는 어떤 것도 해내지 못했을 것이라고 덧붙였다…….

차례

서문 · 13

제1장	어떤 직업이 그에게 맞을까? · 19
제2장	몇 가지 철학적 의문들 · 30
제3장	운동에 의한 문제 해결 · 43
제4장	거대한 두 궤도 · 60
제5장	신체와 감각 · 73
제6장	가장 주목해야 할 발견이 아니라면 가장 기이한 발견 · 81
제7장	저항과 반발 · 93
제8장	회오리바람 속에서 · 104
제9장	모든 것은 부패한다 · 114
제10장	이단, 신성모독, 우상숭배 · 123

제11장	제 1 원리 • **131**
제12장	모든 물체는 유지한다 • **143**
제13장	그는 다른 사람과 같은가? • **158**
제14장	그 누구도 자신의 증인이 되지는 못한다 • **174**
제15장	냉혹한 정신 • **194**

역자후기 • 213

후주 • 215

감사의 말 • 281

참고문헌 • 283

그림출처 • 306

찾아보기 • 308

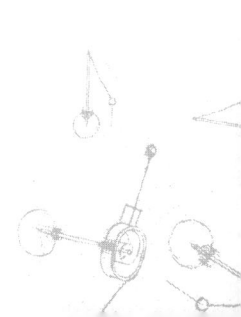

ISAAC NEWTON

아이작 뉴턴은 자신이 멀리 볼 수 있다면 그것은 거인들의 어깨 위에 서 있기 때문이라고 말했지만, 사실은 이를 믿지 않았다. 암흑과 모호함과 마술의 세상에 태어난 뉴턴은 부모도 연인도 친구도 없이 기이할 정도로 단순하고 강박적인 삶을 살았고, 자신의 길을 방해하는 거물들과 다툼을 벌였으며, 최소한 한 번은 미치기 직전까지 갔다. 자신의 연구를 비밀에 붙였지만, 그만큼 인류 지식의 정수를 많이 발견한 사람은 전무후무했다. 그는 근대 세계를 수립한 중요한 건축가였다. 고대 철학의 난제였던 빛과 운동에 대해 해답을 제시했고, 사실상 중력을 발견했다. 천체 경로를 예측하는 방법을 제시하여 우주에서 우리의 위치를 정립했다. 뉴턴은 실체實體로서의 물질관, 즉 물질이 양量으로 측정 가능하고 엄밀하다는 관점을 정립했다. 그는 원리들을 확립했고, 그것들은 뉴턴의 법칙이라 불리게 되었다.

고독은 뉴턴의 천재성에 없어서는 안 될 일부였다. 뉴턴은 청년 시절에 당시까지 인류에게 알려진 수학의 대부분을 소화하거나 재발견해서 – 근대 세계가 변화와 흐름을 이해하게 되는 장치인 – 미적분법을 발명했지만, 이 보물을 혼자서만 간직했다. 왕성하게 활동할 시기에 뉴턴은 홀로 떨어져 과학의 가장 큰 비밀인 연금술에 몰두했다. 그는 세상에 노출되는 것을 두려워하고 비판과 논쟁을 꺼려하여 자신의 연구를 거의 발표하지 않았다. 우주의 수수께끼를 해독하려고 분투했던 뉴턴은 그 속에서 보았던 암호처럼 숨겨진 복잡한 비밀들과 겨뤘다. 뉴턴은 아이작 경, 조폐국장, 왕립학회 회장이 되어 자신의 초상이 메달에 새겨지고 업적이 시로 칭송되는 등 국민적 우상이 된 뒤에도 다른 철학자들과는 떨어진 채 거리를 유지했다.

뉴턴은 세상을 떠나기 전에 이렇게 말했다. "내가 세상에 어떤 모습으로 비칠지 모른다. 그러나 나 자신에게 나라는 존재는 눈앞에 펼쳐진 진리의 바닷가에서 놀면서 이따금 좀 더 매끄러운 자갈이나 예쁜 조개껍데기를 찾아내면 즐거워하는 소년에 지나지 않는다."[1] 이 구절은 그 뒤 수세기 동안 많이 인용되었지만, 소년 시절이나 어른이 되어서도 뉴턴은 한 번도 바닷가에서 논 적이 없었다. 벽촌에서 문맹인 농부의 아들로 태어난 뉴턴은 섬나라에서 살았고, 달과 태양이 바다를 끌어당겨 조석을 일으키는 것을 설명했지만, 바다를 본 적은 없었을 것이다. 뉴턴은 추론과 계산으로 바다를 이해했다.

뉴턴이 생전에 지구 표면을 밟은 길이는 겨우 150마일 밖에 되지 않는다. 시골인 링컨셔의 작은 마을에서부터 그 남쪽에 있는 케임브리지 대학촌까지, 그리고 다시 거기서부터 런던까지가 전부이다. 뉴턴은 1642년 크리스마스(영국에서 사용하던 역법에 따르면 - 그러나 이 역법은 태양의 운행과 맞지 않았다)에 석조로 된 한 농가의 침실에서 태어났다. 자작농이었던 그의 아버지 아이작 뉴턴은 35세에 결혼을 한 뒤 병에 걸려 아들이 태어나기 전에 사망했다. 영국에는 아버지가 죽은 뒤에 태어난 아이는 아버지를 닮지 않는다는 속담이 있다.

아버지 아이작 뉴턴은 양 몇 마리와 보리, 간단한 가구 말고는 자취를 거의 남기지 않았다. 당시 여느 시골 사람들과 마찬가지로 그도 읽고 쓸 줄을 몰랐기 때문에 유서에 X라고 기입했다. 삼림과 히스 황야, 개천과 샘이 있던 울스소프Woolsthorpe의 토지를 경작했다. 그곳의 얇은 토양 아래에는 회색 석회암층이 있었고, 이 석회암으로 지은 몇 채의 집이 있었다. 이 주택들은 목재와 진흙을 사용한 보통 오두막보다 내구성이 뛰어났다. 부근에는 여전히 비할 바 없이 훌륭한 고대 기술의 유산인 로마 제국의 도로가 남북으로 지나고 있었다. 간혹 아이들이 고대의 동전이나 저택 혹은 성벽의 유물을 땅속에서 캐내기도 했다.[2]

아들 아이작 뉴턴은 84세까지 살았으며, 부자였고 통풍을 앓았다. 뉴턴은 1727년 겨울이 끝나갈 무렵 런던에서 사망했다. 신장 결석으로 인해 극심한 고통이 오래 계속된 후 찾아온 죽음이었다. 영국은 정신적인 분야에서 업적을 이룬 사람에게는 처음으로 국장을 치러 주었다. 대법관과 공작 두 명, 백작 세 명이 관을 덮는 보를 들었고 왕립학회 회원 대다수가 그 뒤를 따랐다. 시신은 8일간 웨스트민스터 사원에 안치된 뒤 본당에 묻혔다. 무덤 위에는 회색과 흰색의 대리석에 화려한 기념비가 새겨졌다. 거기에는 비스듬히 누운 뉴턴의 초상과 1680년 혜성의 경로가 표시된 천구, 프리즘을 가지고 놀거나 태양과 행성의 무게를 다는 천사같은 소년들이 묘사되어 있었다. 라틴어 비문은 '거의 신의 경지에 다다른 정신의 힘'과 '그만의 독특한 수학 원리'를 강조하면서 이렇게 선언했다. "사람들은 인류를 빛낸 위대한 이가 존재했음을 크게 기뻐한다." 영국, 유럽 대륙, 그리고 세계 여타 지역에서 뉴턴의 이야기가 시작되고 있었다.

그때 막 자신을 볼테르라고 부르는 프랑스 작가가 런던에 도착했다. 그는 마치 국왕의 장례식과 같은 장엄한 식장에 놀라고 뉴턴주의의 설명에 고무되었다. 그는 이렇게 썼다. "런던에 도착한 한 프랑스인은 모든 것이 다르다는 것을 발견했다. 우리에게는 바다의 조석을 일으키는 것이 달의 압력이지만, 영국인들에게는 중력 때문에 바다가 달을 향해 끌리는 것이다. 그래서 우리가 달이 만조를 일으킨다고 생각할 때, 영국 신사들은 간조가 된다고 생각한다." 볼테르는 뉴턴을 고인이 된 자국의 철학 영웅 르네 데카르트$^{René\ Descartes}$와 즐겨 비교했다. "당신들 데카르트주의자들에게는 만물을 움직이는 것이, 당신들도 실제로 이해하지 못하는 추동력^{impulsion}이지만, 뉴턴 씨에게는 그 원인이 잘 알려지지 않은 중력이다." 가장 기본적인 개념들은 새로운 것이었고, 찻집과 살롱에 가면 누구나 접할 수 있었다. "파리에서는 지구를 멜론처럼 생겼다고 보지만, 런던에서는 만조와 간조 시에 평평해진다고 본다. 데카르트 학파에게 빛은 공기 중에 존재하지만 뉴턴 학파에게 빛은 태양으로부터 6분 30초 만에 오는 것이다." (실제로는 8분 20초에 가깝다.) 데카르트는 공상가이고 뉴턴은 현인이었다. 데카르트는 시와 사랑을 경험했지만 뉴턴은 아니었다. "기나긴 인생 여정에서 뉴턴은 열정도 나약함도 없었다. 그는 여자 가까이에 간 적도 없었다. 나는 뉴턴이 운명했을 때 곁에 있었던 의사와 외과의에게 그 사실을 확인했다."[3]

뉴턴의 깨달음은 그것이 마치 우리의 직관인 양, 우리 지식의 정수로 남아 있다. 뉴턴의 법칙이 곧 우리의 법칙인 것이다. 우리가 힘과 질량에 대해서나 작용과 반작용에 대해서 말할 때, 혹은 스포츠 팀이나 정치 입후보자에게 힘^{momentum}이 있다고 이야기하거나 전통이나 관료주의의 끈질긴 관성에 주목할 때, 그리고 팔을 쭉 펴고 지구 쪽으로 끌어당기는 중력의 힘을 도처에서 느낄 때, 우리는 열렬하고 독실한 뉴턴주의자가 된다. 뉴턴 이전에는 영어 단어 'gravity'는 진지하고 엄숙한 분위기나 내재한 본질을 나타내었다. 물체는 무거움이나 가벼움을 지닐 수 있고, 무거운 물체는 물체가 속한 아래쪽으로 향하는 경향이 있었다.[4]

우리는 뉴턴주의를 지식과 신념으로 받아들였다. 과학자들이 혜성과 우주선의 과거와 미래의 궤도를 계산해 내면 우리는 이를 믿는다. 더욱이 이들이 마술이 아니라 순전히 기술로 계산한다는 것을 우리는 알고 있다. 우주론자이자 상대론자인 헤르만 본디$^{Hermann\ Bondi}$는 이렇게 말했다. "지형이 완전히 바뀌고 사고방식도 너무 깊이 영향을 받아서 전에는 어떠했는지를 파악하기가 아주 어렵다. 그가 일으킨 관점의 총체적 변화를 이해하기란 매우 힘들다."[5] 뉴턴은 창조가 무제한의 범위에서 반복되는 단순한 규칙과 패턴을 따라 전개된다고 믿었다. 따라서 우리는 경제의 주기와 인간 행동을 설명하는 수학 법칙을 찾는다. 우리는 우주가 설명가능한 곳이라고 생각한다.

뉴턴은 시간과 공간, 운동이라는 지식의 초석에서 시작했다. 뉴턴은 중년에 이렇게 썼다. 나는 시간, 공간, 장소, 운동을 모두에게 잘 알려진 대로 정의하지 않는다. 당시 뉴턴은 은둔적인 삶을 살던 교수였고 심오한 이론가이자 연금술사였으며 케임브리지 트리니티 칼리지에 있던 자신의 연구실에서 좀처럼 나오지 않았다.[6] 그러나 뉴턴은 이 용어들을 나름대로 정의할 뜻을 품었다. 그는 일상 언어의 모호함으로부터 이 용어들을 구해 냈다. 용어를 표준화한 것이다. 용어들을 정의하면서, 그는 각각을 다른 것들과 결합시켰다.

뉴턴은 오배자 잉크*로 깃촉 펜을 적셔서 라틴어 소문자로 원고를 빈틈없이 메워 갔다. "보통 사람들은 아무 개념 없이 자신들이 지각하는 사물과의 관계에서 그 양을 생각한다. 거기서 편견이 생기게 된다……." 그 무렵, 뉴턴은 백만 여 단어를 집필했지만 거의 아무것도 발간하지 않았다. 먹고 자는 것도 신경쓰지 않은 채 오로지 집필에만 몰두했다. 그는 계산을 위해서 거미줄 같은 행과 넓은 세로 단에 숫자를 적었다. 대부분의 사람이 백일몽을 꾸듯 뉴턴은 계산을

| * Oak gall. 오크 물식자라고 하며, 붉나무 등의 잎에 오베자벌레가 만든 혹. 과거에는 잉크의 원료로 사용되었다.

했다. 그의 사고의 흐름은 영어와 라틴어 사이를 이리저리 넘나들었다. 책과 원고를 그대로 필사하거나 때로는 같은 글을 반복해서 베끼면서, 그는 읽기 위해 썼다. 즐거움보다는 결연함으로, 추론하기 위해, 숙고하기 위해, 그리고 열병처럼 들끓는 마음을 다잡기 위해서 썼다.

그의 이름은 세계 체계의 조짐을 보이고 있었다. 그러나 뉴턴 본인에게는 역동적이고 변화무쌍하며 미완성인 탐색만이 있을 뿐 완성은 없었다. 뉴턴은 물질과 공간을 신과 완전히 분리하지 않았다. 자신의 자연관에서 불가사의하고 신비스럽고 비밀스러운 성질을 제거하지 않았다. 질서를 추구하고 질서를 신봉했지만 무질서에서 결코 눈을 돌리지 않았다. 만인의 뉴턴은 뉴턴주의자가 아니었다.

당시까지 정보는 여전히 몇 안되는 인간 종을 통해서 힘겹게 전해지다 사멸하곤 했다. 그러나 뉴턴은 그의 생애 내에 승리를 안겨 주고 이어지는 세기에 계속 전달될 방법과 언어를 창조했다. 새로운 우주에 이르는 문을 활짝 열어젖힌 것이다. 이 새로운 우주는 절대 시간과 공간으로 시작되며, 측정가능하면서도 측정불가능하며, 과학과 기계가 구비되어 있고, 산업과 자연 법칙에 의해 통제된다. 뉴턴은 기하학과 운동, 운동과 기하학을 하나로 통합했다. 아인슈타인의 상대성이론이 등장하면서 뉴턴 과학은 '무너지거나' 또는 '대체되었다'고 하지만, 실제로는 그렇지 않았다. 뉴턴 과학은 보강되고 확장되었다.[7]

아인슈타인은 말했다. "행운의 뉴턴, 과학의 행복한 유년기! 그에게 자연은 열린 책이었다. 그는 우리 앞에 강하고, 확실하게, 그리고 외롭게 서 있다."[8]

그러나 뉴턴은 마지못해 그리고 은밀하게 우리에게 말한다.

제 1 장

어떤 직업이 그에게 맞을까?

조금은 허름한 중세풍의 울스소프 농가는 위덤 강가 언덕에 자리 잡고 있었다. 좁은 현관, 덧문 달린 창, 갈대 위에 물푸레나무와 참피나무를 깐 마룻바닥이 있는 이 집은 정확히 20년간 뉴턴 조상의 소유였다. 집 뒤로는 사과나무가 서 있고, 집 주위 수 에이커에 이르는 들판에는 양들이 풀을 뜯고 있었다.

아이작은 계단 맨 끝의 작은 방에서 태어났다. 중세 법률 조항에 따르면 이 집은 장원이었고, 아버지 없는 이 소년이 근처 농가의 소작농들에 대해 영주의 권한을 가진 주인이었다. 이 소년은 동쪽으로 1마일 가량 떨어진 교회 묘지에 묻힌 할아버지 로버트 윗대의 조상들이 누구인지 알아낼 수 없었다. 그럼에도 한 번도 본 적이 없는 아버지의 땅에서 농장을 경영하면서 살고 싶었다. 어머니 한나 아이스코프 Hannah Ayscough는 좋은 가문 출신이었다. 외삼촌 윌리엄 아이스코프 William Ayscough 신부는 성공회 성직자의 길을 걷기 전에 케임브리지 대학교에서 수학했으며, 그 후 20마일 가량 떨어진 교구 사제관에서 살고 있었다. 아이작이 세 살이 되고 과부였던 어머니가 30세 가량 되던 해에 어머니는 근처의 다른 교구 사제였던 바너버스 스미스 Barnabas Smith에게서 청혼을 받았다. 그는 그녀보다 나이가 갑절이나 많은 부자였다. 스미스는 아내를 원했지만 의붓아들은 원하지 않았다. 구혼을 받아들인 한나는 아이작을 울스소프 집에 버리고 갔다. 어린 아이작은 할머니 손에 맡겨졌다.[1]

아이작의 유년기 내내 그가 살던 지방은 전쟁의 화염에 휩싸였다. 그가 태어나던 해에 10년 동안 이어질 내전, 즉 청교도 혁명이 시작된 것이다. 의회파가 왕당파와 전쟁을 벌였고 청교도는 그들이 영국 국교회에서 목격한 맹신에서 벗어났다. 잡다한 용병들이 섞인 군대는 미들랜드 지방 전역에서 충돌했다. 창과 머스킷 소총을 든 군인들이 울스소프 부근 들을 지나갔다.[2] 병사들은 보급을 위해 농장을 약탈했다. 영국은 자기 자신과 전쟁을 벌이고 있었고, 또한 점차 스스로를 – 즉, 국가성nationhood과 그 특수성에 대해 – 자각하기 시작했다. 교회의 형태와 신념으로 인해 분열되고 혼란에 빠진 이 나라는 진정한 혁명을 수행했다. 승리를 쟁취한 청교도는 절대주의를 거부하고 신이 내린 군주의 권리를 부정했다. 1649년, 아이작이 여섯 살이 되자마자 찰스 스튜어트Charles Stuart 국왕은 자신의 궁전 담벼락에서 처형되었다.

세계 육지의 1/1000을 점하는 소박한 이 나라는 13,000년 전 지구가 더워지면서 극 빙하가 녹기 시작하자 대륙 본토에서 떨어져 나왔다. 약탈을 일삼던 해양 부족이 격랑에 떠밀려 해안가에 정착했고, 점차 흩어져 내륙과 분지로 들어가 촌락을 형성했다. 이들이 자연에 대해 알게 되고 믿게 된 것은 부분적으로는 기술을 사용한 덕분이었다. 이들은 빻고 갈고 윤을 내는 데 물과 바람의 힘을 이용하는 법을 배웠다. 대장간, 용광로, 제분소가 경제에서 자리를 잡았고 그로 인해 경제는 점차 분화되고 위계화 되어 갔다. 많은 다른 공동체들처럼 영국에 거주하던 사람들도 구리와 황동 주전자, 쇠막대와 못 등의 금속 제품을 제작했다. 이들은 유리도 만들었다. 이러한 기술과 재료는 지식이 크게 도약하기 위한 전제 조건이었다. 그 밖의 조건들로는 렌즈, 종이와 잉크, 기계식 시계, 무한히 작은 분수를 나타낼 수 있는 수 체계와 수백 마일을 망라하는 우편 체계가 있었다.

뉴턴이 태어나던 해에 인구가 약 40만 명인 대도시가 하나 형성되었다. 그 밖의 도시들은 크기가 그것의 1/10도 되지 않았다. 영국은 여전히 촌락과 농장의 국가였고 기독교식 역법과 농사 주기에 의해 계절이 결정되었다. 즉, 양의 임신과 출산, 건초 만들기와 추수 등의 주기로 결정되었다. 몇 년간의 흉작으로 기근이 만연했다.[3] 방랑하는 노동자와 떠돌이가 인구의 상당수를 이루었다. 그러나 그 와중에도 장인과 상인 계급은 부상하였다. 무역상, 상인, 유리공, 목수, 측량사들은 모두 실제적이고 기계론적인 지식관을 발달시켰다.[4] 이들은 수를 사용하고 도구를 제작했다. 제조 경제의 토대가 마련되고 있었던 것이다.

나이가 차자 아이작은 마을에 있는 기숙학교에 다녔고, 거기서 읽기를 배우고 성경을 공부했으며 구구단을 암송했다. 그는 나이에 비해 체구가 작았고, 외톨이였고 감정의 기복이 심했다. 간혹 계부와 엄마가 죽기를 소원하기도 했다. 너무 화가 나서 계부 집에 불을 지르겠다고 협박한 적도 있었다. 때로는 죄라는 것을 알면서도 자신이 죽기를 소원하기도 했다.[5]

맑은 날 햇빛이 벽을 따라 기어갔다. 빛처럼 어둠도 창에서 내려오는 것처럼 보였다 – 아니면 눈에서 떨어지는 것인가? 그것을 누가 알겠는가. 태양은 경사진 모서리를 투사해서 빛과 그림자로, 때로는 선명하게 때로는 흐릿하게, 창틀에 역동적인 투영을 만들어 교차면의 3차원 기하학을 표현했다. 비록 태양이 천체 중에서 가장 규칙적이고 그 주기가 이미 시간 측정을 규정하고 있기는 하지만 상세한 시간을 시각화하기는 어려웠다. 아이작은 조야한 기하학 도형을 새기고, 호(弧)를 표시한 원을 파 넣은 다음, 벽과 땅에 나무못을 박아 시간을 15

분대의 근사치까지 정확히 측정했다.[6] 해시계를 돌에 새기고 해시계 바늘^{gnomon}이 드리우는 그림자 길이를 도표로 나타냈다. 이는 시간을 공간, 길이로서의 지속, 호의 길이와 유사한 무엇으로 본다는 것을 의미했다. 아이작은 줄로 짧은 거리를 측정한 다음, 인치를 시간의 분^{分}으로 번역했다. 그리고 계절이 바뀔 때마다 이 번역을 방법론적으로 수정하여야 했다. 태양은 매일 뜨고 지며, 연중 하늘에서의 위치가 항성$^{fixed\ star}$에 비해 조금씩 변화하는데, 완만하게 꼬인 숫자 8 모양을 따라 이동한다.[7] 이 모양은 심안^{心眼}이 아니고서는 볼 수 없다. 아이작은 이것이 지구의 타원 궤도와 기울어진 지구 회전축이라는 두 가지 기이한 현상의 산물이라는 것을 이해하기 훨씬 전부터 이미 그 패턴을 알고 있었다.

울스소프에서 시간을 알고 싶은 사람은 누구나 아이작의 해시계를 보았다.[8] 셰익스피어의 헨리 6세는 이렇게 말했다. "오, 주여! 생각건대 해시계 눈금을 하나하나 솜씨 좋게 새겨 넣고 시간이 어떻게 지나가는지를 지켜보는 것은 행복한 삶입니다."[9] 일부 교회에서는 기계식 시계로 시간을 알 수 있었지만 대다수의 사람은 여전히 해시계(그림자 시계)로 시간을 가늠했다. 밤에는 별들이 창공을 회전하고, 달은 차고 기울며 제 궤도를 따라 이동한다. 그 운행은 태양과 몹시 흡사하지만 정확하지 않다. 계절을 지배하고 낮과 밤을 밝히는 이 거대한 구^{球}는 마치 보이지 않는 끈으로 이어진 것처럼 연결되어 있었다.[10] 해시계에는 수천 년간 다듬어져 온 실용적인 지식이 구현되어 있었다. 조악한 해시계는 시간이 고르지 않았고 계절에 따라 달라졌다. 개량 해시계가 나오면서 정밀도가 높아졌고 시간 감각 자체의 변화를 촉구했다. 다시 말해서 순환하는 주기 또는 연중행사에 영향을 미치는 신비한 성질로서 뿐 아니라 기간, 즉 측정할 수 있는 차원으로 시간 감각을 바꾸었다. 그러나 퍼즐 조각들이 모두 맞추어지기 전까지는 어느 누구도 해시계를 완전하게 만들거나 심지어는 이해할 수조차 없었다. 그 조각들은 그림자, 리듬, 행성들의 궤도, 타원의 특수한 기하학, 물체에 의한 물체의 인력이다. 이 모두는 하나의 문제였다.

아이작이 열 살이 되던 1653년에 바너버스 스미스가 사망했고, 한나는 세 아이를 데리고 울스소프로 돌아왔다. 그녀는 그레이트 노스 로드Great North Road를 따라 위로 8마일 떨어진 그랜댐Grantham에 있는 학교로 아이작을 보내 버렸다. 지금은 군사 도시인 그랜댐은 당시 수백 가구가 살던 상업 도시였다. 그랜댐에는 여관이 둘, 교회가 하나, 길드 회관이 하나, 약국이 하나, 옥수수 및 맥아 제분소 두 곳이 있었다.[11] 매일 걸어다니기에 8마일은 너무 멀었다. 아이작은 하이 스트리트High Street에 있는 윌리엄 클라크William Clarke의 약국에서 하숙을 했다. 이 소년은 다락방에 기거하면서 자신의 흔적을 남겼다. 자기 이름을 마룻바닥에 새기고 벽에다 목탄으로 새와 동물, 사람과 배, 완전히 추상적인 원과 삼각형 같은 그림을 그려 놓았다.[12]

엄격한 청교도 훈육 원칙에 교실이 하나밖에 없던 킹스스쿨Kings School의 교장 헨리 스토크스Henry Stokes는 여덟 명의 소년들에게 라틴어와 신학, 그리스어와 히브리어를 가르쳤다. 대부분의 영국 학교에서는 이 과목들이 전부였지만, 스토크스는 장래의 농부들을 위해 실용적인 산술을 추가했다. 주로 토지 면적과 지형의 측정, 즉 측량을 해서 사슬로 밭을 표시하고 에이커를 계산하는 산법이었다(물론 여전히 에이커가 지방마다 또는 토지의 비옥함에 따라 달랐다).[13] 그런데 스토크스는 농부에게 필요한 것보다 조금 더 많이 가르쳤다. 아르키메데스가 파이 값을 산정하기 위해 했던 방법대로 원 안에 정다각형을 새기는 법과 각 면의 길이를 계산하는 법을 가르쳤다. 아이작은 벽에다 아르키메데스의 도해를 새겨 넣었다. 외롭고 불안하고 경쟁심이 강한 열두 살의 나이에 아이작은 가장 낮은 학년으로 들어갔다. 그는 교회 뜰에서 다른 아이들과 싸워 코피를 흘리기도 했다. 아이작이 무심히 적어 놓은 무의미한 글귀들, 일부는 베끼고 일부는 창작한 경구들, 단호한 사고의 흐름을 보여 주는 글들을 라틴어 교과서에 빽빽이 적어 놓았다. 작은 꼬마, 아무짝에도 쓸모없는 나, 그 애는 창백하다, 내가 앉을 자리가 없다, 집 꼭대기에서-지옥의 밑바닥에서, 어떤 직업이 그에게 맞을까? 그에게는 무엇이 적합할까?[14] 아이작은 절망했다. 끝을 내야겠다. 울지 않을 수 없다. 무얼 해야 할지 모르겠다.

사람들이 돌이나 양피지에 기호를 이용해 지식을 기록하기 시작한 지 120세대 밖에 지나지 않았다. 영국의 제지 공장이 뎁포드 강$^{\text{Deptford River}}$에서 처음 문을 연 것은 16세기 말엽이었다. 종이는 귀히 여겨졌고 종이에 쓰인 글은 일상생활에서 미미한 역할을 했다. 사람들이 생각한 것은 대부분 기록되지 않았으며 기록한 것은 대부분 숨기거나 분실되었다. 그럼에도 일부 사람들에게는 정보 범람의 시대인 것처럼 여겨졌다. 옥스퍼드의 보들리안 도서관$^{\text{Bodlein Library}}$에서 살다시피 하며 자료의 전달과 저장에 한 몸을 바친 교구목사 로버트 버튼$^{\text{Robert Burton}}$은 이렇게 쓰고 있다.

> 나는 매일 새로운 소식을 듣는다. 떠들썩한 이 시대가 제공하는 전쟁, 전염병, 화재, 홍수, 절도, 살인, 학살, 유성, 혜성, 스펙트럼, 천재, 유령 …… 등등에 관한 통상적인 소문을 …… 매일 나오는 신간 서적과 소책자, 소식지, 신문기사, 각종 도서목록, 새로운 역설, 견해, 분파, 이교, 철학과 종교계의 논쟁 등.[15]

버튼은 이전에 나온 모든 지식을 모아 자신의 이름으로 산만하고 두서없는 한 권의 백과사전을 만들려고 시도했다. 그는 자신의 명백한 도용에 대해 사과하지 않았다. 아니, 오히려 이런 식으로 변명했다. "거인의 어깨 위에 선 난쟁이가 거인보다 더 멀리 본다."[16] 그는 외국에서 나온 진기한 책들을 이해하려고 노력했는데, 그 책들에는 티코^{Tycho}와 갈릴레오^{Galileo}, 케플러^{Kepler}와 코페르니쿠스^{Copernicus}의 환상적이고 모순적인 우주의 체계들이 저마다 제시되어 있었다. 그는 이 체계들을 고래의 지혜와 화해시키려고 노력했다.

지구가 도는가? 코페르니쿠스는 '진리로서가 아니라 가정으로서' 그 개념을 되살렸다. 몇몇 다른 사람들도 동의했다. '일반적으로 받아들이고 있는 견해대로 지구가 세상의 중심이고 정지해 있다면',[17] 그리고 천구^{天球}가 지구 주위를 돈다면, 하늘은 믿기지 않는 속도로 회전해야 한다. 이것은 태양과 항성의 거리 측정 결과로 나온 사실이었다. 버튼은 일부 산술을 도입했다(그리고 합쳤다). "사람이 하루에 40마일씩 2,904년간 가도 지날 수가 없는 거리를 하늘^{firmament}은 24시간 만에 간다. 혹은 203년이 걸려도 지날 수 없는 거리를 하늘은 1분 만에 간다. 이는 터무니없는 것 같다." 사람들은 소형 망원경으로 별을 보았지만, 버튼은 8피트 길이의 망원경으로 목성을 보았고 이 떠돌이*가 자신의 위성들을 가지고 있다는 갈릴레오의 생각에 동의했다.

버튼이 이러한 난문을 표현할 말을 미리 생각해 둔 것은 아니었지만, 그는 관점 변화$^{shifting\ viewpoint}$라는 문제를 고려할 수밖에 없었다. "만약 어떤 사람의 눈이 하늘에 있다면 그 사람은 지구의 이 대단한 연주운동^{年周運動}**을 전혀 식별하지 못할 것이고 그것은 분간할 수 없는 점처럼 보일 것이다." 사람의 눈이 그

---

* wanderer, 항성(恒星)은 붙박이별, 행성(行星)은 떠돌이별이라는 의미에서 나온 말이다. 여기에서는 목성을 가리킨다.

** annual movement, 1년에 걸친 운동으로 태양 주위의 공전을 뜻한다.

리 멀리 미칠 수 있다면 사람이라고 왜 인식하지 못하겠는가? 이제 상상은 거침없이 뻗어 나갔다. "지구가 움직인다면 이는 행성이며, 달과 다른 행성이 지구상의 우리에게 빛을 비추듯이 지구도 달과 다른 행성 거주자들에게 빛을 비출 것이다."

> 마찬가지로 우리는 대입할 수 있다. …… 무한한 세계와 무한한 지구 혹은 계*들이 무한한 에테르 안에 있고 …… 그래서 그 결과, 거주 가능한 세계가 무한하다. 무엇이 가로막고 있는가? …… 이는 풀기 어려운 매듭이다.

그것이 특히 어려운 까닭은 근대 신학자, 무종교 철학자, 이교도, 분리파 교도, 로마 교회 등 많은 권위자들이 수많은 가설을 제시했기 때문이다. "작금의 수학자들이 흔들릴 수 있는 바위는 모두 굴렸고 …… 다이달로스의 솜씨처럼 정교한 머리로 세계의 새로운 체계를 직조했다."[18] 역사적으로 많은 인종의 사람들이 버튼이 말한 하늘의 외관을 연구했고, 이제 신이 그 숨겨진 비밀을 드러낼 때가 다가오고 있었다. 진정한 격동의 시대가 가까워 왔다.

그러나 매일 나오는 신간 서적은 시골 지방 링컨셔Lincolnshire로는 오지 않았다. 뉴턴의 계부 스미스는 기독교 주제와 관련된 서적들을 갖고 있었다. 약사였던 클라크에게도 책이 있었다. 게다가 스미스는 백지로 묶은 두꺼운 비망록을 40년간 간직하고 있었다. 그는 이 비망록에 페이지수를 일일이 적고 처음 몇 장의 위쪽에 신학적인 표제어를 적어 놓았지만, 나머지는 거의 다 백지 상태로 남아 있었다. 그가 죽고 나서 얼마 뒤에 이 귀중한 종이는 아이작의 소유물이 되었다. 그 전에, 그랜댐에서 아이작의 어머니는 아이작에게 2.5페니를 주었고, 아이작은 그 돈으로 종이를 실로 묶어 송아지 피지로 싼 조그만 공책을 살 수 있었다. 그는 이 공책에 이런 구절을 적어 자신의 소유임을 밝혔다. 'Isacus Newton hunc librum possidet.'[19] 몇 개월 뒤, 아이작은 공책에 1/16인치보다 작은 깨알같은 필체로 글자와 숫자를 빽빽이 적어 넣었다. 그는 공책 양 끝에서 시작해서 가운데로 써 나갔다. 주로 몇 해 전에 런던에서 인쇄된 신비와 마법에 관한 책을 베껴 넣었다. 이 책은 존 베이트[John Bate]의 『자연과 미술의 신비[Mysteryes of Nature and Art]』로, 방만하기는 하지만 백과사전을 표방한 책이었다.*

아이작은 그림에 관한 설명을 베꼈다. "그리려는 사물을 앞에 놓고 그 위로 빛이 내리쬐는 것이 가로막히지 않게 하라.", "해가 뜨고 언덕 뒤로 지는 것을 표현하려고 한다면 불가피한 경우 외에는 달이나 별을 그려 넣지 마라." 또한 색깔과 잉크와 고약과 분말과 물을 만드는 요령을 베꼈다. "바다색. 9월 13일 경 태양이 천칭자리 속으로 숨어들 때 쥐똥나무 열매를 따서 햇볕에 말려라. 그런 다음 으깨어서 물에 담그라." 아이작은 색에 매료되었다. 정교하고 실용적으로 구분된 수십 가지 색 목록을 만들었다. 보라색, 심홍색, 초록색, 다른 초록색, 연녹색, 황갈색, 청갈색, '누드화를 위한 색', '시체를 위한 색', 목탄 흑색, 석탄 흑색 등. 아이작은 금속을 (조개껍데기에서) 녹이는 기술과 새를 잡는 기술 ("새들이 오는 곳에 새가 먹을 수 있게 흑 포도주를 갖다 놓아라."), 부싯돌에 조각하는 기술, 백묵으로 진주빛을 내는 방법 등을 필사했다.

약사이면서 화학자였던 클라크와 함께 살면서 아이작은 절구와 절굿공이로 빻아 가루를 만드는 것을 배웠다. 그리고 그을리고, 끓이고, 혼합하는 방법을 익혔다. 화학물질을 작은 환으로 만들어서 햇볕에 말렸다. 치료법과 처방전, 그

---

* 이 책은 1634년에 초판이 나왔고, 풍부한 그림과 함께 신비로운 장치와 도구 제작법이 상세하게 적혀 있었다. 이 책은 여러 부로 이루어졌는데, 1부는 물, 2부는 불의 원리를 다루었고, 3부는 그림과 조각, 그리고 4부는 흥미로운 실험들을 실어 놓았다. 그리고 저자의 특이한 발명이나 실험도 포함되었다.

리고 권고 사항을 적었다.

눈에 해로운 것들

마늘, 양파, 파 …… 식사 후 너무 갑자기 움직이는 것 ……

차가운 공기 …… 과다 출혈 …… 먼지, 불, 과도한 울음.

베이트의 책에는 아리스토텔레스주의와 민속적 요소가 섞여 있었다. "쓸모 있고 유쾌한 여러 가지 실험이 잡다하게 뒤섞여 있어서 나는 거기에 광상 Extravagants이라는 이름을 붙였다." 아이작은 여러 페이지 상단에 이 낱말을 적었다. 베이트는 갖가지 급수給水 시설과 불꽃제작에 관해 기술하고 그림을 그려 놓았고, 아이작은 많은 시간을 들여 칼로 나무를 잘라서 독창적인 수차와 풍차를 만들었다. 당시 그랜댐에는 새 방앗간을 짓고 있었다. 아이작은 그 과정을 모방하여 모형을 만들었는데, 그것은 기계가 돌아가고 곡식을 찧는 과정과 톱니바퀴, 지레, 굴림대와 활차의 원리를 자기 나름대로 받아들여 만든 것이었다. 그는 자신의 다락방에서 나무 상자로 채색 문자반에 시침이 있는 4피트 높이의 물시계를 제작했다. 등롱도 만들었다. 연을 만들어서 등롱에 불을 밝힌 다음 연 꼬리에 매달아 하늘 높이 날렸는데, 어두운 밤하늘에 갑자기 불빛이 나타나 이웃들을 놀래 주었다.[20]

베이트는 이런 지식을 놀이로 제공했지만, 아리스토텔레스의 체계에 찬성했다. 그는 이렇게 적었다. "4원소, 불, 공기, 물, 흙과 제1원리$^{prima\ principia}$." 이 유서 깊은 4원소 이론은 - 그리고 그 결과로 나타나는 건조하고, 차고, 따뜻하고, 축축한 네 가지 성질 - 수학적 기술적 도구 없이, 세계의 원소를 조직하고 분류하고 명명하려는 욕구를 표현한 것이었다. 이 단순한 지혜에는 운동도 포함되었다. 베이트는 이렇게 설명했다. "가벼운 것은 위로 상승하고 크고 무거운 것은 그 반대이다."[21]

아이작은 책을 필사하면서 이 원리들은 베껴 쓰지 않았다. 그는 향후 28년 동안의 달력에 대한 정교한 계산에 따라 만들어진, 해시계 관련 천문학 계산표로 작은 페이지들을 모두 채웠다. 그는 단어 목록을 베껴 적었고, 마음속에 떠오르는 단어들을 추가했다.[22] 그는 42페이지의 노트에 2,400개의 명사를 주제별 항목으로 분류해서 적어 넣었다.

미술, 무역 그리고 지식: ······ 약사 ······ 갑옷 장인 점성가 천문학자 ······ 질병: ······ 고버투스 ······ 통풍 ······ 괴저 ······ 발포 ······ 친족 그리고 제목: 신랑 ······ 서출 남작 형제 ······ 수다쟁이 ······ 브라운주의 베냐민 지파의 사람 ······ 간통한 아버지.

가족에 대한 생각도 이 불안한 영혼에게는 진통제가 되지 못했다. 그런데도 1659년 가을에 아이작이 16세가 되었을 때, 그의 어머니는 농부가 되라고 아이작을 집으로 불러들였다.

제 2 장

몇 가지 철학적 의문들

그는 자신이 뭐가 되고 싶은지, 뭘 하고 싶은지 알지 못했지만, 양을 지키거나 쟁기와 거름 지게를 끄는 것은 아니었다. 가족들이 안 보이는 곳에서 약초를 모으거나 아스포델과 루나리아 풀밭 위에 책을 끼고 뒹굴면서 대부분의 시간을 보냈다.[1] 양들이 이웃집 보리밭을 밟아 뭉개는 동안 냇물에 물레방아를 만들었다. 나무 위와 바위 주위로 흐르는 물살을 관찰하고 물의 소용돌이, 물결에 주목하면서 유체 운동에 대한 감을 잡았다.[2] 어머니에게 대들고 이복 여동생들에게 욕을 했다.[3] 그는 돼지들이 남의 땅에 침입하도록 내버려 두고 망가진 울타리를 방치한 데 대해 장원 법정에서 벌금형을 받았다.[4]

그랜댐 학교의 교장 스토크스와 외삼촌 윌리엄 아이스코프 교구사제가 결국 개입하고 나섰다. 아이스코프는 케임브리지 대학교의 16개 칼리지 중에서 가장 큰 홀리 앤드 언디바이디드 트리니티Holy and Undivided Trinity에서 성직자가 되기 위한 준비를 한 적이 있었다. 그래서 이들은 아이작을 그곳에 보내도록 조처를 취했다. 그는 2박 3일간 남쪽으로 길을 떠났고, 1661년 6월에 입학 허가를 받았다. 케임브리지에는 세 종류의 학생들이 있었다. 귀빈석에서 식사를 하고 세련

된 가운을 입고 시험을 거의 보지 않아도 학위를 받는 귀족들과, 수업료와 하숙비를 내면서 영국 국교회 성직자가 되는 것이 목적인 자비생들, 다른 학생들의 하인이 되어 심부름을 하거나 식사 시중을 들고 그들이 남긴 음식을 먹으면서 생활비를 버는 장학생들이다. 미망인이 된 한나 스미스는 이제 시골 부자였지만 아들에게 돈을 주려고 하지 않았다. 그래서 그는 장학생 후보로 트리니티 칼리지에 들어갔다. 그는 당장 필요한 물품을 살 돈밖에 없었다. 요강과 3.5×5.5인치 크기의 140페이지 가죽 장정 공책 한 권, '1쿼트 들이 병과 그 안에 가득 든 잉크', 수많은 긴 밤을 밝힐 양초와 책상 자물쇠가 그가 산 최소한의 물건이었다.[5] 그는 개인 지도교수로 무심한 그리스어 장학생을 배정받았다. 그 외에는 혼자였다.

그는 학문을 신에 대한 복무에 있어 가치 있는 추구, 즉 일종의 강박적인 것으로 생각했지만 잠재적으로는 긍지를 가질 만한 것으로 느꼈다. 그는 비밀 기호로 된 속기를 독학으로 익혔고 – 이것은 종이를 절약하고 그의 글을 비밀에 부치는 데 유용했다 – 정신적으로 위기의식을 느낄 때 자신의 죄를 목록으로 기록하는 데 사용했다. 그런 죄 중에는 기도를 등한시하고 예배를 게을리하고 경건함과 헌신이 부족했던 일 등 여러가지가 있었다. 그는 안식일을 수십 가지 방법으로 어긴 자신을 질책했다. 일요일에 깃펜을 깎았지만 그 사실을 속였다. 그는 불결한 생각과 말, 행동과 꿈을 고백했다. 하느님보다는 쾌락과 학문과 돈에 마음을 바친 것을 후회했거나 후회하려고 애썼다.[6] 돈, 학문, 쾌락, 이 세 마녀가 그의 마음을 유혹했다. 그중에서 돈과 쾌락은 풍족하게 오지 않았다.

내전은 끝났으나 올리버 크롬웰 호국경은 말라리아에 걸려 사망했고, 매장되었던 그의 시신은 파헤쳐져 그 머리가 웨스트민스터 홀의 장대 꼭대기에 내걸렸다. 내란 기간 동안 청교도 개혁파들은 케임브리지를 장악했고 칼리지에서 많은 왕당파 학자들을 쫓아냈다. 그러나 이제 찰스 2세가 왕위에 복위되면서 청교도는 일소되었고 크롬웰의 형상은 교수형에 처해졌으며 호국경 정권 시대의 대학 기록은 소각되었다.* 강변의 이 도시는 소요의 중심지로, 런던에서 50마일 떨어져 있고 크기가 런던의 1/100밖에 안되지만 정보와 상업의 중심지였다. 매년 추수기와 이앙기 사이에 상인들이 잉글랜드 지방에서 가장 큰 스투어브리지 정기시$^{Stourbridge\ Fair}$**에 몰려들었다. 양모와 호프, 금속 및 유리 제품, 실크와 문구류, 도서와 장난감, 악기 등을 파는 이 거대한 시장은 한 팸플릿 집필자가 묘사한 대로 그야 말로 언어와 옷들이 난무하고 '온갖 인종을 발췌'해 놓은 곳이었다.[7] 돈이 부족했던 뉴턴은 여기에서 책을 샀고, 어느 해에는 유리 프리즘을 샀다. 이 프리즘은 부정확하게 연마되고 기포가 생겨 결함이 있는 장난감 수준이었다. 빈번하게 이루어지는 다양한 인간 교류는 또 다른 결과를 초래해서, 케임브리지는 페스트의 창궐로 신음했다.

교과 과정은 발전이 없었다. 대학이 중세 초에 설정한 학문 전통을 그대로 답습하고 있었다. 그것은 분열된 지중해 문화권에서 전해진 원전에 대한 연구로, 이 원전들은 1000년간 이어진 유럽의 대격변기 동안 기독교와 이슬람교의 성소에 보관되어 있었다. 모든 비종교적 지식의 영역에서 독보적인 존재는 의사의 아들이자 플라톤의 제자였고 도서 수집가였던 아리스토텔레스였다. 논리학, 윤리학, 수사학이 모두 그에게서 나왔고 – 어쨌든 연구되었다는 점에서는 – 우주론과 역학도 마찬가지였다. 아리스토텔레스 철학의 규준은 체계화와 엄

| * 크롬웰은 1658년에 말라리아에 걸려 죽었다. 유해는 그해 11월 웨스트민스터 묘지에 비밀리에 안장되었다. 그러나 청교도 혁명의 실력자였고, 찰스 1세의 처형에 서명했던 그는 찰스 2세의 즉위로 왕정복고가 이루어진 후인 1661년 무덤이 파헤쳐져, 죄수들이 처형되던 타이번에 시신이 내걸렸다. 이후 그의 시신은 교수대 아래 매장되었으나 머리부분은 웨스트민스터 홀의 꼭대기에 내걸린 채 찰스 2세의 집권 말기까지 그대로 있었던 것으로 알려지고 있다.

** 케임브리지는 세계적인 대학도시이지만 경제적으로도 중요한 요지였다. 정기시(fair)의 역사는 12세기까지 거슬러 올라가며, 수녀와 수사들이 시장을 열었다. 스투어브리지 정기시는 그중에서도 중요한 위치를 차지했다.

격함, 그리고 범주와 법칙이었다. 이 규준이 이성이라는 구조물, 즉 지식에 관한 지식을 형성했다. 고대 시인들과 중세 성직자들이 보완하면서 이 규준은 완전한 교육이 되었고, 세대를 거치면서도 거의 바뀌지 않았다. 뉴턴은 『오르가논 Organon』과 『니코마코스 윤리학 Nicomachean Ethics』("우리는 행할 수 있기 전에 배워야 할 것에 대해 행함을 통해 배운다")*을 꼼꼼히 읽기 시작했지만 끝마치지는 못했다.[8]

여러 언어를 오가며 수많은 주석과 논쟁을 참고하면서, 뉴턴은 마치 안개 속을 더듬듯이 아리스토텔레스를 읽었다. 단어들이 교차하고 중첩되었다. 아리스토텔레스의 철학은 실체의 세계였다. 실체는 특성과 본성을 갖고 있으며 이들이 합쳐져 형상 form 이 되는데, 이 형상은 그 본질에 의해 좌우된다. 본성은 바뀔 수 있다. 우리는 이를 운동 motion 이라고 부른다. 운동은 행동이고 변화이며 생명이다. 그것은 시간의 필수 불가결한 짝이다. 둘은 서로가 없이는 존재할 수 없다. 운동의 원인을 이해한다면, 우리는 세계의 원인을 이해할 수 있다.

그 이유는 아리스토텔레스의 운동이 밀기, 당기기, 이동하기, 선회하기, 연결하기와 분리하기, 달의 차고 기울어짐을 포함하고 있기 때문이다. 운동 중인 사물에는 익어가는 복숭아, 헤엄치는 물고기, 불 위에서 데워지는 물, 어른으로 성장해 가는 아이, 나무에서 떨어지는 사과가 포함된다.[9] 무거운 물체와 가벼운 물체는 그 본성에 속하는 위치로 운동한다.** 즉, 가벼운 물체는 위로, 무거운 물체는 아래로 운동한다.[10] 어떤 운동은 자연적이지만 어떤 운동은 강제적

---

* 10장으로 된 니코마코스 윤리학은 2장에서 행위의 중요성을 강조한다. "덕이 본성적으로 생기는 것이 아니기 때문에 …… 먼저 행함으로 얻을 수 있다. 정의를 행함으로써 정의롭게 되고, 용감한 행동을 함으로써 용감하게 되듯이 …… 우리는 어떤 일정한 활동을 행해야 한다. 즉 자기가 당한 처지에서 어떻게 행동하는가에 따라, 절도 있고 온화한 사람이 되기도 하고, 혹은 방종하고 성미가 급한 사람이 되기도 한다."

** 아리스토텔레스의 정성적(定性的) 자연관에 따르면 사물은 가벼움이나 무거움과 같은 성질을 가지고 있기 때문에 그 본성에 따라 움직인다. 따라서 하늘로 던져진 돌이 땅으로 떨어지는 것은 무거움이라는 본성으로 인한 움직임이고, 땅은 그 본성에 적합한 위치이다. 그러므로 뉴턴의 운동과 같은 용어를 사용하더라도 그 의미는 전혀 다르다.

이고 비자연적이다. 이 두 성질은 사물 간의 연결을 드러낸다. "움직이고 있는 모든 물체는 다른 물체에 의해 움직여져야 한다"고 아리스토텔레스는 단언했다(그리고 복잡하게 꼬인 논리로 이를 증명했게).[11] 하나의 물체가 동자^{mover}이면서 동시에 피동자^{moved}일 수는 없다. 이 단순한 진리는 제1동자$^{prime\ mover}$*, 즉 다른 무엇에 의해서도 운동을 시작하지 않은 무언가를 함축한다. 그렇지 않으면 무한 회귀를 끊을 수 없다.

> 움직이는 모든 물체는 다른 것에 의해 움직여져야 하므로, 움직이는 물체가 움직이는 다른 물체에 의해 움직여지고 …… 그것은 다른 것에 의해 움직여지고, 이 과정이 끊임없이 이어지는 경우를 들어 보자. 그런데 이 연속은 무한히 계속될 수가 없으며, 따라서 틀림없이 제1동자가 있다.

기독교 교부들에게 제1동자는 오로지 신만이 가능했다. 이는 순수 이성이 철학자를 얼마나 사로잡을 수 있는지 그리고 추론의 사슬이 자신 외에 어떤 것도 공급받지 못할 때 어떻게 자기 안에서 맴돌며 자기준거$^{self-referentia}$가 되는지를 보여 주는 증거였다.

이처럼 모든 것을 포괄하는 운동 개념은 양과 측정, 수에 대한 여지를 거의 남겨 두지 않았다. 만일 움직이고 있는 물체에 동상이 될 청동 조각이 포함된다면[12] 철학자들은, 속도와 가속도 사이의 구별처럼 그 미세한 차이를 구분할 준비가 되어 있지 않았다. 그리스인들은 부패하기 쉽고 결함투성이인 지상계의

---

* 원동자(原動者)라고도 하며, 아리스토텔레스의 형이상학을 완성시키기 위해 도입된 개념이었다. 즉, 다른 무엇에 의해서가 아니라 그 스스로 최초의 운동을 시작한 존재이다. 이후 중세 신학은 이 개념을 기독교적으로 해석해서 신의 의미를 부여했다.

수학화에 저항한다는 원칙을 가지고 있었다. 기하학은 천구에 속했다. 음악과 별에는 어울릴지 모르겠지만 바위나 금속 투사체는 수학적으로 다루기에 부적절했다. 따라서 기술이 발전하면서 아리스토텔레스 역학은 색다르지만 쓸모없는 것으로 여겨졌다. 포수들은 일단 날기 시작한 포탄이 더 이상 어떤 것으로도 움직여지지 않고 다만 쇠로 된 격실 안에서 일어난 폭발에 대한 희미한 기억으로 날아간다고 이해했다. 그리고 이들은 투사체의 탄도彈道를 개략적으로 계산하는 법을 배우고 있었다. 조악한 수준이기는 하지만 시계 장치 속의 진자는 운동에 대한 수학적 관점을 요구했다. 그리고 다시 시계 장치는 측정을 가능하게 해 주었다. 처음에는 시간을, 그런 다음 분을 측정했다. 탑에서 떨어지거나 경사면을 굴러 내려오는 물체에 대해 사람들은 질문하기 시작했다. 거리란 무엇인가? 시간이란 무엇인가?

그러면 속도란 무엇인가? 그리고 속도 자체는 어떻게 변화하는가?

아리스토텔레스의 우주론도 케임브리지 문 밖에서는 제대로 대우를 받지 못했다. 그의 우주론은 조화롭고 불변이었다. 결정체와도 같은 천구들이 지구 주위를 돌았고, 그것들은 단단하고 눈에 보이지 않으며, 그 속에 천체들이 들어 있었다. 프톨레마이오스Ptolemy가 아리스토텔레스의 우주를 완성했고, 수백 년 동안 기독교 천문학자들이 그것을 채택하고 확장했으며 성경과 일치시켰다. 그리고 깊고 순수하며 무한히 펼쳐질 천국 중의 천국인 하느님과 천사들의 집이 항성들의 천구 너머에 있다고 덧붙였다. 그러나 천문학자들이 점점 더 상세한 표시법을 만들어 갈수록 행성의 운동이 동심구同心球로는 너무 불규칙하다는 것이 드러났다. 이들은 불타오르다 사라지는 혜성과 같은 변종과 불순물들을 보았다. 매일 새로운 소식이 쏟아지는 1660년대에 신기한 이야기를 즐기던 호사가 독자들은 지구가 행성이며 행성들이 태양 주위를 궤도를 그리며 돈다는 사실을 잘 알고 있었다. 뉴턴의 노트는 항성들의 겉보기 크기 측정을 포함하는 것으로 시작했다.

트리니티 칼리지 도서관에는 3천여 권의 장서가 있었지만 학생들은 펠로우fellow와 함께여야만 들어갈 수 있었다. 뉴턴은 새로운 생각과 논증에 이르는 길을 프랑스 철학자 르네 데카르트와 이탈리아 천문학자 갈릴레오 갈릴레이Galileo Galilei에게서 발견했다. 갈릴레오는 뉴턴이 태어나던 해에 사망했다. 데카르트는 기하학적이고 기계론적인 철학을 제시했다. 그는 우주가 보이지 않는 물질로 가득 차 있고, 행성과 항성들을 휘돌리는 거대한 소용돌이渦動를 형성하고 있다고 상상했다. 한편 갈릴레오는 기하학적 사고를 운동의 문제에 적용했다. 두 사람은 공공연히 아리스토텔레스에게 도전했다. 갈릴레오는 모든 물체는 동일한 재료로 구성되어 있어서 같은 속도로 떨어진다고 주장했다.

그러나 같은 속도가 아니었다. 오랜 숙고 끝에 갈릴레오는 등가속等加速이라는 개념을 창안했다. 그는 운동을 과정이 아니라 상태라고 생각했다. 그는 관성이라는 말을 사용하지는 않았지만 물체가 운동 상태나 정지 상태를 유지하려는 경향이 있다는 생각을 하게 되었다. 그 다음에 필요한 단계는 실험과 측정이었다. 그는 물시계의 시간을 측정했다. 공을 경사로 위로 굴려서 속도가 공이 굴러간 거리에 비례해서 변화한다는 잘못된 결론을 내렸다. 그 뒤, 자유낙하를 이해하려고 노력하면서 거리의 단위와 속도의 단위, 그리고 시간의 단위를 동화시키는 근대적 정의에 도달하게 되었다. 뉴턴은 갈릴레오가 이룬 진전을 두 단계나 세 단계를 거쳐 간접적으로 받아들이기 시작했다. 그것은 갈릴레오가 대부분의 저작을 이탈리아어로 썼고 영국에서 이탈리아어를 읽을 수 있는 사람이 거의 없었기 때문이다.[13]

칼리지 2년 차에 뉴턴은 노트 앞뒤를 아리스토텔레스로 채워 넣었지만, 맨 안쪽은 몇 가지의 철학적 의문들Questiones quædam philosophicæ이라는 새로운 장으로 시작했다. 그는 권위를 무시했다. 후일 뉴턴은 이 페이지를 다시 보고는 아리스토텔레스가 스승과 의견을 달리하면서 내세운 변명에서 빌려 온 명구를 적어 넣었다. 아리스토텔레스는 말했다. "플라톤은 내 친구이지만 진리가 더 훌륭한 내 친구다." 뉴턴은 이 문장에 아리스토텔레스의 이름을 끼워 넣었다. '플라톤은 내 친구이고, 아리스토텔레스도 내 친구이지만 진리가 더 훌륭한 내 친구이다Amicus Plato amicus Aristoteles magis amica veritas.'[14] 그는 새로운 출발을 했다. 세계에 대한 자신의 지식을 적기 시작한 것이다. 그는 기본적인 제목 아래 그 지식을 분류했다. 그 제목들은 때로는 독서에서 때로는 사색에서 얻은 질문들을 나타냈다. 그것은 당시 그가 알고 있던 것이 거의 없음을 보여 주었다. 그가 선택한 45개의 주제들은 새로운 자연 철학의 토대를 제시했다.

제1물질First Matter에 대해서. 원자에 대해서. 과연 그가 물질이 연속적이고 무한히 분할 가능한지 아니면 불연속적이고 분리되어 있는지를 논리의 힘으로 알 수 있었겠는가? 그 궁극적 부분은 수학적 점인가 아니면 실재하는 원자인가? 수학적 점은 실체나 차원을 결여하기 때문에 ― 가상적 실체에 불과하므로 ― 무수히 많은 진공('산재한 공허')이 궁극적 부분들을 분리하더라도 그 무한한 숫자가 결합하여 실제 연장extension을 가진 물질을 형성할 수 있다는 것은 설득력이 없다고 생각되었다.[15] 창조자로서 신의 역할 문제는 위험한 영역일 수 있었다. "제1물질이 다른 어떤 대상에 의존한다고 말하는 것은 모순이다." 그리고 그는 이렇게 덧붙였다. "신을 제외하고는." 그러나 다시 생각해 보고는 줄을 그어 이를 지워 버렸다. 그 이유는 "왜냐하면 그것이 의존해야 하는 그보다 앞선 어떤 물질을 함축하기 때문"이었다. 고대 그리스인들이 그랬듯이 뉴턴도 추론의 힘으로 원자에 이르렀다. 관찰이나 실험에 의해서가 아니라 다른 대안들을 제거해 가면서 원자에 도달한 것이다. 뉴턴은 자신이 입자론자^{corpuscularian}이자 원자론자라고 선언했다. "제1물질은 틀림없이 원자이다. 그리고 이 물질은 식별할 수 없을 정도로 작을 수 있다." 매우 작지만 유한하며 무^{無}가 아니다. 식별할 수는 없지만 더 이상 나누거나 분리할 수 없다. 이것은 아직 정립되지 않은 개념이었는데, 그 이유는 뉴턴이 매끄러운 변화, 곡선, 그리고 유동의 세계도 보았기 때문이었다. 시간과 운동의 가장 작은 부분은 어떠한가? 그것은 연속적인가 아니면 불연속적인가?

양^{Quantity}. **위치**^{Place}. "시간이 일수, 햇수 등과 관계를 가지듯 연장^{延長}은 위치와 연관된다."[16] 그는 또 다른 쟁점과 연관해서 신을 끌어들였다. 우주는 유한한가 아니면 무한한가? 기하학자들의 가상적, 추상적 우주가 아니라 우리가 사는 실제적 우주. 그것은 분명 무한하다! "연장을 무한하다고만 말하는 것은 – 실제로 이것은 데카르트가 한 말이다 – 우리가 신의 완전함을 온전히 이해할 수 없기 때문에 그저 막연히 신이 완전하다고 말하는 것과 같다."

시간과 영원성$^{Time and Eternity}$. 이 주제에는 어떤 추상적 논쟁도 없다. 뉴턴은 다만 물이나 모래로 작동되는 바퀴 모양의 시계를 스케치해 놓았고 '둥근 금속 가루'와 같은 다양한 재료로 시계를 제작하는 것에 관한 실질적인 의문들만 제기했다. 그가 운동에 이른 것은 이때뿐이고, 다시 원자와 같은 근본적인 구성물질을 찾기 시작했다. 운동에 대한 관심은 **천상 물질**$^{Celestiall Matter}$과 **천체**^{Orbes}로 그를 이끌었고, 유럽 대륙 사상에 대한 초기 반향을 접하면서 뉴턴은 데카르트를 만나게 되었다. 데카르트의 우주에는 진공이 있을 수 없었다. 그의 우주는 공간이고 공간은 연장을 의미하고 연장은 곧 물질을 뜻하기 때문이었다. 또한 세계의 원리는 기계론적이었다. 모든 운동은 접촉을 통해서만, 즉 한 물체가 직접 다른 물체를 미는 식으로 전파되었고, 거기에는 멀리서 작용하는 어떤 신비스런 영향도 없었다.

그러므로 진공은 빛을 전달할 수 없었다. 데카르트는 빛이 **압력**pression의 형태일 것이라고 상상했는데, 그것은 그 이전에는 철학자들이 압력을 보이지 않는 유체인 공기가 가질 수 있는 특성으로 거의 생각하지 않았기 때문이었다. 그러나 이제 뉴턴은 공기펌프를 이용한 로버트 보일Robert Boyle의 실험에 대해 들었고, 압력은 보일이 이러한 새로운 의미로 사용한 단어였다. 뉴턴은 다시 시작했다.

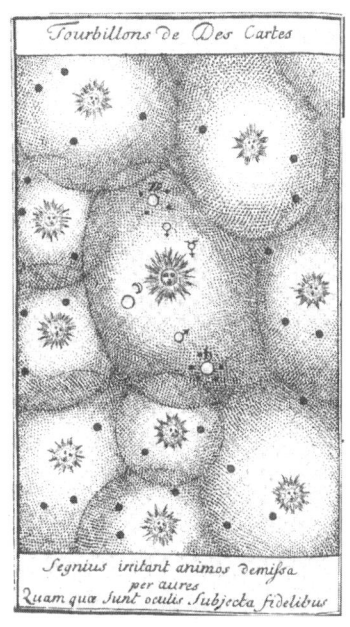

데카르트의 우주에서는 물질이 모든 공간을 채우고 있으며 선회하는 소용돌이를 형성하고 있다.

소용돌이를 일으키는 데카르트이 제1원소는, ☉(태양)으로부터 연속적으로 오는 그 물질이 빛을 생성하고 그 운동의 대부분을 작은 구체들 사이의 틈을 메우는 데 소비하게 만들 수 있는가.[17]

물질에서부터 운동, 빛, 우주의 구조까지 망라되어 있다. 태양은 그 광선으로 소용돌이를 구동했다. 도처에 있는 소용돌이는 무엇이든 움직일 수 있다. 뉴턴은 영구 운동 기계에 대한 아이디어 몇 가지를 스케치했다. 그러나 빛 자체는 데카르트 학파의 체계와 뉴턴에 있어 미묘한 역할을 했고, 문자 그대로 데카르트를 이미 감지된 모순으로 이끌었다. 압력은 직선에 한정하지 않으며, 소용돌이는 모퉁이 주위를 돈다. 뉴턴은 단언했다. "빛은 압력에 의해 생성될 수 없다. 만약 그렇다면 아래쪽으로 압력을 받고 있는 우리가 머리 위에서 낮보다 밤에 밝은 빛을 더 잘 볼 수 있어야 할 것이다……." 식蝕은 절대로 하늘을 어둡게 하지 못할 것이다. "걸어가거나 달리고 있는 사람은 밤에도 보일 것이다. 불이나 촛불이 꺼졌을 때 우리는 다른 방법으로 빛을 볼 수 있어야 한다."[18]

파악하기 힘든 또 하나의 단어, 무거움 gravity * 이 의문들 속에서 모습을 나타내기 시작했다. 그 의미는 이곳저곳에서 천차만별이었다. 그것은 한 쌍인 **무거움과 가벼움** Gravity & Levity 중 반쪽의 역할을 했다. 그것은 물체가 아래로 내려가려는 경향을 나타냈다. 그러나 어떻게 그런 일이 일어날 수 있는가? "무거움을 일으키는 물질이 물체의 모든 구멍을 통과해야 한다. 그것은 다시 상승해야 하는데, 그렇지 않으면 지구 내부에 그 물질을 수용할 수 있는 커다란 구멍과 공동이 있어야 하기 때문이다……."[19] 그 물질은 상상할 수 없는 장소, 즉 지구의 중심으로 – 세계의 모든 흐름이 돌아오는 곳 – 밀집될 것이다. "그 흐름들이 지구 한가운데 모든 방향에서 마주치면 틀림없이 좁은 공간으로 압축되고 한데 눌리게 될 것이다."

여기에서도 무거움은 그 물체의 고유한 것이어서 장소에 따라 달라질지라도 그 양은 정확히 측정된다. "언덕 위와 아래처럼 다양한 장소와 서로 다른 위도에 있는 물체의 중력은 기구로 측정될 수 있을 것이다." 그는 천칭을 스케치했다. 그는 '무거움의 선 rays of gravity'에 대해 추측했다. 그러면 무거움은 물체가 아래가 아닌 다른 방향으로 움직이려는 경향과 관련될 수도 있었다. 이것은

격렬한 운동(뉴턴의 그림)

| * 아직 뉴턴의 중력법칙이 수립되기 전이므로, 'gravity'는 아리스토텔레스 철학의 개념인 '무거움'을 뜻한다.

일단 움직이기 시작하면 그 운동 상태를 유지하려는 경향이다. 만일 이러한 경향이 존재한다면 아직 어떠한 언어로도 표현할 단어가 없었다. 뉴턴은 포신에서 떠난 지 한참 뒤에도 계속 상승하는 포탄의 문제를 생각했다. "공기나 운동에 의해 지속되는 격렬한 운동이 만들어진다." - 여기에서 뉴턴은 만들어지다 made는 단어와 운동이라는 단어를 떠올렸으며 그것을 다시 힘force이라는 단어로 대체했다.

> 격렬한 운동은 공기나 운동 내리누르는 힘 혹은 움직여지는 물체 내의 자연적 무거움에 의해 만들어진다 지속된다.

하지만 공기가 어떻게 줄곧 포탄을 도울 수 있는가? 공기는 투사체의 뒤보다는 앞쪽에 더 몰려들어 '방해할 것이라고' 그는 적고 있다. 따라서 지속적인 운동은 물체 내의 자연적 경향에서 오는 것이 틀림없다. 그렇다면 '무거움'은?

유동성, 안정성, 축축함, 건조함[20]과 같은 그의 주제 중 일부는 제목 이상의 진전을 이루지 못했다. 어쨌든 간에 그는 자신의 질문을 시작했다. 열과 냉기에 대하여Of Heate & Cold, 자석의 인력Atraction Magneticall, 색깔Colours, 소리Sounds, 생성과 부패Generation & Coruption, 기억Memory. 이 주제들은 측정, 시계와 저울, 진짜 또는 가상의 실험 등으로 짠 하나의 프로그램을 형성했다. 그 야망은 자연 전체를 포괄했다.

수수께끼가 한 가지 더 있다. 바다의 밀물과 썰물the Flux & Reflux of the Sea. 그는 달이 '대기에 압력을 가해서' 조석을 일으키는지를 실험할 방법을 생각했다. 수은이나 물로 관을 채운 다음 위를 봉한다. "액체가 3~4인치 밑으로 가라앉아 그 공간을 (아마도) 진공 상태로 만들 것이다." 그런 다음 달이 공기를 누를 때 물이 위로 올라가는지 아니면 내려가는지를 살펴보는 것이었다. 그는 해수면이

낮에는 올라갔다가 밤에는 떨어지는지, 그리고 아침이나 저녁에 해수면이 더 높은지가 궁금했다. 수천 년 동안 지구 곳곳에서 어부나 선원들이 조석을 연구했음에도 사람들은 이 의문을 해결할 만큼 충분한 자료를 축적해 놓지 않았다.[21]

제 3 장

운동에 의한 문제 해결

1664년에 케임브리지 역사상 최초의 수학 교수 아이작 배로$^{Isaac\ Barrow}$가 임용되었다. 그는 뉴턴보다 10년 연상으로 교수가 되기 전에는 트리니티 칼리지의 장학생이었다. 배로는 처음에 그리스어와 신학을 공부했고, 그 뒤 케임브리지를 떠나 의학과 신학, 교회사와 천문학을 공부했지만 최종적으로는 기하학으로 선회했다. 뉴턴은 배로의 첫 강의에 참석했다. 그해에 뉴턴은 장학생으로 선발되기 위해 시험에 응시한 상태였고, 주로 유클리드의 『기하학원론^{Elements}』으로 그를 시험한 사람은 배로였다. 뉴턴은 그전에 『기하학원론』을 공부한 적이 없었다. 스투어브리지 정기시에서 점성술 책을 발견했을 때, 삼각법에 대한 이해가 필요한 작도를 잠깐 공부한 것이 전부였지만,[1] 그는 어떤 케임브리지 학생보다 더 많이 알고 있었다. 뉴턴은 더 많은 책을 사고 빌렸다. 얼마 지나지 않아 그는 몇몇 교재에서 유럽 대륙에서나 입수할 수 있는 고급 수학의 개요를 접하게 되었다. 그는 프란츠 반 스호텐$^{Franz\ van\ Schooten}$*의 『잡문집^{Miscellanies}』과 스호텐이 라틴어로 번역한 데카르트의 난해한 대작 『기하학^{Géométrie}』을 샀으며, 그 뒤 윌리엄 오트레드$^{William\ Oughtred}$**의 『수학의 열쇠$^{Clavis\ Mathematicæ}$』와 존 월리스$^{John\ Wallis}$***의

『무한 소수론Arithmetica Infinitorum』을 샀다.² 그의 독서는 단순한 이해의 수준을 넘어섰다. 그는 흡수한 것 이상으로 창조하고 있었다.

그해 말, 동지 직전에 혜성 하나가 지평선 가까이 하늘에 나타났는데, 이 혜성의 신비스러운 꼬리는 서쪽을 향해 붉게 불타올랐다. 뉴턴은 밤마다 밖으로 나와 항성들을 배경으로 진행하는 혜성의 경로를 동틀 무렵의 빛에 가려 혜성이 사라질 때까지 관찰하고서야 불면과 정신적 혼란 상태로 돌아왔다. 변화무쌍하고 불규칙한 창공의 여행자인 혜성은 불길한 징조였다. 그러나 단지 그것으로 끝나지 않았다. 네덜란드에서 새로운 역병이 돌고 있다는 소문이 이탈리아로부터, 또는 레반트 지방, 필경 크레타 섬이나 키프로스 섬으로부터 영국에까지 전해져 왔다.

이 전염병은 소문의 꼬리를 잡고 거세게 밀어닥쳤다. 런던에서는 한 집당 세 사람이 병마에 쓰러졌다. 1월경에는 인구 밀집으로 인한 질병인 페스트가 각 교구로 퍼져 매주 수백 명이 죽어 나갔고 사망자가 수천 명에 이르렀다. 전염병 발병이 수그러들기까지 1년 남짓한 기간 동안 런던 시민들은 6명에 1명꼴로 사망했다.³ 뉴턴의 어머니는 울스소프에서 편지를 보내왔다.

아이작에게

…… 네 편지를 받았다. 그리고 나는 네가 …… 알았다.

…… 네 옷과 함께 나에게 보낸 편지를 …… 그러나

---

* 네덜란드의 수학자, 유명한 호이겐스의 스승이었다.

** 17세기 영국의 수학저술가. 우리가 사용하는 곱하기 기호 'x'는 그가 자신의 저서 『수학의 열쇠』에서 처음 사용한 것으로 알려져 있다.

*** 17세기 영국의 수학자. 옥스퍼드 대학교 수학교수이자 왕립학회의 주요 구성원이기도 했다.

네 누이들이 네게 선물한 …… 아무것도 ……*

어머니의 사랑을 네게 ……

너를 위해 신께 기도하마.

널 사랑하는 엄마, 한나가

1665년 5월 6일 울스소프에서.⁴

케임브리지의 칼리지들은 휴교를 시작했고 펠로우와 학생들은 지방으로 뿔뿔이 흩어졌다.

뉴턴도 집으로 돌아갔다. 그는 책장을 만들고 자신을 위해 조그마한 서재를 꾸몄다. 뉴턴은 백지가 거의 1천 쪽에 달하는 비망록을 펼쳤다. 이 책은 계부가 물려준 것으로 뉴턴은 이 책을 낙서장$^{Waste\ Book}$이라고 불렀다.⁵ 그는 읽은 책에 대한 단상으로 낙서장을 채우기 시작했다. 이 내용들은 눈에 띄지 않게 독창적인 연구로 변모해 갔다. 그는 스스로에게 질문했고, 강박에 가까울 만큼 그 질문을 파고들어 해解를 계산했고, 다시 새로운 질문을 했다. 그는 지식의 전선을 확장시키고 있었다(정작 본인은 이 사실을 알지 못했지만). 페스트가 돌던 해는 뉴턴에게 있어서 예수가 부활하던 때와도 같았다.⁶ 외부와의 접촉은 거의 차단한 채 홀로 고독하게 지내던 그는 결국 세계 최고의 수학자가 되었다.

사람들이 발견한 진리와 방법들 대부분은 서로 동떨어진 문화권에서 잊혀졌다가 다시 발견되기를 되풀이하여 왔다. 그러나 수학은 항상 그대로였다. 호

| * 이 편지는 뉴턴이 가족을 비롯한 친척에게 보내거나 받은 것 중에서 유일하게 남은 것으로 상당부분 글자들이 훼손되었다. '……'로 표시된 것은 해독불가능한 부분이다.

모 사피엔스의 후손이라면 인간종이 알아낸 것을 사실상 모두 이해할 수 있었다. 이런 형태의 지식이 독자적으로 수립되기 시작한 것은 최근의 일이었다.[7] 그리스 수학자들은 거의 사라져 버렸고, 수세기 동안 이슬람 수학자들만이 살아남아 대수학algebra이라고 하는 추상적인 문제 해결 방법을 발명했다. 이제 유럽이 특별한 경우가 되었다. 유럽은 책과 우편을 이용하고 있었고 수백 마일에 걸쳐 분포되어 있는 민족들이 단일 언어인 라틴어를 사용하고 있었다. 또한 그 지역은 번영했다가 1천여 년 전에 붕괴한 문화로부터 자기의식적으로, 많은 소통이 이루어지는 곳이었다. 누적적인 지식이라는 ― 점점 더 높이 올라가는 사다리나 돌탑과 같은 ― 개념은 많은 가능성 중 하나로만 존재했다. 수백 년간 학식이 깊은 학자들은 자신들이 거인의 어깨 위에 서서 멀리 바라보는 난쟁이와 같을지도 모른다고 생각했지만, 전진보다는 재발견에 더 치중하는 경향이 있었다. 서구의 수학이 처음으로 그리스 시대에 알려졌던 것을 능가하게 된 이 시기에조차도 많은 철학자들은 자신들이, 황금기에 발견되었다가 그 뒤 사라지거나 숨겨진, 고대의 비밀을 발굴한다고 생각하고 있었다.

세계의 조직에 대한 새로운 메타포가 인쇄된 책들과 함께 도래했다. 책은 질서정연한 양식으로 설계되어 지식을 담는 용기容器였고 실재를, 그리고 필경 자연까지도 기호로 부호화하고 있었다. 자연이라는 책The book of nature은 철학자와 시인들이 가장 선호하는 개념이었다. 즉 신이 그 책을 썼고, 이제 우리가 그것을 읽어야 한다는 것이다.[8] 갈릴레오는 이렇게 말했다. "철학은 내가 우주라고 의미하는 이 위대한 책 안에 쓰여 있고 항상 우리 눈앞에 펼쳐져 있지만, 먼저 그 언어를 파악하는 법과 언어를 구성하는 글자를 읽는 법을 익히지 못한다면 이 책을 이해할 수 없다. 그것은 수학이라는 언어로 쓰여 있다······."[9]

그러나 갈릴레오가 말한 수학이 수를 뜻한 것은 아니었다. "수학의 문자는 삼각형과 원, 그리고 그 밖의 기하학적 도형이며, 이것들 없이는 사람의 힘으로 수학의 단 한 단어도 이해할 수가 없다. 그리고 이것들이 없으면 사람들은 어두운 미로를 헤맨다."

다른 언어들에 대한 연구는 뉴턴에게 언어에 대한 인식, 즉 언어의 임의성과 가변성을 이해하게 해 주었다. 뉴턴은 그리스어와 라틴어를 배우면서 속기법과 발음대로 쓰는 표음식 철자법을 실험했으며, 트리니티 칼리지에 입학한 후에는 여러 나라를 통합하기 위해 철학 원리에 기반한 '보편^{general}' 언어에 대한 구상을 적기도 했다. 뉴턴은 이렇게 단언했다. "언어마다 방언이 몇 가지씩 있는 데다 제멋대로여서 사물 자체의 본질에서 도출하듯이 공통 언어를 이들 언어에서 적절히 도출할 수는 없다."[10] 뉴턴은 언어를 하나의 과정, 즉 실재를 기호 형식으로 바꾸는 치환이나 번역 행위로 이해했다. 그리고 수학이야말로 가장 순수한 기호 번역이었다.

거친 덤불숲을 헤치며 길을 찾는 고독한 학자에게 수학은 뭔가 특별한 점이 있었다. 답을 구하고 나서 뉴턴은 대개 그 답이 맞는지 틀리는지를 판단할 수가 있었고, 대중적 논쟁은 필요 없었다. 이제 뉴턴은 유클리드를 꼼꼼히 읽어 나갔다. 고대 알렉산드리아로부터 전해져, 불완전한 그리스어 사본과 중세 아랍어 번역을 거쳐 다시 라틴어로 번역된 『기하학원론』을 통해 뉴턴은 주어진 공리 몇 개로 삼각형, 원, 선분, 구를 연역해 내는 프로그램을 익혔다.[11] 이후에 사용하게 될 유클리드의 정리를 흡수했지만, 정작 그를 고무한 것은 데카르트의 『방법서설$^{Discours\ de\ la\ Méthode}$』의 세 번째와 마지막 부록인 작고 장황한 책, 『기하학』의 도약이었다.[12] 이 책은 인간 사고의 위대한 영역들인 기하학과 대수학을 영구적으로 합쳤다. 대수학('야만적인' 기술이기는 하지만 자신의 주제라고 데카르트는 말했다[13])은 미지수에 기호를 부여해서 마치 기지수^{既知數}인 양 조작했다. 인쇄된 책이 그러하듯이, 기호는 정보를 기록하고 기억을 비축했다.[14] 인쇄술 덕분에 책이 널리 보급되기 전까지는 기호 체계의 발달은 큰 중요성을 갖지 않았다.

기호와 함께 방정식이 등장했다. 양과 양 사이의 관계 그리고 그 가변적 관계가 다루어졌다. 이것은 새로운 영역이었으며, 데카르트가 개척했다. 데카르트는 미지수를 하나의 공간 차원, 즉 선분으로 다루었다. 이렇게 해서 두 미지수가 평면을 정의한다. 이제 선분은 더해질 수도 있고 곱해질 수도 있었다. 방정식은 곡선을 만들어 냈고, 곡선은 방정식을 구체화했다. 데카르트는 우리의 문을 열어 곡선이라는 새롭고 기이한 동물들을 자유롭게 풀어 주었다. 이 곡선들은 그리스인들이 연구했던 원뿔 곡선보다 훨씬 더 다양했다. 곧바로 뉴턴은 그 가능성을 확장하기 시작했다. 차원을 더하고, 일반화하고, 새로운 좌표로 한 평면을 다른 평면으로 변환했다. 뉴턴은 방정식의 실수와 복소수^{複素數} 근을 찾고 다항식을 인수 분해하는 것을 독학으로 깨우쳤다. 곡선상에 있는 무한개의 점들이 그 방정식의 무한개의 해에 대응할 때 모든 해를 동시에, 통일적으로 볼 수 있다. 방정식에는 해 이외에도 최댓값과 최솟값, 접선과 면적 등 다른 성질도 있다. 이것들은 시각화되었고, 이름도 붙여졌다.

우리가 수학적 직관이라고 부르는 정신적 능력을 이해하는 사람은 아무도 없다. 하물며 천재성은 두말할 나위도 없다. 뇌는 사람마다 차이가 크지 않지만, 다른 재능에 비해 수적^{的} 재능은 좀 더 진기하고 특별한 것 같다. 즉, 수적 재능에는 어떤 문턱이 있다. 지적 영역에서 이 분야만큼 천재가 멍청이 학자와 그토록 많은 공통점을 가지는 곳도 없을 것이다. 세계에서 내면으로의 정신적 전환은 수를 매력적인 피조물로 보게 하고 그 속에서 질서와 마법을 발견하여 마치 개인적으로 친분을 다지듯 수를 알 수 있게 한다. 또한 수학자는 다국어 사용자이다. 창조성의 강력한 원천은 같은 사물이 외견상 다른 방식으로 어떻

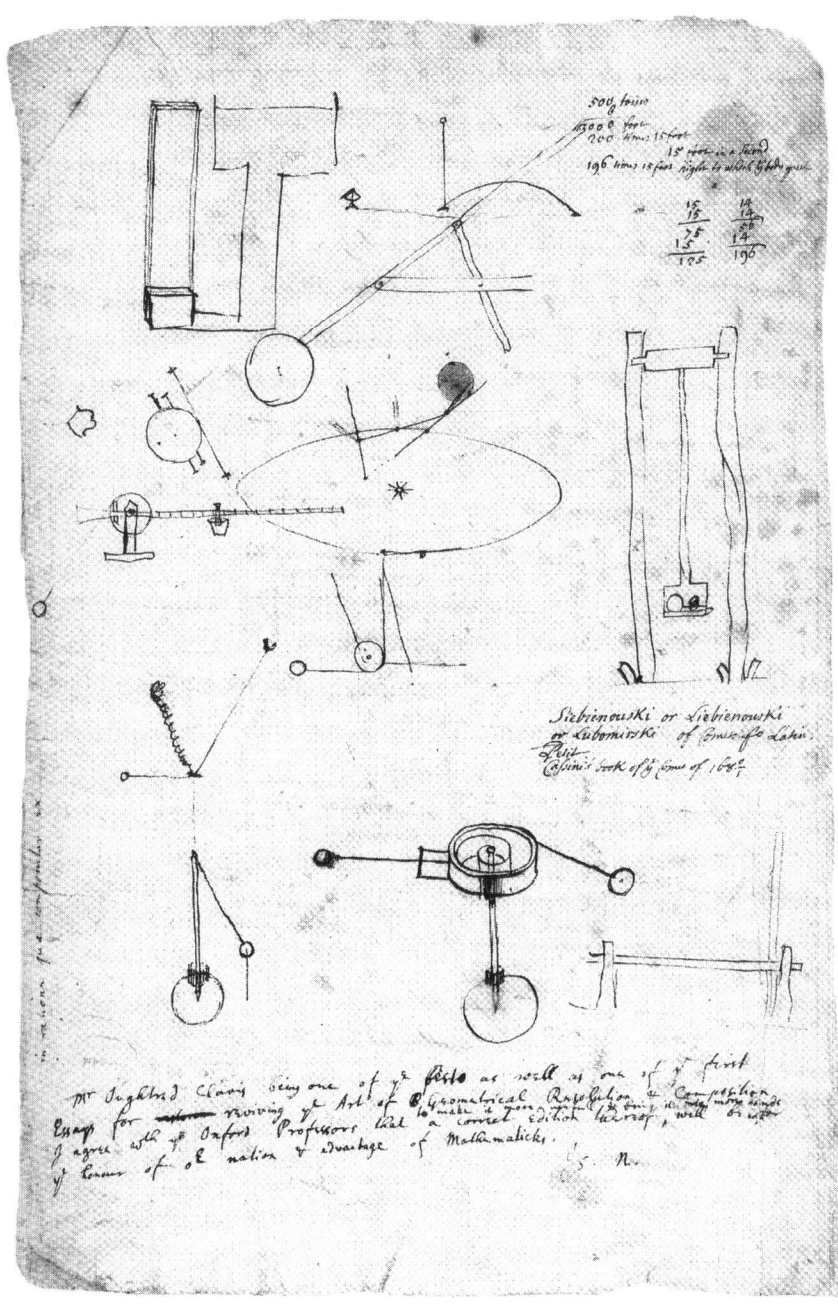

뉴턴이 초기에 그린 여러 가지 장치들

게 표현될 수 있는지를 번역하고 인식하는 능력이다. 공식화가 제대로 되지 않으면 다른 방법을 시도하라.

뉴턴의 인내심은 끝 간 데를 몰랐다. 후일 그가 자주 말했듯이, 진리는 '침묵과 명상의 산물'이었다.[15]

뉴턴은 말했다. "첫새벽이 조금씩 밝아 와 충만하고 밝게 빛날 때까지 나는 문제를 앞에 놓고 계속 사색한다."[16]

뉴턴의 낙서장은 가장 추상적인 이 분야에 대한 새로운 연구로 매일 채워졌다. 그는 끈질기게 계산했다. 뉴턴은 방정식을 하나의 좌표축에서 다른 기준 좌표계로 변환하는 방법을 알아냈다. 한 페이지에서 뉴턴은 쌍곡선을 그린 다음 그 아래의 넓이를 계산하기 시작했다. 다시 말해 "면적을 구했다". 뉴턴은 데카르트가 알았던 대수학을 넘어섰다. 그는 몇 개의 (또는 여러 개의) 항을 표현하는 데 국한하지 않고, 무한급수를 구축했다.[17] 무한급수의 합이 무한대일 필요는 없었다. 항들이 점점 더 작아질 수 있기 때문에 하나의 목표 또는 극한에 무한히 가까워질 수도 있다.

$$ax - \frac{x^2}{2} + \frac{x^3}{3a} - \frac{x^4}{4a^2} + \cdots$$

아 이 작 뉴 턴

뉴턴은 쌍곡선의 면적을 구하기 위해 이러한 급수를 생각해 냈고, 소숫자리 55번째까지 계산했다. 모두 2000개 이상의 숫자가 한 페이지에 질서 정연한 대형을 이루며 아래쪽으로 행진하고 있었다.[18] 무한급수를 생각해 내고, 그것을 다루는 법을 익히는 것은 수학의 상황을 완전히 변모시키는 것이었다. 이제 뉴턴은 이미 알려진 한두 개의 특별한 경우에서 모든 경우의 보편성으로 옮아가는 무한한 일반화 능력을 소유하게 된 것처럼 보였다. 과거에 수학자들은 두 양의 합 $a+b$를 거듭 제곱하는 방법에 대한 개념을 어렴풋이 가지고 있었다. 1664년 겨울에 뉴턴은 무한급수를 통해서 이러한 합을 거듭제곱(정수든 아니든)하는 방법, 즉 일반 이항식 전개를 발견했다.

뉴턴은 무한을 좋아했지만 데카르트는 그렇지 않았다. 데카르트는 이렇게 썼다. "우리는 무한에 관한 논쟁을 해서는 안 된다."

왜냐하면 우리는 유한하므로 우리가 무한에 관한 어떤 것을 결정한다는 것은 불합리하기 때문이다. 이러한 시도는 무한한 것을 제한하거나 붙잡아 두는 것이 될 것이기 때문이다. 따라서 무한한 직선의 반이 무한한 것인지 혹은 무한수가 홀수인지 짝수인지 등을 묻는 사람에게 답하느라 고민할 필요가 없다. 자신의 정신이 무한하다고 여기는 사람이 아니라면 누구도 이러한 문제에 대해 생각할 권리가 없는 것 같다.[19]

인간 정신이 호두껍질 속에 갇혀 있을지라도 무한을 식별하고 그것을 측정할 수 있다*는 것이 밝혀진다.

| * 이 말은 셰익스피어의 말에서 따온 것이다. "나는 호두껍질 속에 갇혀 자신을 무한 공간의 제왕으로 생각할 수도 있다."(햄릿 2막 2장)

무한대의 특수한 측면이 뉴턴을 괴롭혔다. 뉴턴은 몇 번이나 다시 그 페이지로 돌아왔다가는 다시 넘기곤 했으며 새로운 정의와 기호로 다시 기술하기도 했다. 그것은 0보다는 작지 않지만 어떤 유한한 양보다 작은, 불가능하고 환상적인 양인 무한소^{無限小}의 문제였다. 유클리드와 아리스토텔레스에게 있어서 무한소는 저주였다. 뉴턴에게도 쉬운 문제는 아니었다.[20] 처음에 뉴턴은 '나눌 수 없는 것^{indivisibles}'이라는 관점에서, 무한히 더했을 때 유한한 선을 구성할 수도 있는 점들을 생각했다.[21] 그러나 이것은 0으로 나누어진다는 모순을 낳았다.

그러므로 2/0는 1/0의 두 배이고 0/1은 0/2의 두 배이다. 앞부분은 0을 곱하고 뒷부분은 0으로 나누면 그 결과는 2/1:1/1 & 1/1:1/2 ……

만일 0이 진짜 영이라면 터무니없는 결과이다. 그러나 만일 0이 무한히 작으면서 '나눌 수 없는' 어떤 양을 대표하는 것이라면 필요하다. 나중에 뉴턴은 재고한 결과를 덧붙였다.

(그것은 결정되지 않았다)

그것은 명확하지 않다 ∧ 얼마나 큰 구가 만들어질지 얼마나 큰 수를 셀 수 있을지, 물질을 어디까지 나눌 수 있을지, 얼마나 많은 시간이나 외연을 우리가 상상할 수 있을지. 그러나 모든 연장, 즉 영원 a/0는 무한하다.[22]

뉴턴은 명확하지 않은^{indefinite} 과 결정되지 않은^{undetermined}이라는 말을 명확하게 구분하지 않고, 수학적 양과 지식의 정도에 대해 선택적으로 사용했다. 데카르트의 유보에도 불구하고 우주의 무한함은 작동하고 있었다 ― 즉, 신의 공간

및 시간의 무한성으로 작용했다. 그러나 거의 무에 가까운 무한소는 다른 문제였다. 그것은 단순히 역의 문제, 즉 무한히 큰 것과 무한히 작은 것일 수도 있다. 유한한 크기의 별을 무한한 거리에서 본다면 무한소처럼 보일 것이다. 뉴턴의 무한급수에 나오는 용어는 무한소에 가까웠다. 갈릴레오는 말했다. "우리는 무한한 것과 나눌 수 없는 것 사이에 있다. 전자는 그 거대함으로 인해서, 후자는 그 미소함으로 인해 우리가 이성으로 이해할 수 없다."[23]

뉴턴은 특정 지점에서의 곡선의 기울기를 찾기 위한 더 좋은 – 더 일반적인 – 방법을 찾고 있었다. 또한 연관이 있지만 한때 배제되었던, 다른 양인 '선상에서의 구부러짐', 휨의 비율, 즉 곡률의 정도를 알아내려고 노력했다.[24] 뉴턴은 접선, 모든 점에서 곡선을 지나는 직선, 만약 무한한 성능의 현미경으로 볼 수 있다면 그 점에서 곡선이 직선이 될 직선을 알기 위해 전념했다. 유클리드나 데카르트가 그린 것보다 더 복잡하고 자유로운 구조를 그렸다. 그리고 계속해서 무한소라는 유령과 마주쳤다. "그런데 (만일 hs와 cd가 무한히 작은 거리를 가진다면)……"; "…… (무한히 작음이 기하학적으로 고려되지 않는다면 이 경우에 연산은 올바로 이해될 수 없다)……."[25] 어떤 방법으로도 무한소를 피할 수 없게 되자, 뉴턴은 그것을 사용하기 시작했다. 즉, 영(0)이면서 영이 아니기도 한 이 양에 개인적인 기호를 – 작은 o – 붙여서 사용하게 되었다. 뉴턴의 일부 그림에서 두 개의 선은 그 길이가 다르지만 "그 차이는 무한히 작고" 반면 또 다른 두 개의 선은 "전혀 차이가 없다". 이러한 불가사의한 구분을 유지하는 것은 반드시 필요했다. 이렇게 함으로써 뉴턴은 곡선을 무한히 분할하고 그 분할을 무한히 더해서 넓이를 구할 수 있었다. 그는 '네모지게 만들 수 있는 굽은 선들의 면적을 구하는 방법',[26] 즉 적분법을 (나중에 미적분이라 불렸다) 창안했다.

대수학이 기하학과 결합하자 물리학에서 이에 상응하는 운동의 문제도 기하학과 합쳐졌다. 어떤 곡선이든, 곡선은 자연스럽게 움직이는 점의 경로를 나타냈다. 접선은 운동이 일어나는 순간의 방향을 나타냈다. 면적은 평면을 가로질러 지나가는 선에 의해 생성될 수 있다. 그 길을 생각한다는 것은 운동학적으로^{kinetically} 생각하는 것이다. 무한소가 효력을 가지는 것은 바로 이 대목이다. 운동은 원활하고, 연속적이며, 끊어지지 않는다 - 그렇지 않다면 어떻게 운동이 될 수 있겠는가? 물질은 보이지 않는 원자로 환원될 수 있지만 운동을 기술하기 위해서는 수학적 점이 더 적합할 것이다. A에서 B로 움직이는 물체는 분명 그 사이에 있는 모든 점을 지나야 한다. A와 B 사이가 얼마나 가까운지는 상관없이 그 사이에는 반드시 점들이 존재한다. 그것은 마치 한 쌍의 숫자 사이에 다른 숫자들이 존재하는 것과 같다. 그러나 이러한 연속체$^{連續體, continuum}$는 2000년 전에 그리스 철학자들이 이미 깨달은 또 다른 형태의 역설을 낳았다. 그것이 아킬레스와 거북의 역설이다. 이 흥미로운 경주에서 거북이 조금 먼저 출발한다. 아킬레스는 거북보다 빨리 달릴 수 있지만 결코 거북을 따라잡을 수 없다. 그 이유는 아킬레스가 거북이 있던 지점에 도달할 때마다 이미 거북은 조금 더 앞으로 기어가 있기 때문이다. 이러한 논리로 제논^{Zeno}은 움직이는 물체가 일정 지점에 결코 도달할 수 없으며, 따라서 운동 자체가 존재하지 않는다는 것을 증명했다. 무한과 무한소를 모두 받아들여야만 이러한 역설들을 몰아낼 수가 있다. 이 철학자는 무한하게 많으며 점점 더 작아지는 간격들의 합을 발견해야 했다. 뉴턴은 다음과 같은 단어들을 통해 이 문제와 씨름을 벌였다 - 더 빠르게, 더 느리게, 최소 거리, 최소 전진, 순간, 간격.

운동이 얼마나 빠른지 혹은 얼마나 느린지가 알려졌는지를 고려하라. 또 운동 중에 최소 거리와 최소 전진이 있는지, 시간상 최소 범위가 있는지를 생각하라.

…… 물체가 움직이는 시간의 각 등급^{degree}에서는 운동이 존재하지만 그 등급들이 모두 합쳐지면 운동은 존재하지 않을 것이다. …… 순간, 또는 시간의 간격에서는 운동이 일어나지 않는다.[27]

시간과 속도를 나타내는 전문어가 없는 문화에서는 수학자가 운동을 양화量化하는 데 필요한 기본 개념 역시 부재한다. 당시 영어라는 언어는 이제 막 최초의 속도 단위에 적응하기 시작했다. 그것은 선원들이 바다 속에 던져 넣어 배의 속도를 추정하던 유일한 속도 측정 장치인 측정 밧줄$^{log\ line}$에서 나온 말인 노트^{knot}라는 용어이다. 지상 물체의 운동을 이해하고자 갈망했던 과학, 즉 탄도학彈道學은 포신의 각도와 대포알이 날아간 거리는 측정했지만 속도에 대해서는 거의 생각하지 못했다. 심지어 이러한 양을 시간과 거리의 비율로 규정할 수 있게 된 때에도, 정작 그것을 측정하지 못했다. 탑 위에서 추를 떨어뜨렸던 갈릴레오는 비교적秘敎的인 시간 단위 초를 사용했지만 그 속도에 대해서는 어림짐작만 했을 뿐이었다. 뉴턴은 정밀함에 대한 야망에 사로잡혔다. "갈릴레오에 따르면 피렌체 단위로 100파운드(런던의 상형常衡 파운드*로 78파운드의 무게)의 쇠공이 피렌체 단위로 100브레이스 혹은 큐빗**(즉, 49.01엘***, 아마도 66야드)을 5초 만에 하강한다고 한다."[28]

1665년 가을에 뉴턴은 단지 기하학적인 것과 구별되는 '역학적인^{mechanical}' 선에 대해 기록했다. 역학적 곡선은 한 점의 운동이나 두 점의 복합 운동으로

---

* avoirdupois weight, 전통적인 유럽 중량 단위. 1상형 파운드는 16온스에 해당한다. 1959년 이후 대부분의 영어 사용국들은 1상형 파운드를 0.45359237킬로그램으로 공식 규정했다.

** cubit, 고대 서양에서 쓰던 단위로 시대와 지역에 따라 조금씩 길이가 달랐다. 고대 이집트에서는 444.5밀리, 고대 페르시아에서는 500밀리였다.

*** ell, 45인치에 해당하는 옛날 영국의 척도.

생긴다. 나선과 타원, 사이클로이드가 그 예이다. 원이 직선을 따라 굴러갈 때에 원 위의 한 점에 의해 생기는 곡선인 사이클로이드에 대해 데카르트도 고찰한 적이 있었다. 데카르트는 이 기이한 선을 수상쩍고 비수학적인 것으로 간주했는데, 그 까닭은 (미적분학 이전에는) 이를 분석적으로 기술할 수 없었기 때문이다. 그러나 역학의 새로운 분야에서 나온 이러한 인공물들이 계속 수학을 침범해 들어왔다. 바람을 맞는 밧줄이나 돛은 역학적 곡선을 그렸다.[29] 사이클로이드가 역학적이라 해도 그것은 추상물, 즉 여러 운동이나 속도가 일정한 방식으로 총합된 것이었다. 실제로 뉴턴은 타원을 여러 가지 관점으로 − 기하학적이고 분석적인 시각으로 − 보았다. 타원은 이차방정식의 근의 공식의 결과였다. 또는 땅 위에 박아 놓은 두 개의 말뚝에 맨 느슨한 줄을 이용한 '정원사의' 작도로도 그릴 수 있다. "그 줄을 팽팽하게 유지하면서 점 P를 그려 나가면 타원이 될 것이다."[30] 아니면 그것은 여분의 자유가 있는 원, 구속이 제거된 원, 그 중심이 한 쌍의 초점으로 분기分岐한 원이다. 뉴턴은 역학적 곡선으로 접선을 그리는 절차를 고안했으며, 그 기울기를 측정했다. 그리고 11월에는 두 개 이상의 선에서 둘 이상의 움직이는 물체들의 속도 사이의 상관관계를 연역하는 방법을 제시했다.[31]

뉴턴은 곡선 상에서 무한소의 거리만큼 떨어져 있는 점들 사이의 관계를 계산하는 방법으로 접선을 찾았다. 이 계산에서 점들은 거의 하나로 합쳐진다. "$BC=o$가 될 때 통합이 일어나 무로 사라지게 된다."[32] 여기에서 o는 일종의 장치로, 임의로 작은 증가, 즉 시간의 순간으로서 무한소를 처리하기 위한 고안품이었다. 뉴턴은 o가 있는 항들이 어떻게 '소멸될 수 있는지'를 보여 주었다.[33] 또한 뉴턴은 이 방법을 확장해서 곡률의 중심과 반지름을 발견함으로써 구부러짐의 비율을 양화量化했다.

이제 기하학의 과제가 운동학의 과제와 결합했다. 곡률을 측정하는 것은 변화율을 찾기 위함이었다. 변화율$^{\text{Rate of change}}$ 자체가 추상화 중의 추상화였다. 속도는 위치(또는 거리)에 대한 시간의 변화율이고 가속도는 속도에 대한 시간의 변화율이다. 이는 이후의 미적분 용어로 미분^{differentiation}이었다. 뉴턴은 이 체계 전체를 알아내었다. 접선 문제는 구적법^{求積法}* 문제의 역이고, 미분과 적분은 뒤집어 보면 같은 것이었다. 그 절차는 서로 달라 보이지만 하나가 행하면 다른 하나가 원래대로 되돌린다. 이는 미적분의 기본 정리로, 수학의 한 영역인 미적분은 기관을 만들고 동역학을 측정하는 데 필수적인 지식이 되었다. 시간과 공간이 결합되었다. 외견상 동떨어진 것 같은 속도와 면적이라는 추상적 개념이 동종이라는 사실이 밝혀졌다.

뉴턴은 운동에 의한 문제를 해결하기 위해 필요한 명제들의 체계를 시도하려고 1665년 11월과 1666년 5월 그리고 1666년 10월에 계속해서 새로운 페이지를 시작했다.[34] 마지막 시도에서 뉴턴은 종이 8장을 접어 한데 꿰매어 24페이지짜리 소책자를 만들었다. 뉴턴은 원의 중심을 향해 움직이는 점들에 대해 고찰했다. 서로에 대해 평행으로 움직이는 점들, '각을 그리며' 혹은 '원을 그리며' – 이 용어들은 확정된 것이 아니었다 – 움직이는 점들, 평면을 교차하는 선을 따라 움직이는 점들을 고찰했다. 시간을 나타내는 변수는 뉴턴 방정식의 기초가 되었다. 이 시간은 운동의 절대적 배경이었다. 뉴턴은 속도가 변할 때, 그 속도가 매끄럽게, 연속적으로 – 앞의 o로 표상되는 무한소의 순간들을 가로질러 – 변한다고 상상했다. 뉴턴은 자기 자신에게 지시를 내렸다.

---

* quadrature, 특수한 미분 방정식의 해를 대수적인 연산과 변수 변환 등을 이용해서 구하는 방법이다. 당시 곡선 아래쪽의 면적을 구하는 법을 뜻했다.

모든 항을 방정식의 한변에 두어 무^無와 같게 만든다. 그리고 먼저 각 항에 p/x를 수차례 곱하여 각 항에서 x가 차원을 가지게 한다. 그 다음, 각 항에 q/y를 수차례 곱하여 …… 만일 아직도 미지의 양이 있다면 모든 미지수에 같은 방식으로 하라.[35]

시간은 흘러가는 무엇이다. 속도의 관점에서 볼 때, 위치는 시간의 함수였다. 그러나 가속도의 측면에서는 속도 자체가 시간의 함수이다. 뉴턴은 점과 기호로 된 어깨문자로 자신만의 표기법을 구성했고, 이들 함수를 '변량fluent'과 '유율fluxion'이라고 칭했다. 즉, 변화하는 양과 변화율이라는 뜻이다. 뉴턴은 이에 대해 수차례 썼지만 확실하게 완성하지는 못했다.

이 수학을 창조하면서 뉴턴은 한 가지 역설을 수용했다. 그는 불연속적인 우주를 믿었다. 작지만 궁극적으로 나눠지지 않는 - 그렇지만 무한소는 아닌 - 원자를 믿었다. 그러나 뉴턴은 불연속적이 아닌 연속적인 수학을 수립했는데, 이 수학은 직선과 매끄럽게 변화하는 곡선의 기하학에 기반을 두었다. 헤라클레이토스Heraclitus는 2000년 전에 이렇게 말했다. "만물은 유전流轉하고 무는 그대로 멎어 있다. 무는 감내하지만 변화한다." 그러나 이러한 존재의 상태는 - 즉 흐르고, 변화하는 - 그때 이후로 수학에 도전했다. 철학자들은 지속적인 변화를 거의 관찰할 수 없었으며, 따라서 당연히 이를 분류하고 평가할 수도 없었고, 현재까지도 그랬다. 이제 수학화되는 것은 자연의 운명이었다. 이제 공간은 차원과 크기를 가지게 되고, 운동은 기하학에 복속될 것이다.[36]

울스소프에서 멀리 떨어진 곳에서는 화재와 페스트로 많은 사람들이 죽어가고 있었다. 수비^{數秘}학자들은 1666년이 금수^{禽獸}의 해가 될 거라고 경고했다. 런던 대부분이 검은 폐허로 변했다. 불은 한 제과점에서 시작되어 건조한 바람에 의해 초가지붕을 타고 번져 나갔으며, 4일 낮과 밤 동안 걷잡을 수 없이 타올랐다. 선왕은 참수 당하고 자신은 도망 다니면서도 호국경 크롬웰보다 오래 살아남았던 새 국왕 찰스 2세는 신하들과 함께 런던에서 달아났다. 이곳 울스소프에서 밤은 별들로 뒤덮이고, 달빛은 사과나무 위로 드리우고, 한낮의 해와 그림자는 가족들이 다니는 오솔길을 벽에 아로새겼다. 뉴턴은 이제 평면상에 투영되는 곡선과 매일 조금씩 변화하는 3차원에서의 각도를 이해했다. 그는 질서정연한 풍경을 보았다. 그 풍경 속의 거주자들은 정적인 대상이 아니었다. 그들은 패턴, 과정, 그리고 변화였다.

   무엇을 쓰든 뉴턴은 자신만을 위해 썼다. 다른 사람에게 말할 이유가 없었다. 이제 그의 나이 24세였고, 그는 도구를 만들었다.

제 4 장

거대한 두 궤도

역사가들은 뉴턴을 종점, 흔히 과학혁명^{Scientific Revolution}이라 불리는 인간사의 한 에피소드의 '절정'과 '정점'으로 보게 되었다. 이제 이 용어는 해명, 또는 반어적인 인용 부호를 필요로 하기 시작했다.[1] 인류 문화 발전의 전환점에 대해 말하거나 이성이 불합리에 대해 승리를 거둘 때, 상반된 두 감정이 동시에 존재하는 것은 당연한 일이다. 과학혁명은 사후적으로 만들어진 이야기, 또는 서술적 틀이다. 그러나 그것은 과거를 되돌아보는 역사가들의 시각에 존재한 것은 물론이고 17세기의 영국과 유럽의 소수 사람들의 자의식 내에도 존재했다. 그들은 자신들이 대가라고 생각했다. 이들은 지식의 영역에서 새로운 것을 보았고, 그 새로움을 표현하려고 노력했다. 이들은 과거와 단절하고 새로운 과학을 장려하기 위하여 아카데미(과학단체)와 학회를 만들어 의사소통 통로를 열었다.

우리는 2세기 동안 유럽 대륙 전역으로 퍼져 나간 이 과학혁명을 전염병이라고 부른다. 물리학자 데이비드 굿스타인^{David Goodstein}은 이렇게 말했다. "그것은 영국에서, 아이작 뉴턴이라는 사람에게서 멈추게 될 것이다. 그러나 북으로 가는 도중에 잠깐 프랑스에서 멈추었다⋯⋯."[2] 아니면 영웅들로 구성된 팀이 바통을 다음 주자에게 넘기며 달리는 계주 경기일지도 모른다. 바통은 코페르니쿠스, 케플러, 갈릴레오, 뉴턴의 순으로 넘겨졌다. 과학혁명은 아리스토텔레스주의 우주론의 폐기나 파괴일 수도 있다. 갈릴레오와 데카르트의 맹공으로 비틀대던 세계관은 뉴턴이 책을 발간한 1687년에 결국 종말을 고했다.[3]

오랫동안 지구가 만물의 중심인 것처럼 보였다. 별자리는 규칙적인 순서로 돌았다. 몇 개의 밝은 물체만이 풀기 힘든 문제를 낳았는데, 이들은 마치 신이나 신의 사자인 양 붙박이별들을 배경으로 불규칙하게 움직이는 떠돌이별, 즉 행성들이었다. 폴란드의 천문학자이자 점성가이면서 수학자였던 니콜라우스 코페르니쿠스[Nicolaus Copernicus]는 사망하기 직전인 1543년에 위대한 저서 『천구의 회전에 관하여[De Revolutionibus Orbium Coelestium]』를 출판했다. 이 책에서 코페르니쿠스는 행성 궤도에 질서를 부여했고, 그 궤도를 완벽한 원으로 결정했다. 그는 지구가 움직이고 있는 것으로 설정했으며, 우주의 중심에 부동의 태양을 두었다.[4]

수천 회의 끈질긴 관찰 기록으로 점점 쌓여가는 데이터 더미 속에서 더 많은 질서를 찾은 요하네스 케플러[Johannes Kepler]는 행성이 원을 그리며 움직일 수 없다고 단언했다. 케플러는 고대인들에게 타원으로 알려진 특별한 곡선에 무언가가 있다고 생각했다. 이렇듯 천체의 완벽함으로 간주되던 원 궤도를 폐기시켰지만, 케플러는 기하학적 조화 위에 세워진 우주를 열렬히 신봉하는 인물이었기 때문에 새로운 특성을 찾기 시작했다. 그는 행성에서 태양에 이르는 가상의 선이 동일 시간에 동일 면적을 지난다는 주장을 통해 기하학과 운동 사이의 우아한 관계를 찾아냈다.[5]

갈릴레오 갈릴레이는 대물렌즈를 빈 통 속에 끼워 넣어 만든 소형 망원경으로 밤하늘을 관찰했다. 그가 본 것은 영감을 불어넣기도 했지만, 때로는 자신을 혼란에 빠뜨리기도 했다. 궤도를 그리며 목성 주위를 도는 위성들, 무결점의 태양 표면을 훼손하는 점들 그리고 '예부터 잘 알려진 별보다 그 숫자에서 10배나 많은' 한 번도 본 적이 없는 항성들이 그를 당황하게 만들었다.[6] 그는 달이 "매끄러운 표면으로 덮여 있지 않고 실제로는 거칠고 울퉁불퉁하다"는 사실을 '확실한 감각적 근거로' 알았다. 달에는 산과 계곡, 그리고 협곡들이 있었다. (또한 갈릴레오는 빛을 내는 짙은 수증기로 이루어진 대기도 찾았다고 생각했다.)

갈릴레오는 산술적으로 새로운 사실을 상세히 서술하는 데 전력을 다했다. 그가 제작한 소형 망원경에서는 달의 직경이 30배나 크게 보이기 때문에 제곱과 세제곱법칙에 의해 표면적은 900배, 체적은 27,000배나 확대되었다. 이것이 그의 보고서 『별의 전령 The Starry Messenger』에 유일하게 나오는 수학이었다.[7]

이러한 빛의 점들을 세계로 생각하는 것은 낯설었고, 세계를 – 전체 세계 – 움직이는 물체로 생각하는 것은 이를 단순한 돌덩이로 여기는 것만큼이나 이상했다. 그러나 운동을 이해하지 않고는 어느 누구도 천체의 위치를 제대로 파악할 수 없었다. 역학 없이는 우주론이 존재할 수 없었다. 갈릴레오는 이 사실을 자각했다. 영국의 팸플릿작가*들은 1610년에 갈릴레오가 피렌체의 하늘에서 본 것을 후세에 전하려고 노력했다. 런던의 청년 사제 존 윌킨스 John Wilkins는 익명으로 소책자를 쓰기 시작했다. 맨 처음 쓴 것은 1638년으로, 『신세계의 발견: 달에 서식 가능한 세계가 존재할 수 있음을 입증할 가능성이 보이는 대화』**였다.[8]

---

* 당시 소논문, 소책자 형태로 자신의 의견을 발표하는 지식층 저자들을 지칭한다. 팸플릿의 주제는 문학, 철학에서 과학에 이르기까지 다양했으며, 당시 여론 형성에서 중요한 역할을 했다.

** The Discovery of a New world; or, a Discourse tending to prove, that it is probable there may be another habitable World in the Moon.

달은 가까우면서 변화무쌍하고 여러 가지 현상의 전조前兆로 인식되어 천체의 신비 중에서도 특별했다. 달은 약한 정신에 내재한 광기를 자극했다. 월月 주기에 따라 광적으로 변하는 사람들에 대한 이야기도 있었다. 그리스 철학자 엠페도클레스Empedocles는 달은 "마치 활활 타는 공 속에 봉인되어 있는 우박처럼 응결된 순정 공기로 이루어진 천체"라고 생각했다. 아리스토텔레스가 달은 고체이며 빛을 투과시키지 않는다고 주장한 반면에 율리우스 카이사르Julius Caesar는 빛을 투과하고 순수하며 그 본질이 하늘과 같다고 말했다. 매일같이 평범한 관찰을 해도 이 문제는 해결되지 않았다. 윌킨스는 이렇게 적고 있다. "두 가지 주장 모두 농부들이 눈으로 보는 모습과 상반되며, 농부들은 자신의 감각을 넘어설 수 있을 정도의 이성을 갖지 못하기 때문에 달이 수레바퀴보다 더 큰 초록색 치즈로 되어 있다고 하면 (흔히 말하듯이) 바로 믿어 버릴 것이다."[9]

다른 도움 없이 이성은 과연 어디까지 우리를 이끌 수 있을까? 국왕의 법률고문이자 대법원장으로 논변과 토론을 행했던 프랜시스 베이컨Francis Bacon은 이미 수립된 개념들을 번지르르하게 짜깁기하여 오로지 말과 허식 위에 세워진 자연철학을 한탄했다.

> 현재 받아들여지는 모든 자연 철학은 그리스 철학이거나 연금술사들의 철학이다. …… 전자는 천박한 관찰 몇 가지를 긁어모아 나온 것이고, 후자는 가마에서 몇 가지 실험을 한 결과로 나온 것이다. 전자는 말을 무성하게 늘리는 데 실패하지 않았지만, 후자는 금을 늘리는 데 실패했다.[10]

베이컨은 거짓에서 진실을 가려내기 위한 '결정적 예증Crucial Instances'의 고안으로 실험experiment을 주장했다. 달이 불꽃과 같은 기체인가 아니면 빛을 투과시키지 않는 고체인가? 달이 태양 빛을 반사하지 않으므로 불꽃이나 기타 희귀한 물체가 빛을 반사하느냐 못하느냐를 증명하는 것이 그 결정적 예증이 될 수 있다고 베이컨은 주장했다. 또한 달은 '물을 상승시키고 습한 물체를 팽창시키기도' 한다고 말했다. 베이컨은 이러한 효과를 자석 운동 Magnetic Motion 이라 부르자고 제안했다.[11]

윌킨스는 헤로도토스 Herodotos, 가경자 비드 Venerable Bede*, 로마 가톨릭교의 성자들, 스토아학파 철학자들, 모세와 토마스 아퀴나스 Thomas Aquinas 같은 대가들이 했던 달 관찰 결과를 인용했다. 그러나 그의 최종 선택은 새로운 증인이었다.

> 나는 갈릴레오의 관찰을 주장하고자 한다. 그는 그 유명한 관찰의 창시자로서, 그로 인해 우리로서는 보기 힘든 하늘을 뚜렷이 인식하게 되고 전에는 추측만 했던 것들이 명백히 눈에 보이고 예외나 의심 없이 명백하게 발견되었다.[12]

갈릴레오는 육안으로는 1마일 반 거리에서도 똑똑히 볼 수 없던 것을 망원경을 이용해서 16마일 거리에서도 분명하게 보게 되었다. 그는 산과 계곡을 보았고, 두터운 수증기로 된 공기층을 보았다. 여기서 바람과 비, 계절과 기후 등을 추측하는 데는 한 걸음만 내딛으면 되었다. 따라서 윌킨스는 달에 거주자가 있다고 결론지었다. "그들이 어떤 종류인지는 불분명하다. 그러나 내 생각에 미래 세대는 더 많은 것을 발견할 것이고, 우리 후손들은 이 거주자들과 좀 더 친숙해질 수 있는 방법을 강구해 낼지도 모른다"고 인정했다. 비행 기술이 발

---

* 6세기경의 앵글로색슨인 수도승, 신학자, 역사가, 연대기 학자. 1899년 성인으로 시성되었다. 가경자에 해당하는 영어 단어 'Venerable'은 옛날 유럽에서 주교와 대수도원장 등에게 붙였던 경칭이었으며, 사후 이 칭호를 받은 첫 번째 사람이 성 비드였다.

명되면 바로 그 세계에 이민자들을 이주시켜야 한다고 윌킨스는 말했다. 결국은 시간이 진리의 아버지이다. 세월이 흘러 사람들이 바다를 건너 지구 저편에 있는 사람들을 발견했듯이, 그보다 더 놀라운 수수께끼도 사람들의 호기심을 기다리고 있다.

윌킨스는 자신의 주장이 생소하다고 해서 배격해서는 안 된다고 주장했다. 또 하나의 신세계가 가져올 놀라운 발견은 엄청난 중요성을 가진다는 것이다. "콜럼버스가 지구 저편을 발견하겠다고 약속했을 때, 그를 바라보던 의심의 눈초리들은 어떠했던가?"

그렇지만 윌킨스도 여러 개의 세계가 있다는 생각이 역설적이며, 그것을 받아들이는 데 어려움이 있다는 것에 동의했다. 가장 골치 아픈 문제는 아래로 떨어지려는 천체의 성향, 즉 무거움^{gravity}이었다. "무거움을 위한 곳이 둘이고 가벼움을 위한 곳이 둘이라면, 반드시 혼란과 혼돈이 일어나지 않겠는가?"[13] 다른 세계의 물체가 어디로 떨어져야 하는가? 그 공기와 불은 어디로 상승해야 하는가? 달의 파편이 지구로 떨어지리라고 예상할 수 있는가?

윌킨스는 이 질문에 대해 두 개의 세계에는 반드시 두 개의 무거움의 중심이 있어야 한다고 주장한 코페르니쿠스와 케플러의 관점에서 답했다. "달의 물체가 우리 세계로 떨어질 위험이 없듯이, 지구의 물체가 달로 떨어질 위험도 없다." 그는 무거움의 단순한 본성을 독자들에게 일깨워 주었다. "다른 것이 아니라, 그것의 지배를 받는 (물체가) 그것의 중심을 향해 내려가려는 성향을 일으키는 특성일 뿐이다."[14]

신세계의 발견은 아리스토텔레스의 무거움 개념을 파괴하는 도화선에 불을 붙였다. 복수^{複數}의 세계란 복수의 준거 틀을 함축했다. 위와 아래는 상대적 표현으로, 철학자들의 상상 속에서는 일반적 경험과 반대가 된다. 가령 윌킨스는 총알과 같은 물체가 '자신이 속한 자성磁性 천구에서' 벗어날 수 있을 정도로 높이 도달했을 때, 이 물체에 일어날 수 있는 문제에 대한 고찰을 회피하지 않았다. 그는 그 물체가 내려와서 정지할 것이라고 판단했다. 지구의 한 부분이 지구의 영향력 범위를 벗어난 곳에서 무거움이나 무거움에 대한 민감성을 상실할 것이다. 그는 한 가지 '비유'를 들었다.

> 빛을 발하는 물체가(태양이라고 가정하자.) 그 광선을 고리 모양으로 방출하고, 마찬가지로 둥근 천연자석처럼 자성이 있는 물체가 천구 속에서 자신의 자력을 밖으로 행사했을 때 …… 천구 안에서 영향을 받기 쉬운 어떤 다른 물체는 머지않아 그 중심을 향해 하강할 것이다. 그런 점에서 이 물체를 무겁다^{heavy}고 칭할 수도 있겠다. 그러나 그것을 천구 밖에 놓아두면 결합 욕구가 없어지게 되고, 그 결과 운동도 사라진다.[15]

뉴턴은 소년 시절에 그랜댐에 있던 약제사 클라크의 집에서 윌킨스를 읽었다.[16] 뉴턴이 달에 관해 생각한 것이 무엇이었든지 간에 뉴턴은 달이 고속으로 우주를 여행하는 거대한 행성의 물체라는 것은 알고 있었다. 이해할 수 없는 것은 그 이유였다. 데카르트가 말하듯이 소용돌이를 따라 움직이는가? 뉴턴은 달이 얼마나 크고 얼마나 멀리 있는지 알고 있었다. 우연의 일치로 달의 겉보기 크기가 태양과 0.5도 호弧로 거의 정확하게 일치했고, 이러한 우연이 빚어낸 일식은 대단한 장관이었다. 이제 일상적인 것과 상상할 수 없을 정도로 방대한 것 사이의 숱한 크기 등급을 가로질러 정신적 연결을 빚어내는 작업이 필요했다. 농가 뒤편 과수원에 앉아서 기하학에 관해 계속 생각하면서 뉴턴은 줄기에 매달린 또 다른 구球들을 볼 수 있었다. 하늘에는, 2인치 크기의 사과가 20피트 거리에서 똑같은 0.5도를 이루고 있었다. 이제 이 비율은 두 번째 본성이 되어, 뉴턴의 마음속에 유클리드의 합동 삼각형으로 새겨졌다. 이 물체들의 크기에 대해 생각할 때, 그 상에서 또 다른 부분은 역제곱법칙, 즉 거리를 x라고 할 때 $1/x^2$에 비례하여 변하는 법칙이다. 가령 2배 멀리 떨어진 원반은 그 밝기가 1/2이 아니라 1/4이 된다.

그리스인들과 달리 뉴턴은 수학의 조화와 추상성을 자신이 사는 속된 지상계에서 확장하려고 애썼다. 사과는 천구가 아니었지만 뉴턴은 매일 25,000마일을 도는 지구상의 다른 사물들과 함께 사과 역시 우주를 날고 있다고 이해했다. 그러면 왜 사과는 줄에 매달아 돌리는 돌처럼 밖으로, 바깥쪽으로 날아가지 않고 얌전히 아래를 향해 떨어지는가? 같은 의문은 달에도 적용되었다. 달을 직선 경로에서 밀어내거나 끌어당기는 것은 무엇인가?

몇 년 뒤에 뉴턴은 자신이 울스소프 정원에 있던 사과에서 영감을 받았다고 최소한 네 사람에게 말했다. 실제로 그 사과가 나무에서 떨어졌을 수도 있고 아니었을 수도 있다. 그러나 뉴턴은 사과에 관해 한 번도 쓰지 않았다. 다만, 이렇게 회상했다.

나는 달의 궤도에까지 확장되는 무거움에 대해 생각하기 시작했다…….

— 그런데 힘으로서의 무거움은 그 영향력이 미치는 범위가 광범위해서 한계나 경계가 없다—

그리고 지구 표면에서 중력*의 힘으로 달이 제 궤도를 유지하는 데 필요한 힘을 계산했고 …… 그 해답을 근사치까지 찾아내었다. 이 모든 것은 페스트가 돌던

1665년과 1666년 이태 동안 이루어졌다. 그 시절이 내 창조의 절정기였고, 그 이후 어느 시기도 이때만큼 수학과 철학에 대해 많이 생각한 적이 없었다.[17]

다른 회고록 집필자들처럼 볼테르도 사과를 언급했으며, 이 설명은 두세 다리를 건너가면서 점차 과학적 발견의 연대기 기록에서 단연 가장 오래 남을 전설을 만들어 내기에 이르렀다.[18] 그리고 가장 잘못 이해된 전설이기도 했다. 뉴턴이 물체가 지구로 떨어진다는 사실을 떠올리는 데 사과는 필요 없었다. 그보다 앞서 갈릴레오는 이미 물체가 떨어지는 것을 보았을 뿐 아니라 물체를 탑에서 떨어뜨리고 경사로에서 아래로 굴려 보기까지 했다. 또한 그는 가속도를 이해했으며, 그것을 측정하려고 고군분투했다. 그러나 가속도를 설명하는 것은 아주 단호히 거부했다. 갈릴레오는 이렇게 적고 있다. "지금은 가속도의 원인을 규명할 적절한 시기가 아닌 것 같다. …… (오히려) 단지 가속 운동의 속성 중 일부를 규명하고 증명할 때이다(가속도의 원인이 무엇이든지 간에)."[19]

뉴턴의 번뜩이는 통찰력으로도 우주의 중력 작용을 이해하지 못했다. 그는 1666년이 되어서야 가까스로 이해하기 시작했다. 이후 수십 년 동안 뉴턴은 중력에 대해 품었던 의문을 혼자서만 간직했다.

사과 자체는 아무것도 아니었다. 그것은 한 쌍의 반쪽, 즉 달의 장난꾸러기 쌍둥이일 뿐이었다. 사과가 땅으로 떨어지듯이 달도 직선에서 벗어나 떨어지면서 지구 주위를 회전한다.** 사과와 달은 우연의 일치이자 일반화이고, 근거리

| * 뉴턴이 대략 이 시점부터 아리스토텔레스 이후의 무거움의 개념에서 벗어나서 중력에 대한 독자적인 고찰을 시작했기 때문에, gravity를 중력으로 옮겼다.

** 사과가 자유낙하를 하는 것과 마찬가지로, 달이 지구 주위를 도는 것은 지구 궤도에서 자유낙하를 계속하고 있는 것이다.

에서 원거리로 그리고 보통 크기에서 거대한 크기로 규모를 뛰어넘는 비약이었다. 뉴턴은 자신의 서재에서, 뜰에서, 끊임없는 고독한 명상에서 그리고 기하학과 분석의 새로운 방식으로 살아 있는 정신에서 거리가 먼 사고 영역 사이의 연관성을 획득했다. 그래도 그는 아직 확신하지 못했다. 그의 계산은 여전히 불명료했다. 그는 단지 그 답을 아주 가까운 근사치로만 발견했다. 그는 가용한 원데이터가 뒷받침하는 것 이상으로 얻기 힘든 정확성을 목표로 삼았다. 심지어는 측정 단위도 너무 불완전하고 가변적이었다. 뉴턴은 1마일을 5,000피트로 추정했다.[20] 그는 적도상에서 지구 위도 1도를 60마일로 설정했는데, 실제와는 약 15%의 오차가 있었다. 마일^{mile}, 파수스^{passus*}, 브레이스^{brace}, 피데스^{pedes**}와 같은 단위들 중에서 일부는 영국 단위였고, 일부는 고대 라틴, 그리고 일부는 이탈리아 단위였다. 그는 6시간에 16,500큐빗이라는 지구의 자전 속도에 도달했다.[21] 또한 뉴턴은 중력으로 인한 낙하율을 얻으려고 애썼다. 그는 새로운 번역에서 5초에 100큐빗이라는 갈릴레오의 계산을 얻었다.[22] 그러나 뉴턴은 줄에 매달려 원을 그리는 추, 즉 원뿔진자를 이용한 측정을 시도했다. 이 작업에는 인내가 필요했다. 뉴턴은 진자가 1시간에 1,512번 "똑딱거렸다"고 기록했다.[23] 뉴턴은 갈릴레오의 그것보다 2배 이상 되는 중력 상수를 얻었다. 그리고 지구 자전이 밖으로 튕겨 내려는 경향보다 350배나 더 강한 중력으로 지구 표면의 물체를 아래로 끌어당긴다고 결론을 내렸다.

어떻게든 계산을 하기 위해, 뉴턴은 지구 중심으로부터 떨어진 거리에 따라 인력이 급격히 감소한다고 가정해야 했다. 갈릴레오는 지상에서 떨어져 있는

| * 고대 로마의 길이단위. 1파수스는 1.620야드, 즉 1.48미터이다.
** pes의 복수형으로 고대 로마에서 사용되던 단위로 1피트이다.

거리와 상관없이 물체는 등가속도로 낙하한다고 말했다. 뉴턴은 이것이 틀렸다는 것을 감지했다. 그런데 중력이 거리에 비례해서 줄어드는 것만으로는 충분치 않았다. 뉴턴은 지구가 멀리 있는 달을 끌어당기는 힘보다 4,000배 강한 힘으로 사과를 끌어당긴다고 어림했다. 만약 그 비율이 – 밝기와 겉보기 면적처럼 – 거리의 제곱에 의해 변한다고 가정한다면, 그것이 가장 가까운 답처럼 생각되었다.[24]

뉴턴은 달과 지구의 거리가 지구 반지름의 6배라고 추산했다. 만일 지구 중심에서부터 지구 표면까지의 거리보다 달이 60배 더 멀리 있다면, 달에서의 지구 중력은 3,600배나 약해진다. 또한 그는 케플러의 관찰에서 비롯된 주장에서 영감을 얻어 역제곱법칙을 끌어내었다. 케플러는 행성이 궤도를 한 번 도는 데 걸리는 시간이 태양으로부터 거리의 3/2거듭 제곱승이라고 주장했다.[25] 그러나 뉴턴이 가진 자료로는 이런 수에 도달할 수 없었다. 뉴턴은 달의 운동 일부를 데카르트의 소용돌이에서 기인한 것으로 설명할 필요가 있음을 깨달았다.

뉴턴은 운동과 힘에 관한 새로운 원리가 필요했다. 그는 『의문들^{Questions}』에서 그것을 시도했었고 이제 페스트가 돌던 시기에 다시 시도했다. 뉴턴은 예의 그 낙서장에 '공리들^{axioms}'을 적었다.

1. 일단 어떤 양^{量}이 움직이면 외부 원인에 의해 방해받지 않는 한 결코 정지하지 않을 것이다.
2. 외부 원인이 양을 전환시키지 않는 한 양은 항상 동일한 직선에서 계속 움직일 것이다(운동의 결정과 속력을 바꾸지 않으면서).[26]

따라서 원운동(궤도 운동)에는 설명이 필요했다. 그 전까지는 외부 원인이 그림에서 빠져 있었다. 그리고 뉴턴은 이 과제에 도전했다. 그러려면 그 원인을 정량화할 수 있어야 했다.

3. 물체를 정지시키기 위해서는 정확히 운동에 가해진 힘만큼만 있으면 된다.

뉴턴은 계속해서 수십 여 개의 공리를 다루어 논리적이지만 뒤얽힌 전체를 포괄했다. 여전히 모호하게 정의된 말이나 전혀 존재하지 않는 말들로 인한 언어의 혼돈으로 뉴턴의 작업은 방해를 받았다. 뉴턴은 힘을 측정 가능한 무엇으로 생각했다. 그렇다면 어떤 단위로 측정할 것인가? 데카르트가 생각한 것처럼 힘은 그 물체에 고유한 것인가? 아니면 물체에 작용하여 운동량, 운동 상태에서의 변화량,[27] 전체 운동 또는 운동의 힘 등 각기 다르게 불리는 양을 바꾸는 외적 인자인가? 잃어버린 개념이 무엇이든지 간에 그것은 속도나 방향과는 다른 무엇이었다. 다음은 공리 100이다.

일단 움직인 물체는 항상 동일한 속도, 양 그리고 운동의 결정을 계속 유지할 것이다.[28]

24세가 된 뉴턴은 자신이 적확한 어휘를 찾아내어 바른 순서로 어휘들을 정리할 수만 있다면 운동의 과학을 완벽하게 정비할 수 있다고 믿었다. 수학을 기술하면서 뉴턴은 자신만의 기호를 고안하여 그것들을 모자이크로 조합했다. 영어를 사용했기 때문에, 그는 즉시 사용할 수 있는 언어의 제한을 받았다.[29] 때로는 문맥 속에서 이러한 그의 좌절을 감지할 수 있다. 다음은 공리 103이다.

……물체 (a)가 물체 (b)에 대해서처럼 동일한 속도의 양을 일으키는 원인의 능력, 효력, 활기, 힘, 또는 효능도 그래야 한다…….[30]

능력, 효력, 활기, 힘, 효능 – 무언가가 빠져 있었다. 그러나 이것들은 아직 자궁 속에 들어 있던 운동 법칙이었다.

제 5 장

신체와 감각

뉴턴은 외부 세계에 대해서 뿐 아니라 자신의 내면도 주의 깊게 관찰했다. 내면적 성찰은 상상력으로 사물 본연의 모습을 볼 수 있게 했다. 뉴턴은 이렇게 적고 있다. "적당한 포도주가 주는 좋은 기운은 상상력에 도움이 된다." 그러나 "과음이나 과식 그리고 과도한 연구는 상상을 망치기도 한다." 그는 과도한 연구나 과도한 열정은 "광기를 부른다"고 덧붙였다.[1]

뉴턴은 빛 자체를 이해하고 싶어 했다. 과연 빛의 본질은 관찰자 영혼의 외부에 있는가 아니면 내부에 있는가? 새로운 철학으로 인해 만발한 혼란 중에서도 지각 대상과 지각 주체 사이의 경계만큼 뒤죽박죽이 된 영역은 없었다. 데카르트는 순수한 사고로 구성된 정신이 송과선松果腺* 과 같은 신체와의 접촉점을 가져야 한다고 주장했다. 트리니티 칼리지를 졸업하고 당시 헐 지방의 하원의원이 된 시인 앤드루 마블 Andrew Marvell 은 신체와 영혼이 서로를 구속하고 있다고

---

* 당시 송과선은 '마음의 자리(site of mind)'로 간주되었다. 이것은 기계론과 실체론적 관점의 영향으로 마음이라는 정신적 현상도 그것을 담당하는 물질적인 기관, 또는 조직이 있을 것이라는 믿음을 투영한다. 오늘날에도 이러한 경향이 남아서 많은 사람들은 뇌가 배타적으로 정신적인 기능을 담당하는 것으로 이해하지만, 최근 연구 흐름은 지능을 중추신경계, 내분비계, 면역계 등이 모두 관여하는 복합적인 현상으로 인식한다.

상상했다. "이를테면 영혼은 신경과 동맥과 정맥의 사슬 속에 매달려 있다."[2] 아리스토텔레스에게 있어서 애초에 광학은 빛이 아닌 시각의 과학이었다.

『의문들』에서 뉴턴은 감각 자체가 이해의 주요 요인으로 이용되기 때문에, 이러한 감각들을 이해하기 어려운 점에 대해서 숙고했다.

> 사물의 본성은 사물이 우리의 감각보다는 그 사물이 다른 사물에 가하는 작용을 통해 확실하고 자연스럽게 추론된다. 그리고 다른 사물에 미치는 영향에 대한 실험으로 신체의 본성을 발견했다면, 우리의 감각에 대한 실험을 통해 감각의 본질을 더 분명하게 발견할 수도 있다. 그러나 우리가 영혼과 신체 양자의 본성을 모르는 한, 우리는 감각 행위가 영혼과 신체로부터 얼마나 멀리 떨어져서 일어나는지 분간할 수 없을 것이다.[3]

마음속의 이러한 역설을 품은 채, 실험 철학자였던 뉴턴은 직접 뜨개바늘을 자신의 안구와 안골 사이에 있는 안와眼窩에 밀어 넣었다. 그리고는 '하얗고 까맣고 색깔 있는 원들이 여러 개' 보일 때까지 바늘을 눌렀다. …… "내가 바늘 끝으로 눈을 계속 문지르자 원들이 아주 명료하게 보였다." 그러나 뉴턴이 눈과 뜨개바늘을 계속 누르자 원들은 사라지기 시작했을 것이다.[4] 그렇다면 빛은 압력의 표현인가?

뉴턴은 무모하게도 한쪽 눈으로 거울에 반사된 태양을 견딜 수 있을 때까지 바라보았다. 그는 어쩌면 색이 사물의 어떤 다른 특성보다 더 '상상과 공상 그리고 창작'에 의존할지 모른다고 생각했다.[5] 뉴턴이 눈을 돌려 어두운 벽을 바라보자 색깔을 띤 원들이 보였다. 뉴턴의 눈 속에서 '정신의 운동'이 일어난 것이었다. 이 원들은 서서히 스러지다가 마침내 사라졌다. 과연 그 원들은 진짜였을까 아니면 환영이었을까? 그 색깔들은 그가 으깬 딸기나 양의 피로 만드는 법을 배운 색처럼 진짜일 수 있을까? 태양을 바라본 후 뉴턴은 푸른색처럼 진한 사물과 붉은색처럼 밝은 사물을 지각한 것 같았다. 그런데 기이하게도, 반복된 연습을 통해 순전히 의도적인 생각만으로도 이런 결과들을 다시 만들 수 있었다. "어두운 곳에 가서 보기 어려운 것을 열심히 보려고 할 때처럼 정신을 집중할 때마다 더 이상 태양을 보지 않고도 그러한 환상이 되살아나게 할 수 있었다."[6] 뉴턴은 이 실험을 계속했으나 자칫 눈이 영구적인 손상을 입는 사태를 우려해서 어두운 방에 들어가서 나오지 않았다. 그는 그 방에 사흘 동안 머물렀고, 그런 다음에야 시력이 다시 뚜렷해지기 시작했다.

실험, 관찰, 과학, 이런 근대적 말들에 뉴턴은 깊은 감명을 받았다. 그는 런던에서 발간된 『마이크로그라피아Micrographia』*란 제목의 신간 서적에서 이 용어들을 읽었다. "너무 오랫동안 자연 과학은 뇌와 공상의 산물로만 이루어졌다. 지금이야말로 눈에 보이는 물질적인 사물들에 대한 관찰이라는 명료함과 건강함으로 돌아가야 할 때이다."[7] 이 책의 저자는 로버트 훅Robert Hooke으로, 뉴턴보다 7년 연상이며 명석한 두뇌의 야심가였다. 갈릴레오가 망원경을 잘 이용했듯이 훅은 현미경을 잘 다루었다. 망원경과 현미경은 크기의 장벽을 뛰어넘어 아주 큰 세계와 극미한 세계로 우리의 시야를 열어 주었다. 그리고 이 기구들은 두 세계의 수수께끼를 해명해 주었다. 보통 크기의 세계인 구舊세계는 수많은 수준

| * 1664년 로버트 훅이 쓴 역사적인 책. 당시 28세였던 훅이 다양한 렌즈를 이용해서 했던 관찰을 상세하게 다루었다. 이 책은 곧 베스트셀러가 되었고, 훅이 책 속에 그려 놓은 파리의 눈과 식물 세포의 세밀화는 특히 유명했다.

중 하나로, 이 연속체 속의 한 위치로 왜소화되었다. 갈릴레오와 마찬가지로 훅도 이상하고 생소한 광경을 정교하게 그려서 이 기구를 부유한 귀족들을 위한 진기한 물건으로 보급시켰다. 그러나 훅이 가끔 일했던 런던의 렌즈 가게에서 이 장치를 구입한 귀족들은 흐릿한 그림자밖에 보지 못했다. 이제 훅은 뉴턴의 영감 그 자체였다(물론 뉴턴 자신은 이 점을 한 번도 인정하지 않았지만). 훅은 뉴턴을 격려하는 자극제이자 강적이었고, 뉴턴을 괴롭히는 사람이자 그 희생양이기도 했다.

훅은 독특한 직책을 가졌다. 실제로 보수는 거의 받지 못했지만*, 1662년에 런던에서 왕립학회Royal Society라는 단체를 설립했던 소수 집단의 실험 책임자로 채용되었다. 이들은 새로운 종류의 단체를 만들 작정이었다. 그들은 자신들이 '새로운 철학' 즉 '실험 철학Experimental Philosophy'이라 부른 것을 장려하고 – 특히 그 철학을 '소통하는'데 – 헌신할 전국적 학회를 만들 계획이었다.[8] 혜성과 새로운 별들, 피의 순환, 망원경용 거울의 연마, 진공의 가능성(그리고 이에 대한 자연의 혐오), 무거운 물체의 하강과 각양각색의 사물들과 같은 놀라운 발견들이 그들이 내건 기치를 정당화해 주었다.[9]

'Nullius in verba On the words of no one' 가 왕립학회의 모토였다. 그것은 '어느 누구의 말도 취하지 말라'는 뜻이었다.[10] 이들 젠틀맨**들은 국왕의 후원을 요청

| * 왕립학회는 최초의 과학자 단체이다. 이 단체는 '루나클럽'을 중심으로 한 과학자와 과학 호사가들이 자발적으로 모여서 만든 단체이며, 국가로부터 봉급을 받지 않았다. 이 단체의 성격은 영국 과학의 특성인 자발성과 아마추어리즘과 무관치 않으며, 국가의 전폭적 지원을 받은 프랑스의 과학아카데미와 상당한 대비를 이룬다. 일부 학자들은 영국에서 과학혁명이 일어날 수 있었던 이유를 이러한 자발성과 창의성에서 찾기도 한다.

** 젠틀맨(gentleman)은 당시 주로 영국 귀족으로 이루어진 사회적 상류 계층을 지칭하는 말이었다. 『과학혁명』을 저술한 스티븐 셰이핀은 그 시기 영국에 대략 3천~4천 명의 젠틀맨이 있었다고 주장한다. 이들은 과학에 관심이 많았으며, 왕립학회에서 벌어진 실험의 증인이나 강연의 청중 역할을 했으며 이후 '실험주의 자연철학'이 정립되어 과학지식 생산의 기본적인 틀이 되는 데 중요한 역할을 했다.

했고, 실제로 받기도 했지만, 그 후원은 호의를 뜻했을 뿐이었다. 학회는 회원들에게서 회의를 할 때마다 1실링씩 걷었고, 매번 회합 장소를 찾느라 발품을 팔아야 했다. 설립자 중에는 한 세대 전에 『신세계의 발견The Discovery of a New World』을 저술한 존 윌킨스가 있었다. 이들에게 영감을 불어넣어 준 인물은 프랜시스 베이컨Francis Bacon이었다. 베이컨은 이렇게 쓰고 있다.

> 우리는 …… 불이 아니라, 일종의 신성한 불인 정신으로 자연을 완벽하게 해명하고 식별해야 한다. …… 변덕스러운 견해는 모두 연기로 사라지고 확고하고 진실하며 명확하게 정의된 확언적인 형상만이 남을 것이다. 오늘날 그에 대한 논의가 급속하게 이루어지지만, 많은 우여곡절을 거친 뒤에야 그것에 도달할 수 있을 것이다.[11]

그 우여곡절은 기술자 감독관인 실험 책임자 훅이 감당할 몫으로 돌아왔다. 훅은 공기펌프를 이용한 실험을 실연實演했다. 한 모임에서 훅은 호흡에 관한 실험을 하면서 살아 있는 개의 흉부와 복부를 갈라 열고는 풀무를 이용해서 폐를 부풀렸다. 그러나 그 이후에 훅은 '생물을 고문한다는 생각에' 이 실험을 계속하기 꺼려했다.[12] 다른 모임에서는 색, 자석, 현미경, 구운 양고기와 피 등으로 인해 뉴캐슬 공작부인이 감탄하면서도 혼란스러워 했다.[13] 이것이 과학, 새로운 정신 그리고 방법이었다. 그것은 실제 경험을 통한 설득과 데이터의 공식화된 기록이었다. 훅은 수학에는 능하지 못했지만 발명에는 재능이 있었다. 그는 기압계, 온도계, 풍속계를 발명하거나 개량했고, 런던의 기상을 끈질기게 추적했다.[14]

『마이크로그라피아』에서 훅은 자신이 인공 기관이라고 기술한 기구를 통해 관찰한 '새로운 가시 세계'를 보여 주었다. '현미경의 도움으로 이제 우리의 조사를 피해갈 만큼 작은 대상은 더 이상 없다'라고 훅은 단언했다.[15] 기하학자가 수학적 점에서 시작하듯이 훅은 바늘 끝을 조사했다. 겉보기에는 완벽하게 날카로웠지만 현미경으로 보자 뭉툭하고 고르지 않았다. 유추를 통해 훅은 아주 먼 거리에서 보면 지구 자체도 간신히 볼 수 있는 작은 반점으로 줄어들 것이라는 견해를 조심스럽게 개진했다. 인쇄된 책에서 더 많은 점이 발견되었다. 훅은 연구를 계속 진행했고 드디어 종지부, 즉 구두점을 찍었다 – 이 점도 '런던의 오물이 뒤발라진 덩어리처럼' 놀랄 만큼 거칠고 불규칙했다.[16] 훅은 면도날과 결이 고운 아마포(리넨)의 씨실에서 기이한 점을 발견했다. 유리 박편에서 각도에 따라 색깔이 변하는 현상을 발견한 것이다. 훅은 데카르트가 프리즘이나 물방울을 통과한 빛에서 무지개 색을 보았다는 것을 알고 있었으며, 그것을 현미경으로 보이는 무지개와 비교했다.

그리고 훅은 그의 책을 자신이 본 신세계의 지명 사전이나 등기부 그 이상의 무엇으로 만들었다. 그는 독자들에게 자신이 하나의 '이론', 즉 빛과 색에 대한 완벽한 방법론적인 설명을 제시했다고 말했다. 아리스토텔레스는 색을 흑과 백의 혼합으로 생각했다. 그의 제자들은 색을, 빛이 눈에 가져다주는 물질의 기본 특성으로 간주했다. 데카르트는 유리나 물에 굴절될 때에 속도가 변하는 빛의 소구체^{globule}에서 색이 나온다고 추측했다. 훅은 이를 반박하다가, 호기롭게 베이컨의 망령을 불러내, 실험 즉 '안내자나 육표^{陸標}로 구실하는 결정적인 실험 Experimentum Crucis'으로 방향을 전환했다.[17] 실제로 훅은 프리즘이 빛을 굴절시킬 때에 색을 만들어 내는 것을 관찰했다. 그러나 훅은 굴절이 필요하지 않다고 주장했다. 훅의 육표는 투명한 물질에서 만들어지는 색이었다.[18] "왜냐하면 광선 속이든 밖이든 야외의 햇빛 속에서, 그리고 방안의 하나 혹은 여러 창에서 빛이 동일한 많은 결과를 낸다는 것이 발견되기 때문이다."

그는 빛이 운동에서 나온다고 주장했다. "모든 종류의 격렬하게 불타는 물체는 그 일부가 운동을 하고 있다. 나는 그 사실을 아주 쉽게 받아들였다고 생각한다." 그는 자신이 실제로 볼 수 있는 것 이상을 지각했고, 모든 발광체는 운동하며 불꽃이나 썩어가는 나무, 그리고 물고기처럼 진동할 것이라고 주장했다. 거기서 그치지 않고 그는 두 가지 색, 즉 청색과 적색이 근본색이라는 것을 관찰했거나, 관찰했다고 생각했다. 이 두 색은 '빛의 비스듬하고 혼란된 펄스가 망막에 남긴 인상으로' 인해 나타난다.[19] 적색과 청색이 '만나서 서로 교차하는' 지점에서 그 불완전함이 '온갖 종류의 초록색'을 생성한다. 그리고 여기서 그의 이론은 끝난다. "그것이 어떤 특정한 운동인지 적극적으로 검토하고 확실하게 증명하기까지는 너무도 기나긴 작업일 것이다. …… 다시 말해서, 그것에 의해 내가 빛의 운동 특성을 추적했던 추론적인 진행 과정을 여기에 끼워 넣기에는 너무 길다……."[20] 그러나 그는 자신이 원인으로 주어진 – '새롭게' 주어진 – 모든 것을 설명했다고 주장했다.

> 프리즘이나 물방울, 또는 무지개에서 나타나는 색만이 아니라 …… 액체든 고체든, 두껍든 얇든, 투명체든 불투명체든 세상에 존재하는 모든 색의 현상을 전부 설명할 수 있다.[21]

뉴턴은 이 대담한 주장을 받아들였다.[22] 뉴턴은 현미경이 없었을 뿐 아니라 그것을 얻을 기회도 없었다. 그 문제에 관한 한, 그는 창이 둘 이상인 방도 없었다. 그에게는 프리즘 하나밖에 없었다. 뉴턴은 서재를 어둡게 하고 태양광선, 백색광, 가장 순수한 빛, 아직도 철학자들이 어떤 본질적인 색깔도 갖지 않았다고 생각하는 빛이 들어올 수 있도록 창 덧문에 구멍을 하나 뚫었다. 뉴턴은 자신만의 실험을 수행했다 – 심지어 그는 이 실험이 결정적인 실험이라고 생각했다. 뉴턴은 그 결과를 적어 놓았지만 아무에게도 말하지 않았다.

베이컨은 이렇게도 경고했다. "신은 우리가 이 세계의 패턴에 대한 스스로의 상상을 꿈꾸지 못하게 금했다."[23]

페스트가 한 풀 꺾이자 뉴턴은 케임브리지로 돌아갔다. 그가 자신의 실험에 대해 함구했던 사람들 중에는 수학 교수 아이작 배로[Isaac Barrow]도 포함되었다.

제 6 장

가장 주목해야 할 발견이 아니라면 가장 기이한 발견

트리니티 칼리지에서 뉴턴의 지위가 향상되었다. 1667년 10월에 트리니티 칼리지는 3년 만에 처음으로 연구원을 선발했다. 연구원에게는 1년에 2파운드의 급비와 연구실이 제공되고, 학계 회원 자격이 유지되며, 도서관을 이용할 수 있다. 신임 연구원들은 다음과 같이 서약했다. "온 마음으로 기독교를 신봉하며 …… 신학을 연구 대상으로 삼으며 규칙에 정한 시기가 되면 성스러운 성직을 받들 것입니다. 그렇지 않으면 칼리지를 떠나겠습니다."[1] 순결이 요구되었고 결혼은 금지였다. 뉴턴은 문학사 학위 가운을 입기 위해 신과 옷을 구입했다. 그는 학교에서 주는 급비 이외에 어머니와 그가 가르친 학생으로부터 (아주 드물게) 약간의 돈을 받았다. 그 외에 연금술 관련 고서들과 유리 기구, 주석 가마, 질산, 승홍수, 식초, 백연, 주석염과 같은 화학약품을 샀다.[2] 뉴턴은 이것들을 가지고 전보다 더 비밀스럽게 연구를 착수했다.

그러나 뉴턴은 수학 연구도 계속했고 그중 일부는 배로 교수와 공유했다. 뉴턴은 3차 방정식 목록을 작성하기 시작했다. 3차 곡선은 2차 수학의 타원과 쌍곡선보다 더 변화무쌍하고 복잡했다. 그는 분류자로 이 주제를 공략했고, 모든 곡선을 종과 아종으로 분류하려고 시도했다.³ 미적분의 경우처럼, 뉴턴은 동시에 두 방향에서 이 해석기하학에 접근했다. 그것은 3차 방정식이 $x^3+ax^2+bx+c=0$의 형식으로 시작하는 대수학적 관점과, 공간을 따라 움직이는 점과 곡선으로 기술하는 운동적 관점이었다. 뉴턴은 자신의 공책에 58종의 3차 방정식을 작성했다.

그리고 더 보편적인 일반 원리를 찾으려고 했다.

배로 교수는 뉴턴에게 런던에서 온 신간 서적 『대수법^{Logarithmotechnia}』을 보여 주었다. 이 책의 저자 니콜라스 메르카토르$^{Nicholas\ Mercator}$는 수학과목 개인 지도교수^{tutor}이자 왕립학회 회원이었다. 이 책에는 무한급수로부터 로그를 계산하는 방법이 제시되어 있었고 이에 뉴턴은 충격을 받았다. 뉴턴 자신의 발견이 재발견된 것이었다. 메르카토르는 책 전체를 몇 가지 무한급수로 구성했다 – 그래도 꽤 유용한 책이었다. 뉴턴이 볼 때에 이것은 자신이 울스소프에서 작업했던 강력한 무한급수 접근법의 특수한 경우에 지나지 않았다. 자극을 받은 뉴턴은 배로 교수에게 자신이 아는 것을 조금 더 보여 주었다. 그는 라틴어로 「무한급수에 의한 해석에 대하여$^{On\ Analysis\ by\ Infinite\ Series}$」라는 논문 초고를 썼다. 또한 그는 배로 교수가 그 논문을 왕립학회 회원인 수학자 존 콜린스$^{John\ Collins}$에게 보내는 데 동의했지만,⁴ 익명으로 해 줄 것을 고집했다. 콜린스가 열광적인 반응을 보였다는 것을 들은 뒤에야 그는 배로 교수에게 저자가 자신임을 밝힐 수 있게 허용했다. "자네가 내 친구의 논문에 그렇게 흡족해 하니 기쁘네. 그 친구는 뉴턴으로, 우리 대학 연구원이라네. 아주 젊고 …… 그러나 대단한 천재이고 이 분야에 탁월한 능력을 갖고 있다네."⁵ 이때 처음으로 뉴턴의 이름이 케임브리지 남쪽으로 알려졌다.

멀리 떨어져 있던 뉴턴과 콜린스는 며칠 또는 몇 달 간격으로 전갈을 주고받으며 관계를 형성하기 시작했다. 뉴턴은 자신의 수학적 통찰을 감질나게 조금씩만 보여 주면서 콜린스를 애먹였다. 콜린스는 더 많은 것을 요구했고, 뉴턴은 꾸물대거나 거절했다. 3차 방정식 해법 표는 "아주 쉽고 명백하다"고 뉴턴은 단언했다. "그러나 그걸 작성하는 따분한 일을 제가 맡겠다고 확언할 수는 없습니다."[6] 콜린스는 스코틀랜드, 프랑스 그리고 이탈리아의 몇몇 수학자들에게 뉴턴이 수작업으로 이룩한 일부 연구를 소문냈다. 콜린스는 뉴턴에게 책을 몇 권 보내면서 연금 이자율 계산법과 같은 질문도 함께 제기했다. 뉴턴은 그 공식을 보내면서 만약 콜린스가 그것을 출간한다면 자신의 이름을 밝히지 말아 줄 것을 당부했다. "왜냐하면 대중들의 평판이 어떨지, 호평을 받고 그것을 유지할 수 있을지 모르기 때문입니다. 그렇게 된다면 인지도는 올라가겠지만 나로서는 극구 사양하고 싶은 일입니다."[7] 그럼에도 불구하고 뉴턴의 이름은 입소문을 타고 퍼지고 있었다. 스코틀랜드의 수학자 제임스 그레고리$^{\text{James Gregory}}$도 소문을 들었다. 그레고리는 배로 교수의 새로운 강의에서 읽은 해석기하학 중에서 풀리지 않는 문제 하나 때문에 씨름을 벌이고 있었다. 그레고리는 콜린스에게 편지를 보냈다. "제 자신에 대해 절망하고 있습니다. 그래서 겸허하게 이 문제를 풀 수 있는 누군가의 도움을 받고 싶습니다. 모든 곡선에 일반적으로 적용되는 뉴턴 씨의 연구 일부라도 알고 싶습니다."[8]

배로는 자신의 강의를 출판할 준비를 하면서 뉴턴에게 원고 편집을 도와 달라고 요청했는데, 그중에서도 특히 『광학 강의$^{\text{Optical Lectures}}$』를 부탁했다.[9] 이 작업은 1669년에 배로가 쓴 절절한 감사의 말에서 드러났다. "상당한 학식과 총명함을 겸비한 한 사람이 내 원고를 교열하여 수정되어야 할 사항을 지적해 주었다." 그러나 뉴턴은 배로가 하지 않은 연구에 대해 알고 있었다. 뉴턴은 그 연구 전체가 수정되어야 한다는 것을 알고 있었다. 배로는 색이 빛의 압축, 희박화

rarification 그리고 여기excitation와 관계될 것이라고 상상했다. 다시 말해, 붉은색은 '어두운 간극에 의해 끊기고 단속되며' 파란색은 '흰색과 검은색 입자들이 교차해서 배열된' 것이라고 생각했다.[10] 그러나 배로의 문하생은 이미 이런 광학을 폐기시킬 연구를 수행했었다. 어쨌든 배로는 다른 곳에 야망이 있었다. 왕의 총애를 받고 있었던 배로는 출세를 원했고 자신을 수학자보다는 신학자라고 생각했다. 그해 말에 배로는 루카스 교수직을 사임하고 그 자리를 27세의 뉴턴에게 물려주었다.[11]

이 젊은 교수는 비교적 생활의 안정을 보장받았다. 간통이나 이단 행위, 자의에 의한 살인과 같은 중범죄를 지었을 경우에만 해직될 수 있었다.[12] 학기 중에 수학(광의로 해석되는)을 한 강좌 맡아서 매주 강의해야 했고, 강의서 한 부를 대학 도서관에 예탁하여야 했다. 그러나 뉴턴은 이 의무를 이행하지 않고 등한시했다. 뉴턴이 강의를 하면 출석하는 학생들이 거의 없었다. 어떨 때는 빈 강의실에서 혼자 강의하다가 포기하고 자신의 연구실로 돌아가곤 했다.[13] 이 새로운 교수직이 존재하게 된 이유는 수학이 건축가나 무역상, 선원 등의 신진 계층에게 유용한 기술이라는 인식이 반영된 것이지만, 3차 곡선과 무한급수는 무역과 항해에는 아무 소용이 없었다. 그 비법은 뉴턴이 주석 도가니로 자신의 연구실에서 홀로 수행하기 시작한 연구처럼 비밀에 붙여졌다.

뉴턴은 수학 대신 빛과 색에 대해 강의하기로 했다. 망원경의 발명에 고무되어 빛의 성질에 대한 관심이 크게 높아졌지만 기하학자들은 '지금까지 과오를 범했다'고 뉴턴은 적고 있다. 그래서 뉴턴은 '존경하는 내 전임자가 이곳에서 한 강의에 추가해서' 자신의 발견을 보완하겠다고 제안했다.[14] 뉴턴은 빛이 공기에서 유리(굴절과 기하학의 소산인 렌즈)로 진행하는 경우처럼 한 매질에서 다른 매질로 진행할 때 휘어지는 굴절 현상에 주목했다. 뉴턴은 진홍색의 교수 가운을 입고 몇 안 되는 학생들 앞에 서서 새로운 사실들, 가령 유색 광선이 굴절하는 기울기가 서로 다르다는 점, 그리고 색마다 고유의 굴절 각도가 있다는 사실을 전달했다. 그의 강의는 으레 빛의 철학을 장식하던 가공의 이야기나 은유 하나 들어 있지 않은, 꾸밈없는 수학적 주장이었다.

뉴턴은 단지 곡선을 그리고 계산했을 뿐만 아니라 유리를 난해한 비구형 곡선으로 갈고 광택을 내서 렌즈로 만들었다. 망원경 제작자들은 안타깝게도 구형 렌즈에서 광선이 한 점으로 만나지 못하기 때문에 어쩔 수 없이 상(像)이 흐려진다는 사실을 알고 있었다. 또한 렌즈를 크게 만들수록 원치 않는 색 고리가 나타났다. 뉴턴은 그 이유를 이해하게 되었다. 문제는 불완전한 기술에 있는 것이 아니라 백색광(白色光)의 본질에 있었다. 백색광은 단순한 것이 아니라 복잡하고, 순수한 것이 아니라 잡다하고, 서로 다른 굴절 광선의 이질적인 혼합물이었다.[15] 렌즈는 그 모서리에서 결국 프리즘이 되고 만 것이다. 뉴턴은 굴절 렌즈 대신 반사 거울을 기반으로 새로운 종류의 망원경을 만들려고 시도했다.[16] 큰 거울은 작은 렌즈에 비해 – 면적, 또는 직경의 제곱에 비례해서 – 더 많은 빛을 모을 것이다. 문제는 기술이었다. 즉, 어떻게 금속을 연마해야 유리처럼 매끄럽게 만들 수 있는지 그 방법이었다. 뉴턴은 화덕과 퍼티*, 피치**를 이용해서 구리와 주석 합금을 주조하여 온 힘을 다하여 갈아서 그 표면을 다듬었다. 1669년에 뉴턴은 배율이 40배인 6인치 길이의 짧은 망원경을 제작했다. 이것은 당시 런던과 이탈리아의 최고급 망원경과 같은 배율로, 이들 굴절 망원경은 뉴턴 것보다 길이가 10배나 길었다.[17] 뉴턴은 이 망원경을 2년간 사용했다. 그

| * 움푹 팬 곳이나 갈라진 곳을 메워 도장계의 평활성을 향상하기 위한 도료.
** 석탄이나 목재 등 유기물질을 건류하여 얻은 타르를 증류했을 때 남는 기름.

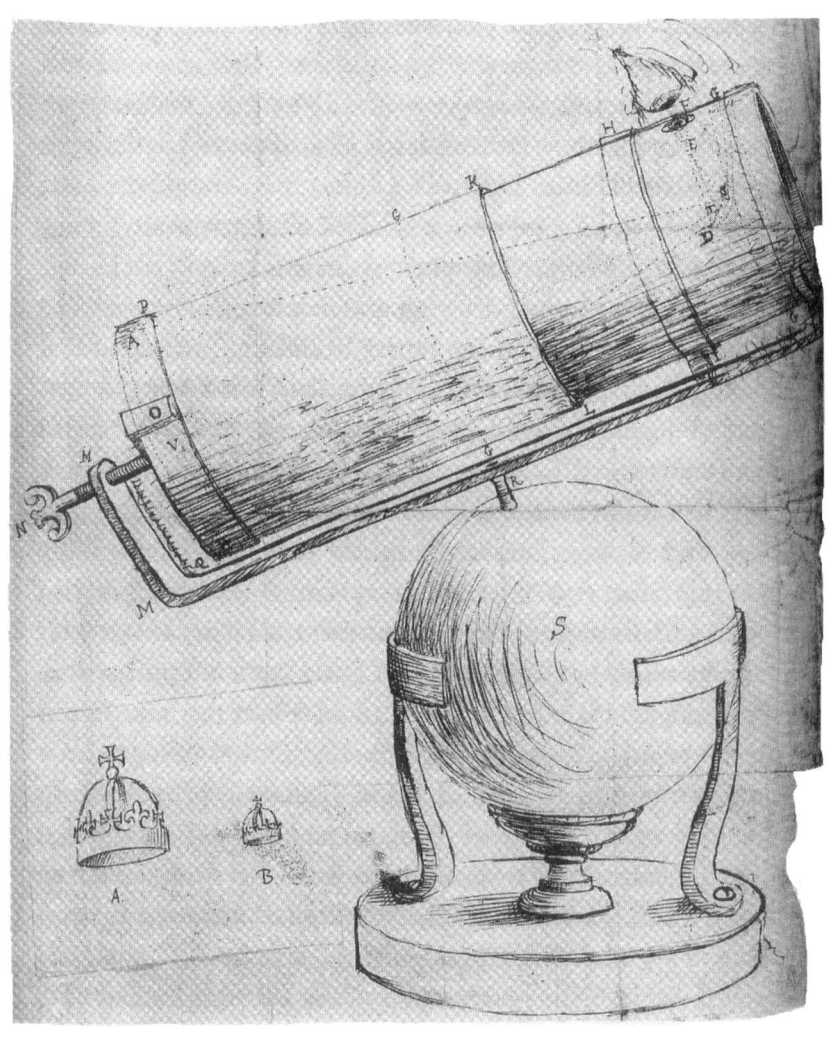

반사 망원경

는 이 망원경으로 목성 표면과 그 위성들을 보았고, 초승달처럼 길쭉해진 금성을 보았다. 그 뒤, 뉴턴은 이 망원경을 배로에게 빌려 주었다. 배로는 그의 망원경을 런던에 가져가서 왕립학회 동료들에게 보여 주었다.

그 이전의 어떤 단체와도 달리 왕립학회는 정보에 공헌하기 위해 탄생했다.

왕립학회는 정보교환을 찬양하고 비밀을 비난했다. 왕립학회 설립자들은 이렇게 선언했다. "지금까지는 동등한 수준에서 방대한 계획에 이르기까지, 암흑시대의 몇몇 개별 저자들의 협소한 개념들이 있었을 뿐이었다." 아직 과학은 존재하지 않지만 – 제도와 활동으로서 – 그들은 과학을 공적 사업public enterprise 으로 생각했다. 이들은 '학문의 제국', 즉 전지구적 연결망을 구상했다.

> (자연의 전체 구조를 파악하려는 그들의 노력은) 모든 분야에 눈을 돌리게 했고 지구 도처에서 정보를 받아야 했으며, 항상적인 보편적 지성을 가져야 했다. 모든 발견은 그들에게 와야 했고 그 이전 시대의 보물들은 그들 앞에 개방되어야만 했다.[18]

그런데 어떤 언어로? 왕립학회가 해야 할 일에는 번역이 포함되어 있었다. 그들은 유럽 각국의 언어, 심지어는 아득히 먼 인도와 일본에 존재하는 것으로 보고된 낯선 언어로 된 기록과도 씨름했다. 라틴어가 표준화에 쓸모가 있었지만 학회 설립자들은 어떤 언어를 사용하든지 이에 대해서 공공연히 우려를 나타냈다. 철학은 현란한 웅변의 구렁텅이로 스스로를 몰아넣었다. 이들은 '언어의 교묘한 술책이 아닌 사물에 대한 꾸밈없는 지식'을 추구했다. 이제 알기 쉽게 말하고 있는 그대로 표현할 때이며, 이것이 가능하다면 그것은 수학의 언어를 의미했다.[19]

언어는 게으르고, 권위를 교묘히 잘 피하고, 이리저리 늘어날 수 있으며 상대적이다. 철학자들은 용어 정의에만에도 할 일이 많으며, 생각하다와 존재하다, 말과 같은 단어들은 나무와 달보다 더 큰 도전을 제기한다. 토머스 홉스Thomas Hobbes는 이렇게 경고했다.

인간 정신의 빛은 명료한 언어이지만, 이는 정확한 정의에 의해서 비로소 모호함에서 벗어난다. 이성은 속도를 조절한다. …… 반면 은유 그리고 무의미하거나 애매모호한 언어는 마치 도깨비불과 같아서 이에 근거한 추론은 무수한 부조리 속에서 헤매고 있다.[20]

1611년에 망원경으로 태양 흑점을 관찰한 갈릴레오는 의미론의 덤불숲을 헤쳐 나가지 않고서는 그 사실을 보고할 수 없었다.

사실 그동안 사람들이 태양을 "가장 순수하고 명료하다"고 말할 수밖에 없었기 때문에, 어떤 경우에도 태양에서 그림자나 불순물이 감지되지 않았다. 그러나 이제 태양 자체도 부분적으로 불순하고 얼룩투성이라는 사실이 드러났음에도 불구하고, 왜 우리는 태양이 '얼룩지고 순수하지 않다고' 말할 수 없는가? 이름과 속성은 그 명칭의 본질이 아니라 사물의 본질에 동조(同調)되어야 마땅하다. 왜냐하면 사물이 먼저고 이름은 나중에 생겨났기 때문이다.[21]

항상 그래 왔다. 이것이 언어의 본질이다. 그러나 늘 똑같은 것은 아니었다. 어법과 문법, 철자법은 유동적이었고 이제야 겨우 정착되기 시작했다. 적합한 명칭조차 적절한 철자에 대한 합의가 이루어지지 못하고 있었다. 무게weight와 크기measure가 뒤범벅이 되어 사용되었다. 여행자들과 우편은 위치를 표시하는 좌표로서의 고유 명칭과 번지로 표시된 주소도 없이 길을 찾아 나섰다. 뉴턴이 왕립학회 서기에게 편지를 보낼 때면 웨스트민스터의 세인트 제임스 필드에 있는 오래된 팔메일 가운데쯤에 있는 자택에 사시는 헨리 올덴버그Henry Oldenburge 씨께 라고 편지 겉봉에 썼다.[22]

올덴버그는 집단적 인식의 동기를 부여한 선구자였다. 무역 도시 브레멘에서 하인리히 올덴부르크라는 이름으로 태어났고(그는 자신이 몇 년에 태어났는지 몰랐다), 그 뒤 헨리쿠스가 되었다가 다시 헨리가 되었다. 그는 내전 기간 중에 외교 사절의 임무를 띠고 올리버 크롬웰을 만나기 위해 런던에 왔다. 크롬웰의 라틴어 비서 존 밀턴John Milton과 크롬웰의 처남 존 윌킨스John Wilkins, 젊은 철학자 로버트 보일Robert Boyle 등의 지식인들과 서신 왕래를 하기 시작했고, 곧 왕립학회의 핵심 멤버가 되었다. 그의 지인은 그에 대해 이렇게 썼다. "이 호기심 많은 독일인은 여행을 통해 자기 발전을 이루었고 …… 다른 사람들의 생각과는 반대로 자신의 생각을 발전시켰으며 …… 장점이 많은 사람으로서 환대받았고, 그래서 왕립학회의 서기가 되었다."[23] 올덴버그는 수개 국어에 능통했으며 왕립학회의 서신은 모두 올덴버그에게 집중되었다. 거리가 먼 수도, 특히 파리나 암스테르담에서 오는 편지를 받기 위해 올덴버그는 통상적인 우편과 외교 관계에 있는 국가들의 연결망을 모두 활용했다. 1665년에 올덴버그는 이러한 소식들을 소식지 형태로 인쇄하여 배포하기 시작했으며, 이 소식지를 「철학회보Philosophical Transactions」라고 불렀다. 새로 탄생한 이 과학 저널은 올덴버그가 생을 마칠 때까지 그의 개인 작업으로 간행되었다.[24] 올덴버그는 수백 권의 잡지를 런던 전역과 그보다 더 먼 곳까지 배포할 수 있는 운송 수단을 가진 서적상과 인쇄업자를 찾아내었다.

잡지에 실린 소식은 여러 가지 형태였다. 플리머스 근방에 살던 새뮤얼 콜프레스Samuel Colepress는 3월부터 9월까지의 조수 간만의 높이와 속도를 관찰하여 보고하면서 저녁보다는 아침에 1피트가 더 높은 경향이 있다("수직의 위치는 항상 알 수 있다")고 주장했다.[25] 이탈리아 파두아Padua에 있는 한 작가는 지구의 운동에 대한 새로운 반증을 발견했다고 주장했고, 이에 대해 한 수학자는 스웨덴의 신사가 '수평선에 대해 수직인 대포'에서 포탄을 발사하여 포탄이 서쪽으로 떨어지는지 동쪽으로 떨어지는지를 관찰한 실험을 인용하면서 논박했다. 훅은 목성에서 흑점을 관찰했다. 이상한 괴물처럼 생긴 송아지가 햄프셔에서 태어났다는 소식도 실렸다. 새로 발명된 악기에 대한 기사도 있었다. 그 악기는 하프시코드로 동물 창자로 만든 현을 이용했다. 피렌체에서는 독이 있는 살무사와 독에 대한 소식이 왔다. 왕립학회는 활활 타는 불도 견딘다는 석면으로 만든 천과 영구 운동을 검토했다.[26]

유명한 인물들이 모이기 시작하자 곧 영국의 시인들은 이들의 집념과 의문을 풍자했다. 훅은 벼룩과 극소 동물들의 환상 세계를 그렸다는 이유로 손쉬운 표적이 되었다. 이 자연철학자는 대개 정신 나간 현학자로 묘사되었으며, 점성가나 연금술사와 쉽게 구별되지 않았다. 새뮤얼 버틀러Samuel Butler는 (경이로움이 가미된 냉소조로) 이렇게 물었다. "가공할 혜성은 어느 길로 갔는가? 그리고 그것은 64년에 무엇을 의도하였는가?"

>달이 바다이든지 육지이든지
>
>혹은 목탄이든지 불 꺼진 횃불이든지……
>
>이는 저들의 학구적인 고찰이고
>
>저들이 항상 하는 일일 뿐이다
>
>바람을 재고 공기 무게를 달고
>
>원을 사각형으로 바꾸기 위하여[27]

실제로 사색과 기술 이상으로, 여행과 무역이 학회의 사업에 활기를 불어넣었다. 신비스러운 지식은 회원인 여행자들이 외국 상품을 배로 실어 나르면서 함께 왔다. 거미줄이 멀리 떨어진 버뮤다 군도에서 목격되었고 300피트 높이의 양배추 나무가 카리브 제도에서 발견되었다.[28] 호기심 많고 훌륭한 젠틀맨인 버지니아의 사일러스 테일러$^{Silas\ Taylor}$ 선장은 야생 박하 향이 방울뱀을 죽일 수 있다고 보고했다. 독일의 제수이트회 수사인 아타나시우스 키르허$^{Athanasius\ Kircher}$는 지하세계의 비밀을 폭로했다. 가령, 바닷물은 끊임없이 북극으로 밀려들어 땅속으로 흘러든 다음 남극에서 다시 솟아난다는 것이었다.

멀리 떨어진 케임브리지에서 뉴턴은 이러한 철학적 소식들을 모두 흡수했다. 그는 열광적으로 노트에 기록해 나갔다. 화산 분화에 대한 소문을 듣고 그는 이렇게 썼다. "어느 날 오후에 바타비아는 황금보다 더 무거운 검은 먼지로 뒤덮였다. 이 먼지는 불타고 있는 것으로 보이는 자바 섬 언덕에서 날아온 것으로 생각된다."[29] 달의 영향에 대해서는 "굴과 게는 초승달일 때 살찌고 보름달일 때 마른다"라고 썼다. 1671년에 마침내 뉴턴은 왕립학회의 목소리를 직접 접할 수 있었다. 올덴버그는 이렇게 썼다. "귀하가 모르는 사람에게서 귀하의 탁월함이 깃든 주소를 알았습니다……."

올덴버그는 뉴턴의 반사 망원경에 대한 기사를 발표하고 싶다고 말했다. 그는 뉴턴에게 공개 신임을 얻도록 촉구했다. 이 특별한 역사적 순간은 – 과학적 출간물이 탄생하는 방식 – 표절 가능성을 경계한 것이었다. 올덴버그는 '케임브리지에서 이미 뉴턴의 기구를 보았을지 모를 외부인의 도용'에 대해서 강조했다. "구경꾼인 척 가장하고 원 저작자에게서 발명품과 고안물을 훔쳐 내는 일이 너무나 빈번하게 일어납니다."[30] 이 철학자는 뉴턴에게 왕립학회의 특별 회원 선출에 응할 것을 제안했다. 그래도 문제는 남아 있었다. 숙련된 심사관들 일부는 뉴턴의 망원경이 그보다 크기가 더 큰 망원경보다 배율이 높다는 사실을 인정했지만, 다른 사람들은 확실한 측정이 어렵다고 말했다.[31] 그 기술에 대해 불편함을 느끼는 사람들은 이러한 고성능 망원경이 '대상을 찾기' 어렵게 만든다고 불평했다. 한편, 훅은 회원들에게 사적으로, 자신이 그보다 앞선 1664년에 훨씬 더 작고 강력한 1인치 길이의 망원경을 만들었지만 페스트와 화재로 인해 더 이상 개발을 진척하기 힘들었다고 말했다. 그러나 올덴버그는 훅의 주장을 언급하지 않았다.

뉴턴은 의례적인 겸손한 어조로 회신했다.

> 제 발명을 지키는 문제에 그토록 지대한 관심을 가져 주셔서 놀랐습니다. 여태까지 저는 그것이 그 정도의 가치를 가진다고 생각하지 않았습니다. 왕립학회가 기꺼이 보호할 가치가 있다고 생각하신다면 저도 그럴 만한 가치가 있다고 인정하지 않을 수 없습니다. 그러나 그동안 그에 대한 정보가 없었던 저로서는 몇 년간 그래 왔던 것처럼 비공식적인 상태로 남겨 두려고 합니다.[32]

그러나 불과 2주 뒤에 뉴턴은 겸손의 외양을 걷어치웠다. 뉴턴은 회의에 참석하고 싶어서 안달했고, 마치 희극처럼 올덴버그에게 이렇게 말했다.

> 그분들이 심사숙고하여 검토할 수 있도록, 앞서 제가 이야기했던 망원경을 제작하도록 유도했고 이 기구에 대한 소식보다 훨씬 도움이 되었음이 입증될 철학적 발견에 대해 설명하고자 합니다. 만약 그것이 지금까지 자연의 작용으로 만들어진 것 중에서 가장 주목할 만한 발견이 아니라면 제 소견으로는 아주 이상한 일이라고 봅니다.[33]

그러면 왕립학회 회원으로서 뉴턴의 의무는 무엇이었을까?

제 7 장

저항과 반발

넓은 트리니티 칼리지 교정에는 도서관과 마구간, 중앙 분수대와 울타리가 쳐진 잔디밭 등 대체로 모든 것이 구비되어 있었다. 새로 심은 린덴나무 길이 남서로 뻗어 있었다.[1] 뉴턴의 연구실은 정문과 성당 사이의 2층에 있었다. 서쪽에는 사방을 벽으로 둘러싼 테니스 코트가 있었다. 뉴턴은 가끔 연구원들이 테니스를 치는 모습을 지켜보았는데, 그럴 때면 공이 바로 떨어지지 않고 휘어질 수 있다는 점에 주목했다. 뉴턴은 그럴 수밖에 없는 이유를 직관적으로 이해했다. 공이 비스듬히 맞아서 회전력을 얻기 때문이었다. "여러 가지 운동이 동시에 일어나는 한쪽 면은 다른 쪽 면보다 접촉하는 공기를 더 세게 누르고 쳐야 하는데, 그러면 그에 비례해서 공기의 저항과 반발이 더 크게 발생한다."[2] 뉴턴은 만일 광선이 에테르에 저항하며 회전하는 '공 모양의 물체라면' 같은 방식으로 커브를 그릴 수 있을지가 궁금했기 때문에 내친 김에 그것을 적어 놓았다. 그러나 뉴턴은 그 가능성을 부정했다.

결국 뉴턴은 왕립학회에 출두하기 위해 런던에 가지는 않았지만 – 그 후 3년 이상 – 올덴버그에게 약속했던 철학적 발견에 관한 설명은 미루지 않고 우송했다. 1672년 2월에 뉴턴은 장문의 편지를 썼고, 그 편지는 회합에서 큰 소리로 낭독되었다. 그 뒤 2주일이 채 지나지 않아 올덴버그는 그 편지를 타이프로 쳐서 동인도 연안에 관한 설명과 음악에 관한 에세이와 함께 「철학 회보」에 실었다.[3]

뉴턴의 편지에는 실험과 '이론'이 모두 제시되어 있었다.[4] 뉴턴은 자신이 6년 전에 창의 덧문에 난 구멍을 통해 어두운 방으로 들어오는 일광에 프리즘을 맞추어 놓았다고 썼다. 그는 무지개의 모든 색깔이 벽에 부채꼴로 펼쳐지는 모습을 기대했고, 실제로 강렬하고 선명하며 유쾌한 오락이었다고 보고했다. 사람들은 유리를 가지자마자 - 즉, 유리를 깨뜨리자마자 - 두 굴절면이 예리한 날을 이루는 곳에서 색이 나타나는 것을 보았다.[5] 정교하게 제작된 프리즘은 색을 거의 완벽하게 나타내었다. 그 색이 어디서 오는지 아무도 몰랐지만 어쨌든 프리즘이 색을 창조한다는 것은 거의 자명한 일로, 충분할 정도로 명백해 보였다.

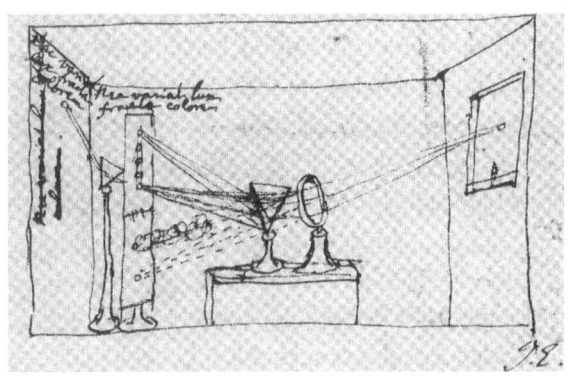

결정적인 실험 : 창 덧문으로 들어온 햇빛은 프리즘을 지나면서 여러 가지 색으로 분리된다. 그런 다음, 분리된 유색광이 두 번째 프리즘을 지나는데, 이때 두 번째 프리즘에서는 더 이상 분리가 일어나지 않는다. 백색광은 혼합물이지만 유색광은 순수하다.

뉴턴은 뜻밖의 사실에 주목했다(또는 그렇게 주장했다). 모든 태양 광선이 동일하게 굴절되고 굴절된 광선이 벽에 원을 형성할 것이라고 기대했는데, 뉴턴이 본 것은 긴 타원 형이었다. 뉴턴은 프리즘을 움직여 유리의 두께가 이런 차이를 내는지 알아보려고 했다. 창 덧문의 구멍 크기도 여러 가지로 바꾸어 실험했다. 두 번째 프리즘을 가지고서도 실험했다. 구멍에서 벽까지의 거리(22피트)와 유색 타원형의 길이($13\frac{1}{4}$인치)와 폭($2\frac{5}{8}$인치), 수학적으로 연결된다고 알려진 투사각과 굴절각을 측정했다. 태양은 점이 아니라 원반으로 31분의 호에 걸쳐 있다고 뉴턴은 적고 있다. 태양 광선은 항상 움직여서 한 번에 잠깐 동안만 실험할 수 있었지만, 뉴턴은 상이 길게 늘어나는 작은 기현상을 놓치지 않았다.

뉴턴이 결정적인 실험을 하게 된(또는 그가 그렇게 보고한) 것은 이 때문이다. 결정적인 실험이란 어떤 길이 신뢰할 수 있는 길인지를 보여 주는 경험의 소산이며, 교차로의 교통 표지판과도 같은 것이다. 뉴턴은 훅으로부터 한껏 멋을 부린 문투의 편지를 받았다. 훅의 이러한 문투는 베이컨의 것을 고쳐서 쓴 것이었다.[6] 결정적인 착상은 하나의 유색광을 분리시켜 프리즘을 통과시키는 것이었다. 이 실험을 위해 뉴턴은 프리즘 두 개와 구멍 뚫린 나무판자 두 개가 필요했다. 이것들을 일렬로 정렬한 다음, 손으로 프리즘 하나를 조심스럽게 돌려서 먼저 파란빛이, 그 다음에는 붉은빛이 두 번째 프리즘을 통과하게 조정했다. 뉴턴은 각도를 측정했다. 첫 번째 프리즘에 의해 약간 더 휜 파란빛은 두 번째 프리즘에 의해 다시 조금 더 굴절됐다. 그렇지만 더 중요한 것은 두 번째 프리즘이 새로운 색을 창조하거나 첫 번째 프리즘에서 나온 색을 변경하지 않는다는 점이었다. 몇 년 전에 했던 최초의 추론에서 뉴턴은 "프리즘 하나로 붉은색을 비추고 그 위에 다른 프리즘으로 파란색을 비추어서 두 프리즘이 흰색을 만들어 내는지를 시도해 보라"고 자신에게 주문했다.[7] 그러나 실제로는 그렇지 않았다. 파란색은 그대로 파란색, 빨간색은 빨간색인 채로 있었다. 흰색과 달리 (뉴턴은 이렇게 연역했다) 이 색들은 순수했다.

뉴턴은 의기양양하게 선언했다. "따라서 상이 길게 나타나는 진정한 원인이 밝혀졌다. 빛은 굴절률이 서로 다른 광선으로 이루어졌다는 것이다." 굴절이 더 많이 되는 색들도 있는데, 이는 유리의 특성이 아니라 고유의 속성에 의한 것이다. 색은 빛의 변형이 아니라 본래의 근본 속성인 것이다.

무엇보다도 백색광은 이질적인 혼합물이다.[8]

> 그러나 가장 놀랍고 경이로운 구성물은 흰색이다. 홀로 이 색을 낼 수 있는 종류의 광선은 결코 없다. 그것은 혼합된 것이며, 앞서 말한 원색原色들이 적절한 비율로 섞이는 것이 그 구성물의 필수 조건이다. 프리즘의 모든 색이 수렴되고, 그에 의해 다시 혼합되면 …… 전적으로 완벽하게 백색광을 재생산하는 모습을 나는 찬탄해 마지않으며 지켜보곤 했다.

프리즘이 색을 창조하는 것은 아니다. 프리즘은 색을 분리한다. 서로 다른 굴절률을 이용하여 색을 분류하는 것이다.

뉴턴의 편지는 그 자체가 하나의 실험이었으며, 그가 처음으로 과학적 결과를 형식에 담아낸 서신은 발표를 겨냥한 것이었다.[9] 거기에는 설득하려는 의도가 담겨 있었다. 뉴턴은 이런 통신을 위한 정형을 알지 못했기 때문에 새로운 정형을 고안해 내었다. 그것은 추론 순서에 따라 그와 연관된 행위들을 하나씩 서술하는 자서전체의 화법autobiographical narrative이었다. 뉴턴은 자신이 느낀 내밀한 마음속 감정을 드러내었다. 색이 나타났을 때 받은 즐거움, 반신반의하던 심정 그리고 무엇보다도 자신이 받은 놀라움과 경이로움을 그대로 표현했다.

이 설명은 수년간 실제로 수행했고, 때로는 의식과 계산 아래쪽에서 진행되기도 했던, 발견 과정을 정형화시킨 교묘한 고안물이었다. 연필심처럼 가는 태양광선 속에서 프리즘은 고르지 않고 불안정한 색의 번짐을 벽에 만들었고, 가장자리로 갈수록 그림자가 지고 퇴색했다. 뉴턴은 자신이 기술한 것을 이념화했다. 그 상은 자신이 찾고 있는 것을 이미 알고 있었을 때에만 의미를 얻었다. 뉴턴은 청색광이 적색광보다 더 크게 휜다는 것을 몇 년 전에 이미 보았다. 그는 프리즘을 통해 청색과 적색 선을 보고 굴절률의 차이를 기록했었다. 또한 굴절 렌즈가 색을 흐리게 한다는 사실을 알았다. 그가 반사 망원경을 발명한 것은 그 때문이었다.

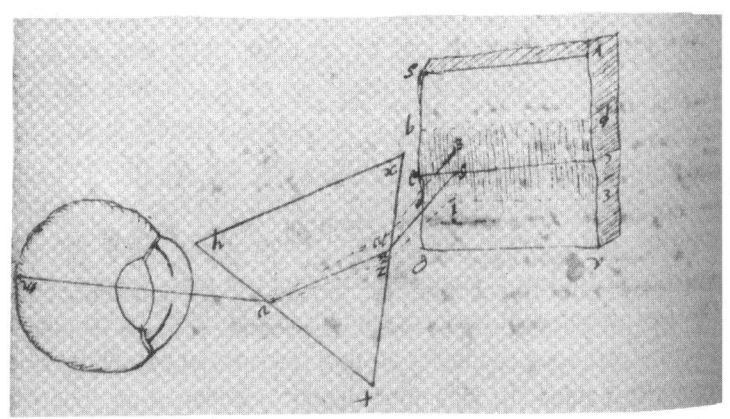

프리즘은 적색광보다 청색광을 더 크게 굴절시킨다.

데카르트가 햇빛 속에서 프리즘을 봤을 때, 그는 색의 타원형이 아니라 원을 보았다. 원은 데카르트가 기대했던 형상이었으며, 22피트 거리의 벽이 아니라 가까이에 있는 종이에 빛을 투사했기 때문에 그 크기가 아주 작았다. 뉴턴은 긴 타원형을 보고 싶었고 확산을 원했다. 그는 그것을 확대하고 싶었고, 굴절 법칙에 관한 자신의 기하학적 직관을 거스르고 측정하기를 원했다. 그는 정확함을 신봉했고 작은 불일치도 해석해 내는 자신의 능력을 믿었다. 실제로 그는 수학이 이해에 이르는 길이라고 진심으로 믿었고, 색의 과학조차 수학적인 것이 되리라고 기대한다고 말했다. 그리고 이는 확실성을 의미했다. 뉴턴은 이렇게 적고 있다. "이와 관련하여 내가 말하는 것은 가설이 아니라 매우 엄밀한 결과이며, 다른 방식으로는 안 되기 때문이라는 식의 보잘 것 없는 추론에 의한 짐작이 아니라 …… 직접적이고 의심의 여지없이 결론짓는 실험들을 매개로 입증된 것이다."[10] 올덴버그는 그가 인쇄한 판에서 이 문장을 빠뜨렸다.

그렇다면 빛이란 무엇일까? 이렇게 '이론'을 제공하면서 뉴턴은 자신의 입장을 분명하게 표명하지는 않았지만 마음속에 그 상을 그리고 있었다. 광선은 입자의 흐름, '미립자 corpuscle' ─ 즉, 움직이는 물질적 실체라는 것이다. 데카르트는 빛이 에테르 속에서 나타나는 압력이고, 색은 에테르 입자의 회전의 결과라고 생각했다. 훅은 이에 반대하면서 빛은 소리처럼 에테르의 진동 혹은 파동인 펄스라고 주장했다. 뉴턴은 훅의 이론에 짜증이 났다. 자신이 갖고 있던 『마이크로그라피아』에 써 놓은 메모에서 뉴턴은 사적으로 이렇게 적었다. "데카르트가 실수를 범했다면 훅도 마찬가지다." 뉴턴이 파동 이론에 반대하는 논변은 단순했다. 빛은 (소리와 달리) 모퉁이를 돌지 못한다는 것이다. "왜 빛은 소리처럼 직선에서 비껴가지 못하는가?"[11] 뉴턴은 이 메모에 빛이 한정된 속도로 움직이면서 눈에 충돌하는 작은 알갱이 globule 라고 적고 있다. 서신에서 뉴턴은 광선에 대해 추상적인 입장을 고수했다. "보다 절대적으로 빛이란 무엇이고 …… 어떠한 양식이나 행위가 우리 마음속에 빛의 환영을 만들어 내었는가를 결정하기는 그리 간단한 일이 아니다. 그리고 나는 추측을 확실성과 뒤섞지는 않을 것이다."[12]

확실하든 아니든 간에 뉴턴의 이 결론은 당시 받아들여지던 지식에 대한 급진적인 공격을 의미했다.[13] 이후 4년간 매달 「철학 회보」는 논쟁으로 들끓었다. 뉴턴의 서신에 대한 10편의 비판과 이에 대한 뉴턴의 반박 글 11편이 실렸다.[14] 올덴버그는 왕립학회가 뉴턴의 천재성과 솔직함에 대해 보내는 박수갈채를 그에게 재삼 확인시켰고, 그가 이룬 발견의 명예가 강탈당하거나 이방인이 자신의 것인 양 가장할 수 있다는 우려를 표명했다.¹⁵ 수학 발전을 위한 정보 교환소 역할을 했던 올덴버그는 이방인의 발견을 – 독일의 고트프리트 빌헬름 라이프니츠$^{\text{Gottfried Wilhelm Leibniz}}$와 같은 – 이용해서 뉴턴에게서 숨겨진 지식을 캐낼 수 있다는 것을 알아차렸다. 올덴버그는 감질나게 정보를 주는 뉴턴의 방식에 익숙해져서 손이 미치지 않는 곳에서도 항상 보석을 손에 쥐게 되었다.

그리고 사실 나는 급수를 만드는 방법을 알고 있다……

현재 나는 그에 대한 설명을 진행할 수가 없다……

따라서 그것을 감추는 쪽을 선호한다……

일단 알려지고 나면 다른 것들도 오랫동안 숨겨둘 수 없을 것이다……

아직 말하지 않은 다른 방법이 있다. …… 주어진 점들을 지나는 기하 곡선을 그리는 문제를 편리하고 신속하며 일반적인 해법으로 …… 이런 작업은 중간에 계산을 개입시키지 않고서도 일거에 기하학적으로 할 수 있다. …… 얼핏 보면 풀기 힘든 것 같지만 실은 그렇지 않다. 왜냐하면 그 문제는 내가 풀고 싶은 가장 아름다운 것들 중에서도 윗자리를 차지하기 때문이다.¹⁶

뉴턴의 수학은 대부분 감추어진 채 있었다. 그러나 빛과 관련해서는 자신의 생각을 밝혔고 곧 이를 후회했다. 훅은 계속 그를 공격했다. 실험책임자로서 훅은 자신이 바로 그 실험을 이미 수백 번이나 했다고 왕립학회에 확언했다. 멋지고 신기한 뉴턴의 관찰이 자신의 마음에 조금도 들지 않는다고 훅은 말했다. 그러나 훅은 이런 주장이 단지 가설에 불과하다는 것을 고백할 수밖에 없었다. 훅은 자신의 실험 결과 - '그가 근거로 인용했던 그 실험들조차' - 빛이 에테르 속의 파동이며 색은 이 빛의 교란에 지나지 않는다는 것이 증명되었다고 말했다. '뉴턴의 결정적인 실험'이 자신의 생각을 바꾸는 것을 보고 싶지만, 그 실험은 그렇지 못했다는 것이다. 오르간의 파이프나 바이올린의 현이 공기 중에 소리를 더하듯이 프리즘도 빛에 색을 더하는 것이라고 훅은 생각했다.[17] 프랑스의 제수이트회 수사인 이냐스 파르디에Ignace Pardies는 파리에서 다음과 같이 썼다. 뉴턴의 '가설'은 광학의 토대 자체를 뒤엎어 버릴 것이다. 장원형의 상은 태양의 서로 다른 표면에서 광선이 오기 때문이라고 설명될 수 있다. 그리고 유색광이 섞이면 백색광이 되는 것이 아니라 어둡고 흐릿해진다.[18]

이 모든 주장, 특히 가설이라는 말에 뉴턴은 분노했다. 뉴턴은 거듭해서 자신은 가설을 제시한 것이 아니라 확실한 빛의 성질을 제시한 것이며, 현재 발견된 이 성질을 증명하는 것은 어렵지 않다고 말했다. "만일 이것이 진리라는 사실을 확신하지 않았다면, 그것을 가설로 인정하기보다 차라리 무익하고 공허한 공론으로 거부하는 쪽을 택했을 것이다."[19] 올덴버그는 뉴턴에게 이름을, 특히 훅의 이름을 언급하지 않고 대응할 것을 제안했지만, 뉴턴은 생각이 달랐다. 수개월이 지나면서 뉴턴의 원한은 뼈에 사무치게 깊어졌다. 마침내 긴 답변을 쓰면서 뉴턴은 첫 문장에서 그리고 페이지마다 훅의 이름을 거론했다. 뉴턴은 이렇게 적고 있다. "나는 가설에 대해 관심이 지대한 사람을 발견하고는 조금 걱정스러웠다. 특히 그 사람은 내가 공평무사하고 공정한 검토를 가장 기대했던 사람이었다."

훅 씨는 자신이 나를 비난하는 것이 아닐까 우려된다고 한다. …… 그러나 한 사람이 다른 사람의 연구에 대해 규칙을 정해서는 안 되며, 특히 그 사람이 진행하는 연구의 토대를 이해하지 못한 경우에는 더욱 그렇다는 것을 훅은 잘 알고 있다. 만일 훅이 내게 개인적인 편지를 보내는 수고를 해 준다면 ……[20]

결정적인 실험에 대한 훅의 거부는 '이유도 없는 공허한 부정'이라고 뉴턴은 단언했다. 뉴턴은 이 편지를 네 번이나 썼다가 다시 고쳐 썼다. 그 과정에서 처음 보고서보다 길이가 점점 더 길어졌다. 뉴턴은 색을 방울과 거품 상태에서 고찰했다. 그러고는 현미경 검사를 제안하면서 익살맞게 훅에게 한방을 먹였다. 그리고 순수한 색과 색의 혼합인 백색광에 대한 자신의 구분을 더 정교화했다. 색을 혼합해서 백색광이나 (그렇게 완전하고 강렬하지는 않은) 회색을 만드는 방법은 여러 가지라고 뉴턴은 제시했다. "(아이들이 가지고 노는) 팽이에 몇 가지 색을 칠하면 같은 결과가 나오는데, 그것은 팽이를 채찍으로 쳐서 회전시키면 지저분한 색이 나타나기 때문이다."

무엇보다도 뉴턴은 광학이 엄격하고 확실한 수학적인 과학이라고 주장하고 싶었다. 그리고 광학은 물리학의 원리와 수학적 증명에 의거하고 있으며, 자신은 이러한 원리를 알았기 때문에 계속 성공했다고 주장하고 싶었다.

뉴턴은 훅이 실제로 실험을 하지 않았다는 것을 거듭 암시했다. 훅은 자신의 주장을 '불구로' 만들었다. 훅은 자신이 '그 진실이 실험을 통한 검사로 드러날 어떤 것을 부인'하고 있다고 주장했다. 뉴턴이 빛이 형체를 가지는 존재라고 주장한 것은 - 자신도 인정했듯이 - 사실이었다. 그러나 그 주장은 다른 방식이 아니라 자신의 이론에서 나온 것이었다. 그것은 근본적인 추측이 아니었다. 빛이 입자로 구성되어 있다고 주장하면서, 뉴턴은 **어쩌면**이라는 말을 신중하게 사용했다. "어떻게 훅 씨는 내가 확실한 엄격함으로 이 이론을 주장했을 때 나중에 어쩌면이라는 말과 진배없이 근본적인 추측을 주장할 만큼 부주의하다고 상상할 수 있었을지 의아스러울 따름이다."

이제 훅은 뉴턴의 가장 열성적인 반대자가 되었다. 그러나 가장 유능한 반대자는 아니었다. 네덜란드의 위대한 수학자이자 천문학자인 크리스티안 호이겐스Christiaan Huygens도 빛의 파동설을 지지했다. 그는 굴절과 반사를 심오하게 이해했고, 뉴턴의 이론에 통합된 후에도 양자 시대까지 살아남을 만큼 아주 정확했다. 그러나 호이겐스도 올덴버그에게 보낸 편지를 통해 뉴턴의 가설에 대해 초기의 의문들을 제기했고 이에 대한 회신에서 이 젊은이의 분노를 느꼈다. 호이겐스는 뉴턴이 결코 인정하지 않을 미묘한 오류를 포착했다. 예를 들면, 호이겐스는 흰색은 모든 색의 혼합으로도 만들 수 있지만 청색, 황색과 같은 두 가지 색을 혼합해도 얻을 수 있다고 정확히 제시했다.[21] 뉴턴이 왕립학회 회원으로 선출된 지 15개월 뒤에 뉴턴은 학회에서 탈퇴할 뿐 아니라 모든 서신 왕래도 그만두고 싶다고 공지했다. 뉴턴은 콜린스에게 편지를 썼다. "나에게 불친절한 대우는 없었다고 생각합니다. 그러나 다른 몇 가지 측면에서 무례함 없이 만났었다면 좋았으리라고 생각합니다. 그러므로 미래를 위해 그 본질상 일어날 사고를 미연에 방지하기 위해서 과거에 발생했던 그와 같은 대화를 정중히 거절하고 싶다는 것을 당신이 이상하게 생각하지 않았으면 합니다."

올덴버그는 뉴턴에게 재고할 것을 간청했고, 뉴턴이 더 이상 회비를 내지 않아도 되게 해 주겠다고 제안했고, 왕립학회가 그를 존경하고 사랑한다는 것을 확신시켰다.[22] 그동안 '불일치'가 있었다 해도 비평은 온건하고 통상적인 것이었다. 뉴턴은 그때까지 올덴버그, 콜린스, 훅을 비롯해서 그 누구도 만나지 않았다. 뉴턴은 한 번 더 회신했다. 그는 이렇게 말했다. "당신이 말씀하신 불일치를 제가 간과했습니다. 그러나 …… 더 이상 철학 문제로 걱정하고 싶지 않습니다. 그러므로 제가 그런 이유로 더 이상 일을 하지 않겠다고 하더라도 나쁘게 생각하지 않으셨으면 합니다."[23] 올덴버그는 그로부터 2년간 뉴턴에게서 아무런 연락도 받지 못했다.[24]

뉴턴은 자연의 위대한 진리를 발견했다. 그는 그것을 증명했고 논쟁을 벌였다. 뉴턴은 과학이 거대 이론보다는 구체적인 실천에 기반하고 있다는 것을 보여 주려고 노력했다. 뉴턴은 그늘을 걷어 내는 과정에서 자신의 평온함을 희생했다고 느꼈다.[25]

제 **8** 장

회오리바람 속에서

뉴턴이 세계를 관찰할 때면 그는 마치 사물의 표면 아래에 숨겨진 틀이나 뼈대, 혹은 기관을 들여다보는 추가 감각 기관을 가진 것 같다. 또한 뉴턴은 하부구조를 감지했다. 그의 시각은 자신이 내면화한 기하학과 미적분학으로 강화되었다. 그는 겉보기에 공통점이 없거나 크기에서 엄청난 차이가 나는 물리 현상들을 연관지어 생각했다. 뉴턴은 테니스공이 방향을 바꾸어 케임브리지 교정을 가로질러 가는 모습을 보고 공기 중에서 보이지 않는 소용돌이를 희미하게 감지했고, 어린 시절 돌이 많았던 울스소프 개울에서 보았던 소용돌이와 연결지었다. 어느 날 크라이스트 칼리지Christ's College에서 공기펌프가 유리병 속을 거의 진공에 가깝게 만드는 것을 관찰할 때에도, 뉴턴은 볼 수 없는 것을 보았다. 그것은 눈에 보이지 않는 부정, 즉 유리병 속에서 반사가 어느 쪽으로도 변화하는 것처럼 보이지 않았다는 점이다. 어느 누구의 눈도 그처럼 예리하지 못했다. 뉴턴의 세계는 외롭고 반사회적이었지만, 그 세계에 거주자가 전혀 없었던 것은 아니었다. 뉴턴은 때로는 실재이고 때로는 상상의 산물인 형태, 힘 그리고 영혼들과 밤낮으로 이야기를 나누었다.

1675년에 뉴턴은 런던으로 여행을 가서 마침내 왕립학회에 모습을 드러냈다. 뉴턴은 올덴버그의 편지를 통해 정신을 교류했던, 그때까지 친구이면서 반대자였던 두세대에 걸친 연배의 사람들을 직접 만났다. 실물로 접한 대가들 중에는 훅의 스승인 15년 연상의 로버트 보일도 있었다. 보일은 열렬한 입자론자였다. 위대한 비판서인 『회의적인 화학자 The Sceptical Chymist』에서 보일은 물질의 구성요소로 기본 입자 이론을 발전시켰다. 보일은 모든 자연 현상은 이러한 원자가 복합물 mixed bodies 로 조합되고 조직되는 것으로 설명될 수 있다고 믿었으며, 이들 복합물은 완벽한 것도 있고 불완전한 것도 있는데 그중에서 금이 가장 완벽하다고 생각했다.[1] 보일은 천한 금속을 금으로 변형시키는 연금술사들의 위대한 꿈을 믿었지만, 이들의 비밀주의 전통 – '가르치는 척만 하는 이들의 애매하고 분명치 않고 거의 수수께끼와 같은 표현양식' – 에 대해서는 비난했다.[2]

> 그들은 학문의 아들들(이들은 그것을 이렇게 부른다)에게 이해 받으려는 마음이 조금도 없었을 뿐 아니라 심지어 곤란이나 위험한 시도를 하지 않는 이들에게조차 이해를 구하지 않았다.

보일의 공기펌프 실험은 유명했으며 색에 대한 그의 연구는 훅과 뉴턴에게 차례로 영향을 주었다. 보일은 뉴턴을 환대했다.

케임브리지로 돌아간 뉴턴은 그 후 수개월간 새 원고 작업에 몰두했다. 자신의 입자 이론을 열정적인 문장으로 적어 나갔다. 그리고 마침내 그의 『가설 Hypothesis』이 나왔다. 뉴턴은 전에 그렇게 완강히 부정했던 이 명칭을 수용했다. 뉴턴은 이 원고의 제목을 「나의 몇 편의 논문에서 논술한 빛의 성질을 설명하는 가설」*이라고 붙였다.³ 그러나 뉴턴은 이 논문에서 빛에 대해서만 이야기한 것은 아니었다. 그는 자연의 모든 물질에 대해 말하고 있었다. 뉴턴의 강적인 훅이 불쑥 거대한 모습을 드러냈다. 뉴턴은 이렇게 말했다. "마치 내 논문이 가설에 의해 설명될 필요가 있는 듯 계속 가설을 이야기하는 몇몇 위대한 대가들의 머리를 관찰했다." 이들 '몇몇'은 자신이 빛과 색에 대해 추상적으로 이야기하면 그 뜻을 전혀 이해하지 못할 것이기 때문에 실례를 들어 설명하는 편이 이해가 쉬울 것이라고 적고 있다. 그래서 가설이라고 한 것이었다.

뉴턴은 올덴버그가 이것을 왕립학회의 회합에서 읽기를 원했고, 출판은 원치 않았다. 그리고 청중들이 미묘한 수사修辭적인 지점을 이해하기를 바랐다. 뉴턴은 이 논문에서 편의상⁴ "그것의 신빙성을 제의하거나 가정하고 있는 것처럼 말할" 때조차도 수학적 확실성을 가장하지 않았다. 또한 그는 누구도 "내가 이 원고에 대한 반대 의견에 답변할 의무가 있다고 생각하도록" 허용하지 않는다고 말했다. "왜냐하면 성가시고 하찮은 논쟁에 말려들고 싶지 않기 때문이다."

올덴버그에게 우송된 이 원고 뭉치에는⁵ 계산과 믿음이 한데 뒤섞여 있었다. 그것은 상상력에 의한 작업이었다. 원고는 물질의 미세구조 자체를 밝히려는 시도였다. 그로부터 여러 세대가 지나기까지 1675년 12월부터 이듬해 2월까지 왕립학회의 모든 회합에서 이 논문이 낭독되는 것을 듣고 그에 대해 넋을 잃고 토론했던 그 소수의 사람들 외에는 이 논문은 알려지지 않았다. 뉴턴은 현미경의 성능으로 입증될 수 있는 것보다 더 깊이 물질의 핵을 들여다보았다. 일련의 실험과 교류를 통해 뉴턴은 자신의 시야 너머에 있는 자연의 기본 입자를

---

* An Hypothesis explaining the Properties of Light discoursed of in my severall Papers.

감지한 것 같았다. 실제로 뉴턴은 3천이나 4천 배까지 확대하는 기구가 있다면 원자를 볼 수 있을 것이라고 예견하기도 했다.[6]

뉴턴은 설명해야 할 방대한 범위의 현상들을 보았으나 기하학의 냉철한 확실성은 이제 그 유용성의 한계에 이르렀다. 그 현상들에는 각종 화학 작용과 식물류의 생장과정, 다소 군거성群居性을 띠면서 상호작용하는 유체 등이 있었다. 뉴턴은 너무 불가사의해서 다루기 힘들다는 이유로 결코 어떤 문제에 대해 눈을 감지 않았다. 어떤 물체가 여기勵起되었을 때 얻는 힘인 전기를 보여 주는 실험에 대해 생생하게 기술해서 멀리 떨어져 있는 왕립학회 회원들을 당혹하게 했다. 이 실험에서 뉴턴은 유리 원반을 천으로 문지른 다음, 잘게 자른 종잇조각들 위에서 이리저리 흔들었다. 그러자 종잇조각들이 살아 있는 것처럼 튀어 올랐다.

> 때로는 유리까지 튀어 올랐다가 달라붙어 잠시 멈추어 있고, 그런 다음 톡 떨어졌다가 멈추고, 다시 튀어 오르내리고 …… 때로는 탁자와 수직선을 이루기도 하고, 때로는 사선을 이루기도 하고 …… 마치 …… 회오리바람 한가운데에 있는 것처럼 빠른 속도로 회전한다.[7]

뉴턴은 불규칙한 운동을 강조했지만 이 운동에 대해서 역학적으로, 즉 순전히 물질에 압력을 가하는 물질의 관점에서 설명할 수 있는 방법을 알지 못했다. 당시 뉴턴이 이해하려고 하는 세계는 정적靜的이지도 않았고 질서 정연하지도 않았다. 한 번에 설명해야 할 것이 너무도 많았다. 그것은 유동流動하는 세계, 변화하고 혼돈스럽기까지 한 세계이다. 뉴턴은 이런 시를 썼다.

왜냐하면 자연은 영구 순환의 작업자이며, 고체에서 유체를, 유체에서 고체를 생성하고, 휘발성에서 비휘발성 물체를, 비휘발성에서 휘발성 물체를 발생시키고, 조밀함에서 희박함을, 희박함에서 조밀함을 발생시키며, 사물을 상승시켜 상층부 지상의 즙액인 강과 대기를 만들고 그 결과 다른 사물이 하강하고 ······.[8]

고대인들은 종종 기본 요소를 초월한 물질로서 공기나 불보다 더 순수한 에테르의 존재를 가정했다. 뉴턴은 에테르를 하나의 가설로 제시하면서 '그 구성이 공기와 같은 점이 많지만 공기보다 더 희귀하고 미묘하며 탄성이 훨씬 더 강한 매질'이라고 기술했다. 소리가 공기의 진동이듯이 에테르의 진동도 있을지 모른다. 이 진동은 더 빠르고 미세할 것이다. 뉴턴은 음파의 크기를 대략 1피트나 0.5피트로 어림했는데, 에테르의 진동은 십만 분의 1인치보다도 작을 것으로 생각했다.

이 에테르는 철학적 양다리 걸치기였다. 즉, 전혀 역학적인 것처럼 보이지 않는 과정을 역학적 방식으로 설명해야 할 때 구원해 주는 하나의 방편이었다. 가령, 자석 주위의 쇳가루가 곡선으로 정렬해서 자기소磁氣素를 드러내고, 유리 속에 봉한 금속에서도 화학 변화가 일어나는 것이 그 때문이라는 것이다. 또한 진공 상태의 유리 속에서 진자는 훨씬 더 크게 흔들리지만 결국에는 멈추는데 이는 "흔들리는 움직임을 약화시키는 훨씬 더 희박한 무언가가 유리 속에 잔존함"을 입증한다는 것이다.[9] 기계론자들은 불가사의한 영향, 즉 접촉 없이 일어나는 신비스러운 작용을 몰아내려고 했다. 공기보다 더 희박하지만 여전히 실체를 가지고 있는 물질인 에테르가 힘과 영혼, 증기와 증발과 응축을 전하는지도 모른다. 어쩌면 에테르 바람이 파닥거리는 종잇조각들을 날렸을 수도 있다. 어쩌면 뇌와 신경이 에테르 영혼을 전달하고, 이 영혼이 신경을 통해 나아가면서 근육에 생기를 불어넣는 것일지도 모른다.[10] 어쩌면 불, 연기, 부패, 동물 행동은 에테르의 여기, 팽창과 수축에서 비롯된 것일지도 모른다. 어쩌면 에테르는 태양의 연료로 쓰일 수도 있고, 태양은 이 에테르의 영혼을 흡수하여 '계속 빛을 내고 행성들이 자신에게서 멀어지지 않게' 하는지도 모른다.[11] (사과는 오래 전에 떨어졌지만 만유인력은 아직 멀리 떨어져 있었다.)

올덴버그가 뉴턴의 글을 큰소리로 낭독하는 동안 훅은 계속 자신의 이름이 거명되는 것을 들어야 했다. "훅 씨께서 기억하시는지 모르겠지만 …… 면도날 근처에서 나타나는 …… 빛의 이상한 산란에 대해 이야기하신 적이 있었습니다." 실제로 1675년 초에 훅은 나중에 회절로 알려진 현상을 새로 발견하고 이에 대한 학설을 내놓았다. 회절은 빛이 예리한 모서리에서 휘어지는 현상이다. 당시 회절을 설명하는 방법은 파동의 간섭이었고, 그것은 양자역학 이전까지는 유일한 설명 방법이기도 했다. 이렇게 빛이 퍼진다는 것은 소리가 모퉁이에서 분명히 돌듯이 빛도 결국 휠 수 있다는 것을 의미하는 것인가? 자신은 그리 생각하지 않는다고 뉴턴은 말했다. "나는 이를 단지 새로운 종류의 굴절이라고 보며, 아마도 불투명체에 이르면 전보다 점점 더 희박해지기 시작하는 외부 에테르에 의해 야기되었을 것이다……." 그러나 뉴턴은 훅이 했던 일을 상기시켰다.

(훅은) 새로운 종류의 굴절에 지나지 않을지라도 그것이 새로운 것이라는 답을 듣고 기뻐했었다. 이 예기치 않은 반응을 어떻게 생각해야 할지 모르겠지만, 새로운 종류의 굴절이 빛과 관련된 다른 현상들처럼 고귀한 발명일지도 모른다는 생각 외에는 다른 생각이 들지 않는다.

고귀한 발명이라는 데 뉴턴은 동의했다. 그러나 뉴턴은 훅이 그것을 보고하기 전에 이 실험에 대해 읽었던 것을 기억했다. 뉴턴은 프랑스의 제수이트회 수사인 오노레 파브리Honoré Fabri가 그 사실을 기술했다는 것을 언급하지 않을 수 없었다. 그런데 파브리는 그것을 볼로냐의 수학자 프란체스코 마리아 그리말디Francesco Maria Grimaldi에게서 들었다.[12] 결국 그것은 훅의 발견이 아니었던 것이다.

훅은 분노했다. 그 뒤 며칠 동안 저녁에 커피숍에서 친구들을 만나 뉴턴이 자신의 파동설을 강탈해 갔다고 말했다. 결국 뉴턴은 '크기가 같지 않은 진동' 이라는 말로 색을 이야기했다. 큰 진동은 적색, 즉 뉴턴이 말한 대로 더 신중하게 표현하면 적색의 감각sensation of red을 야기한다. 짧은 진동은 보라색을 만든다. 색들 간의 차이는 이처럼 진동의 크기에서 나타나는 미세한, 측정가능한 차이일 뿐이다. 뉴턴은 파동에 대해 말하지 않았다. 그 점에서는 훅도 마찬가지였다. 파동은 여전히 바다에서 일어나는 현상이었기 때문이다. 어휘의 부족이 두 사람을 가로막았지만, 뉴턴이 본 것은 바로 훅이 찾던 것이었다.

그러나 이 설명은 입증이 불가능했다. 뉴턴의 『가설』에 할애된 두 번째 회합이 끝나갈 무렵, 훅은 자리에서 일어나서 그 내용의 대부분이 자신의 『마이크로그라피아』에서 나온 것이며 "뉴턴 씨는 일부 특수한 부분에서 조금 더 진전을 이루었을 뿐이다"라고 단언했다.[13] 올덴버그는 지체 없이 이 주장을 케임브리지에 전했다.

케임브리지에서는 바로 맞받아쳤다. 뉴턴은 올덴버그에게 이렇게 썼다. "훅 씨가 암시한 것과 관련해서, 나는 훅 씨가 멋대로 한 발언에 그리 신경 쓰고 싶지 않습니다."[14] 뉴턴은 "훅 씨에 대해 이치에 맞지 않거나 비열한 행동을 했다는 평판"을 받고 싶지 않았다. 그래서 뉴턴은 논리와 우선권의 연쇄를 분석했다. 먼저, 실제로 훅의 것은 무엇인가? 우리는 "그가 데카르트나 그 밖의 사람들에게서 빌려 온 것을 던져 버려야" 한다.

그중에는 에테르가 있다. 빛이 이 에테르의 작용이라는 것도 있다. 에테르가 여러 가지 각도로 고체를 관통한다는 것도 있다. 빛이 처음에는 균일하다는 주장도 있다. 색이 광선의 변형에서 오며, 속도를 빨리 하면 붉은색을 만들고 느려지면 푸른색을 만든다는 주장, 그리고 다른 색은 붉은색과 푸른색의 혼합에서 온다는 것도 있다.

훅이 한 일이라곤 에테르 속에서 일어나는 압력 운동이라는 데카르트의 개념을 진동하는 운동으로 바꾼 것이 전부였다. 데카르트가 소구체^{globule}라고 한 것을 훅은 펄스^{pulse}라고 했다. '이 모든 점에서' 뉴턴은 이렇게 결론지었다.

내가 아주 다른 의미로 이야기한, 진동에 민감한 매체가 에테르라는 가정 외에 그는 나와 공통점이 전혀 없다. 훅은 그것이 빛 그 자체라고 가정했고 나는 그렇지 않다고 가정했다.

나머지에 – 굴절과 반사 그리고 색의 생성에 – 관해서 뉴턴은 자신이 설명한 것은 "훅이 말한 모든 것을 파괴할" 정도로 아주 다르다고 말했다. 그리고 빈정대듯 이렇게 덧붙였다. "내가 힘들게 발견한 것을 스스로 이용하는 것에 대해 그가 허락하리라고 생각한다."

훅은 빛에 대한 뉴턴의 이해 중에서 가장 약한 지점을 쑤셔댔다. 빛은 입자인가 아니면 파동인가? 20세기 물리학자들이 이 역설을 수용할 때까지 수많은 사람들이 시계추처럼 흔들렸듯이 뉴턴도 이 문제에 대해 입장이 오락가락했다. 그는 자신의 불확실성을 드러내기도 하고 때로는 감추기도 했다. 가설이라는 말을 여러 가지 다른 말로 바꾸어 가면서 교묘한 게임을 했고, 자신이 알고 있는 것과 자신이 가정할 수밖에 없는 것을 구별하려고 시도했다. 그는 당시로서는 에테르라는 개념을 폐기할 수 없었기 때문에 신비하고 영적이기까지 한 에테르의 존재를 가정했다.

훅에 대해서 우호적이지 않던 올덴버그는[15] 왕립학회의 다음 회합에서 뉴턴의 답변을 공개적으로 낭독하여 훅을 놀라게 하기로 작정했다. 몇 년간의 대리인을 통한 다툼 끝에 결국 훅은 펜을 들어 직접 자신의 적에게 편지를 보냈다.[16] 온건하고 철학적인 어조로 뉴턴이 잘못 알고 있는 것은 아닌가 하고 생각한다고 말했다. 훅은 자신이 그러한 '사악한 음모'를 겪은 적이 있었다고 밝혔다. 훅은 다투거나 반목하거나 "그런 종류의 싸움에 말려들고" 싶지 않으며, 우리 "두 사람은 경쟁자에게 무릎을 꿇기 어렵다"고 말했다. 그리고 그는 이렇게 주장했다. "내 생각에 당신의 계획과 내 계획은 모두 진리의 발견이라는 같은 목표를 갖고 있다고 보며, 우리 둘 다 반대 의견을 인내하며 들을 수 있다고 생각한다."

뉴턴의 유명한 답변은 2주일 뒤에 왔다.[17] 만약 이 싸움의 무기가 위선적인 공손함과 과장된 경의라면 뉴턴도 그 무기를 잘 휘두를 수 있었다. 뉴턴은 훅을 '진정한 철학적 영혼'이라고 불렀다. 뉴턴은 사적인 서신왕래 제안을 기쁘게 수용했다. "많은 목격자 앞에서 행해지는 것은 진리를 위한 관심보다는 다른 데에 더 관심이 많다. 그러나 친구 간에 사적으로 편지가 오가는 것은 경쟁이라기보다는 자문이라고 칭할 만하다. 그래서 이 일이 당신과 나 사이를 입증해 주길 바란다." 그런 다음, 자신들의 논쟁에 관한 문제에 대해서 뉴턴은 마음에도 없는 칭찬과 고상한 감정을 절묘하게 배합해서 기록했다.

데카르트는 훌륭한 한 걸음을 내디뎠습니다. 당신은 거기에 여러 가지 방식을 더

했고 특히 빈약한 기반에 있던 색들을 철학적으로 고려했습니다. 내가 더 멀리 보았다면 그것은 거인의 어깨 위에 서 있기 때문입니다.[18]

뉴턴과 훅 사이에 사적인 철학적 대화는 이루어지지 않았다. 약 2년이 지나서야 이들은 다시 연락을 취했다. 그 무렵 올덴버그가 사망했고, 훅이 뒤를 이어 왕립학회 서기가 되었으며, 뉴턴은 트리니티 칼리지 내 자신의 연구실에 더 깊이 은둔했다.

제 9 장

모든 것은 부패한다

    그러나 뉴턴은 점점 더 철학적 문제에 전념했다. 뉴턴은 연기와 냄새를 멀리 배출할 특별한 굴뚝을 세웠다.[1]

    30대에 뉴턴은 이미 머리가 반백이 되었고, 대개 빗질도 하지 않은 머리는 어깨까지 치렁거렸다. 몸은 비쩍 말랐고 얼굴은 말상이었으며 완강하게 생긴 코와 통방울눈을 하고 있었다. 며칠씩 연구실에 칩거하면서 식사도 하지 않은 채 촛불을 밝히고 일했다. 식당에서 식사할 때에도 혼자인 적이 대부분이었다. 트리니티 칼리지의 동료들은 뉴턴이 식사 중일 때 방해하지 않고 내버려 두어야 하며, 뉴턴이 자갈길에서 막대기로 도형을 그리고 있을 때 그 주위를 그냥 지나쳐야 한다는 것을 체득했다.[2] 그들의 눈에 뒤축이 다 닳은 신과 끈이 풀린 긴 양말을 신은 뉴턴은 과묵하고 따돌림을 받은 사람처럼 비쳤다. 뉴턴은 페스트와 천연두 같은 질병을 두려워하여 테레빈유와 장미 향수, 올리브유와 밀랍 및 술로 손수 만든 만병통치약을 먹어 예방하려고 했다. 사실, 뉴턴은 수은을 다루고 있었기 때문에 스스로 자신을 서서히 죽이고 있었다.[3]

    몇 백 년이 지나서 오랫동안 숨겨지고 흩어져 있던 뉴턴의 논문을 다시 모으기 시작한 후에야 뉴턴이 밝혀지지 않은 연금술사였을 뿐 아니라 지식과 실험의 폭에서 유럽의 그 어느 연금술사도 그에게 비견할 자가 없었다는 사실이 밝혀졌다. 많은 시간이 흐른 뒤, 이성의 시대가 성숙하고서야 실체에 대한 지식에 이르는 길이 갈라지는 분기점에 다다르게 된다. 한쪽 길은 논리와 엄밀함으로 물질의 원소를 분석하는 과학인 화학이다. 뒤에 남은 길은 연금술이었다. 연금술은 우주와 인간의 관계를 포괄하는 과학이자 기술이었으며, 변화와 발효, 생식과 같은 힘에 호소했다. 연금술사들은 원기 왕성하고 살아 있는 힘의 세계에 살았다. 과학이 공식화, 제도화된 뉴턴주의의 세계에서 연금술은 치욕적인 것이 되었다.

그러나 뉴턴은 뉴턴주의 이전 세계에 속했다. 당시 연금술은 전성기를 구가했다. 연금술 연구에는 향기롭지 않은 인상이 붙어 있었다. 흔히 연금술사들은 금을 만드는 방법을 아는 척하는 허풍선이로 의심받았다. 그러나 아직 화학과 연금술 사이의 근대적 차이가 나타나지 않고 있었다. 마법 전문가인 교구 목사 존 골(John Gaule)이 '탐욕스럽고 속임수를 쓰는 마법의 일종'을 공격하면서 악취가 나는 이 일을 'chymistry'라고 불렀다.[4] 연금술사들이 비밀을 간직하고 숫자 암호와 철자를 바꿔 쓴 말로 자신들의 글을 숨기는 것으로 알려져 있지만 내면 깊이 침잠해 있던 뉴턴에게는 이런 습성이 장애가 되지 않았다. 이들이 베일에 싸인 권위자들과 확실하고 성스러운 교재를 추앙하고 라틴어 필명을 사용하여 원고를 비밀리에 유포했다면, 그 문제에 관한 한 기독교 신학자들도 마찬가지였다. 뉴턴은 뼛속까지 철저한 기계론자이자 수학자였지만 영혼이 없는 자연을 믿지 않았다. 세계의 수많은 구성 요소와 물질 사이에서 일어나는 구성 요소의 변화에 대해, 순수한 기계론적 이론은 손이 닿지 않는 너무 먼 곳에 있었다.

뉴턴은 W. S.와 Mr. F라는[5] 신비의 베일에 싸인 사람들을 만나 그들의 논문을 필사했다. 뉴턴은 Isaacus Neuutonus의 철자를 바꿔 쓴 Ieova sanctus unus라는 필명을 고안해 내었다. 그는 자신의 방 밖의 정원에 예배당 벽과 접한 헛간 실험실을 지었다. 뉴턴이 피운 불은 밤낮으로 타올랐다.[6] 연금술사들에게 자연은 그 과정과 함께 살아 있었다. 물질은 수동적이 아니라 능동적이었고, 불활성이 아니라 생기가 넘쳐흘렀다. 용해, 증류, 정제, 하소煆燒* 등의 수많은 과정이 불 속에서 시작되었다. 주석과 벽돌, 내화석으로 만든 가마에서 뉴턴은 이 과정을 연구하고 수행했다. 승화물에서 증기는 불탄 흙의 재에서 솟아올랐다가 냉각되면서 다시 응결되었다. 하소 과정에서 불은 고체를 먼지로 바꾸었다. 연금술의 아버지들은 이렇게 조언하고 있다. "하소를 지루해 해서는 안 된다. 하소는 보배 중의 보배이다."[7] 붉은빛을 띤 흙인 진사辰砂가 불 속을 통과하면 사람들이 몹시 탐내는 물질이 나온다. '은백색의 물' 혹은 '혼돈의 물' 수은이 되는 것이다.[8] 수은은 액체이면서 금속이고 번쩍이는 흰색으로, 소구체를 형성하려는 속성이 있다. 일부 사람들은 수은으로 테를 두른 바퀴는 외부의 힘을 받지 않고 스스로 회전해서 영구 운동을 한다고 생각했다.[9] 연금술사들은 수은을 수성(철은 화성, 구리는 금성, 금은 태양이다)으로 알고 있었다. 그들은 비밀문서에 행성을 나타내는 고대 기호 ☿를 사용하거나 수은을 '뱀serpent'으로 암시했다.[10]

뉴턴은 한 기록에 이렇게 쓴 적이 있었다. "뱀 두 마리가 잘 발효했다. …… 발효가 끝났을 때, 나는 ☿16gr(그레인)과 강렬한 발효로 크게 부푼 물질을 첨가했다……."[11] 다른 연금술사들과 마찬가지로 뉴턴도 수은을 원소로서 뿐 아니라 모든 금속에 내재하는 상태 혹은 원리라고 생각했다. 뉴턴은 금의 '수은'

| * 물질을 고온으로 가열하여 수분이나 휘발 성분을 제거하는 것.

에 대해서 언급했다. 특히 특별하고 고귀하며 '철학적인' 수은을 갈망했다. "물체에서 추출한 …… 이 ☿은 일반 ☿처럼 냉담한 풍부함을 가지고 있으며 또한 그것으로부터 추출된 금속의 특별한 형태와 성질을 띠고 있었다."[12] 수은의 은밀한 매력 중 하나는 다른 금속과 반응하려는 성향이었다. 구리, 납, 은, 심지어 금에 적용하면 연질의 아말감을 형성했다. 능숙한 연금술사는 수은을 이용해서 금속을 정제했다. 오랜 시간이 흘러 수은이 체내에 축적되면 신경 손상을 일으켜 발작과 불면증, 때로는 편집증적인 망상을 야기한다.

로버트 보일Robert Boyle도 수은으로 실험을 했다. 1676년 봄에 뉴턴은 「철학 회보」에서 "B. R.이 관대하게 알려 준, 금과 수은의 가열에 관하여"*라는 기사를 읽었다.[13] 뉴턴은 이니셜이 뒤바뀌었다는 것을 알아챘고, 그 연구가 연금술사들의 꿈인 금의 증식에 접근한 것은 아닌가라는 생각을 하게 되었다. 뉴턴은 공개하지 않은 글에서 이렇게 적고 있다. "나는 많은 사람의 손가락이 그러한 ☿을 조제하는 지식에 근접하고 싶어 안달할 것이라고 믿는다.", "세상에 엄청난 위해를 가하지 않고서는 알려지지 않는, 보다 고귀한 무언가에 이르는 입구"인 위험한 종류의 지식이 가까이에 있을지도 모른다.[14] 뉴턴은 물질의 기본적인 실체는 어디서나 동일하며, 이 보편적 재료에 대한 자연의 다양한 작용에서 헤아릴 수 없이 많은 모양과 형태가 나온다고 믿었으며, 보일도 같은 믿음을 가지고 있다는 것을 알았다. 그러면 도대체 금속의 변성이 불가능한 까닭은 무엇인가? 변화의 역사는 도처에 있었다.

당대의 다른 실험자들, 연금술사나 화학자들과는 달리 뉴턴은 화학약품의 무게를 저울 눈금으로 정밀하게 달았다.[15] 측정에서 최고의 정밀도를 지켜야

| * Of the Incalescence og Quicksilver with Gold, generously imparted by B. R.

한다는 강박관념에 늘 시달린 뉴턴은 1그레인의 1/4에 근사하는 값의 무게까지 기록했다. 시간도 1시간의 1/8이라는 정밀한 단위까지 측정했다. 그러나 측정이 감각을 대체하지는 못했다. 실험에서 증기가 발생하면 그 과정에서 나온 독한 냄새를 맡거나 액체의 맛을 보았다.

뉴턴은 삶과 죽음의 과정을 조사했다. 식물의 생장 과정과 그 중에서도 특별한 경우인, '거무스름한 썩은 지방질'과 냄새를 발산하는 부패를 조사했다. 부패하지 않고서 변화할 수 있는 것은 아무것도 없다라고 뉴턴은 아주 작은 글씨로 서둘러서 휘갈겨 썼다. 먼저 자연은 부패한 다음에 새로운 것을 발생시킨다. 만물은 부패할 수 있다. 만물은 발생할 수 있다. 따라서 세계는 끊임없이 죽고 다시 태어난다. 이러한 발산물, 미네랄 스피릿* 그리고 수증기는 상승하는 공기를 발생시켜 구름을 '중력에서 해방될 정도로 높이' 띄운다.[16]

> 이는 만물을 순환시키는 자연의 진행과 일치한다. 그러므로 이 지구는 커다란 동물이나 불활성의 식물과 닮아 매일매일 원기를 회복하고 생명 유지에 필수적인 발효를 하기 위해 천상의 숨을 들이마신다. …… 이는 모든 물질의 가장 은밀하게 숨겨진 곳을 찾는 신비스러운 영혼이다. 그 영혼은 가장 작은 숨구멍으로 들어가 어떤 다른 물질적 힘보다 더 교묘하게 그것을 나눈다.

이렇게 삶과 죽음을 순환하게 하고 이처럼 순환하는 세계에 생기를 불어넣는 것은 분명 적극적인 영혼, 즉 자연의 보편적 대리인인 비밀스러운 불일 것이

---

* mineral spirit, 석유를 기반으로 하는 화학물질로 적당한 증발률을 가지며 해로운 증기를 발생시킨다. 현대에는 용해제로 사용된다.

다. 뉴턴은 이 영혼을 빛과 동일시하지 않을 수 없었으며, 나아가 빛을 신과 동일시할 수밖에 없었다. 뉴턴은 근거들을 정리했다. 불 속에서 만물은 빛을 발하도록 만들어질 수 있다. 빛과 열은 상호 의존성을 공유하고 있다. 빛처럼 오묘하게 만물에 고루 미치는 것은 어디에도 없다. 그는 자신의 존재 깊은 곳에서 이를 느꼈다.

"태양만큼 유쾌하고 밝은 열은 어디에도 없다"라고 뉴턴은 썼다.

연금술 연구를 통해 기계가 아닌 생명으로 보는 그의 자연관이 빛을 발하게 되었다. 연금술의 용어는 성적 상징으로 뒤덮였다. 생성은 씨와 교미에서 왔고, 원리는 수컷(수성)과 암컷(금성)이었다. 그런 다음 다시 이렇게 적고 있다.

> 이 두 종류의 수은은 수컷과 암컷의 정액이다. …… 사자의 지팡이 주위의 뱀이나 불 뿜는 용처럼 고정되어 있거나 변덕이 심하다. 수컷이나 암컷의 정액만으로는 아무것도 생산되지 않는다. …… 둘이 결합되어야만 한다.[17]

정액의 효능인 씨에서 불과 영혼이 나왔다. 뉴턴이 세속적인 성적 탐구에 가장 가까이 가게 한 것이 연금술이라면, 연금술은 신학 탐구의 경로와도 맞닿아 있었다. 연금술사들에게 금속의 변성은 영혼의 정화를 의미했다. 물질에 생명을 불어넣고 그 수많은 조직과 과정에 활력을 불어넣는 이는 신이었다. 뉴턴이 자신의 인생 중반의 수십 년간의 가장 중요한 연구 과제로 삼은 것은 신학을 연금술에 결합하는 것이었다.

비술秘術에서 벗어난 과학을 창조하려고 분투하는 새로운 기계론적 철학자들은 마술이 없는 물질, 즉 뉴턴이 자주 그렇게 불렀듯이 생명이 없는 맹목적인 물질inanimate brute matter을 신봉했다. 왕립학회의 거장들은 협잡꾼들을 몰아내고 모든 설명을 기적이 아닌 이성의 바탕 위에 세우기를 원했다. 그러나 마법은 끈질긴 생명력을 가졌다. 천문학자들은 여전히 점성술가의 역할까지 겸했다. 케플러와 갈릴레오는 점성용 천궁도^{天宮圖}를 만들어 뒷구멍으로 판매했다.[18] 자연의 비밀을 탐구하는 마법사들은 과학자들의 전형을 제공했다. 2세기 뒤에 니체는 이렇게 물었다. "그 전에, 비밀스럽고 금지된 힘을 갈구하고 열망했던 마법사와 연금술사, 점성가와 요술쟁이들이 없었다면, 과연 과학이 생겨나서 위대해졌을 것이라고 믿는가?"

데카르트는 자신의 체계를 정화하는 데 모든 노력을 경주하여 자력처럼 숨어 있는 (그러나 실재하는) 힘을 기계적 (그러나 가상) 소용돌이로 대체했다. 뉴턴은 데카르트에 반기를 들었으며 아주 작은 것의 영역에서 가장 격렬하게 저항했다. 철학자들은 항성보다 원자에서 더 멀리 떨어져 있었다. 원자는 인간의 눈에 보이지 않는 환상으로 남아 있었다. 반면 천체를 지배하는 힘도 보이지 않기는 마찬가지였지만 언제라도 축적된 자료를 수학적으로 다루어서 추론할 수 있었다. 화학이나 연금술을 행하는 사람들에게 어렴풋하게 한 가지 의문이 들었다. 맨 처음 입자들을 응집시킨 것은 무엇인가?[19] 불활성 원자들이 서로 들러붙게 해서 광물과 수정 – 그리고 훨씬 더 경이롭게도 – 식물과 동물을 생성하게 만든 것은 무엇인가? 데카르트의 방법은 무모한 임시변통에 불과하다고 뉴턴은 생각했다. 데카르트는 새로운 현상마다 매번 다른 기계적 설명을 제시했다. 공기에 대해서는 이런 설명, 물에 대해서는 저런 설명, 식초에 대해서는 다른 설명, 바다 소금에 대해서는 또 다른 설명, "그리고 그 밖의 것에 대해서도 마찬가지이다. 따라서 당신의 철학은 가설들의 체계에 지나지 않을 것이다."[20] 뉴턴은 보편적 원인을 원했다.

뉴턴은 빛의 진정한 본질에 대한 의문에 대해 협소한 수사적 경로를 택했다.

자신의 계획이 근본적으로 기계론적인지 아닌지에 대한 과거의 의문 방향을 바꾸어 모든 것을 입자와 힘으로 환원했다. 과거에 뉴턴은 빛에 대해 이렇게 말했다. "다른 사람들은 멀리 떨어진 발광체에서 하나씩 솟아 나와, 운동 원리에 의해 전진하도록 끊임없이 재촉받는, 다양한 크기의 상상할 수 없을 정도로 작고 빠른 수많은 소구체가 빛이라고 가정할지도 모르겠다."[21] 그리고 계속해서 이렇게 말했다.

> 동물에게 우리의 이해를 넘어서는 자가 운동력을 부여한 신이 물체의 운동에 우리가 거의 이해하지 못하는 다른 원리들을 심어 놓을 수도 있을 것이다. 어떤 사람들은 쉽사리 이것이 영적인 것이라고 가정할지도 모른다. 하지만 기계론적인 것이 보일 수도 있다…….

뉴턴은 자신이 설명할 수 없는 것을 회피하기보다 그 속으로 더 깊이 뛰어들었다. 건조한 가루는 응집을 거부한다. 파리는 물위를 걷는다. 열은 진공 속에서 발산된다. 금속 입자는 수은을 스며들게 한다. 생각만으로도 근육을 수축하고 이완하게 한다. 자연에는 뉴턴이 기계적 방식으로, 충돌하는 당구공이나 몰아치는 소용돌이의 관점에서 이해할 수 없는 힘들이 있었다. 이는 생명에 반드시 필요하고, 식물성이며, 성적인 힘이며 – 영혼과 매력의 보이지 않는 힘이었다. 후일 신비한 성질에 의존할 필요성을 과학에서 가장 효과적으로 제거한 사람은 어떤 철학자보다 위대한 뉴턴이었다. 그러나 당장은 이런 힘들이 뉴턴에게 필요했다.

가마에 불을 지피지 않거나 도가니를 휘젓지 않을 때면, 뉴턴은 그의 서재에 나날이 쌓여가는 연금술 문헌들을 꼼꼼히 읽었다. 세기 말에 뉴턴은 시대를 망라한 연금술에 관한 문헌들에 대한 5천여 개의 참고 문헌으로 이루어진 수백 페이지에 달하는 개인적인 화학 색인$^{Index\ chemicus}$을 만들었다. 이것은 연금술에 관한 뉴턴 본인의 글과 함께 사망 후 오랜 시간이 지날 때까지 숨겨져 있었다.

제 10 장

이단, 신성모독, 우상숭배

아버지가 없었던 이 트리니티 칼리지의 연구원은 잠을 잊을 정도로 연금술에 열정을 쏟아 부었던 것처럼 똑같이 기독교 신학에도 몰입했다. 뉴턴은 비망록 페이지 상단에 다음과 같은 라틴어 표제를 적기 시작했다. 그리스도의 삶, 그리스도의 기적: 수난, 십자가에서 내려짐, 부활. 영원히 빈 페이지로 남은 주제도 있었고, 페이지가 메워지기는 했으나 나중에 격렬하면서 학구적이고 근심 어린 주석으로 가득 찬 주제도 있었다. 뉴턴의 관심을 가장 많이 끈 주제는 천주와 그리스도, 아버지와 아들의 관계, 그중에서도 삼위일체$^{De\ Trinitate}$의 관계였다.[1] 이 대목에서 뉴턴은 방향을 갑자기 바꾸어 이단에 빠져 들었다. 신의 3위는 신성하고 분리되지 않는다는 종교의 중심 교의를 공식적으로 포기했다. 그는 예수와 성령의 신성神性을 부정했다.

영국의 대학들은 무엇보다 기독교의 도구였으며, 뉴턴은 케임브리지에서 경력의 단계를 오를 때마다 자신의 신앙을 공언하는 서약을 했다. 그러나 연구원이 된 지 7년째 되던 해인 1675년에는 한층 높은 요구를 받았다. 서품식을 받고 영국 국교의 성직자로 임명되어야 했다. 이것을 거부하면 제명될 수밖에 없었다. 그 시간이 다가오자 뉴턴은 자신이 더 이상 정교 신봉을 공언할 수 없다는 것을 깨달았다. 거짓 맹세를 할 수는 없었다. 결국 뉴턴은 사직을 준비했다.[2]

뉴턴은 신을 의무적으로 믿은 것이 아니라 자연에 대한 이해의 기틀로서 믿었다. 뉴턴은 신이 영원하고 무한하다고 믿었다. 살아 있는 강력한 신은 만물을 지배하며, 모든 곳에 편재遍在하고, 사물의 빈 공간을 메운다.[3] 뉴턴은 신이 부동의 존재immovable라고 믿었고, 이러한 신념은 아직 분명하게 정의되지 않은 절대공간에 대한 그의 관점과 융합되었다.[4] 뉴턴의 신은 우주를 작동하는 규칙을 수립했고, 그 규칙은 인간이 반드시 노력하여 알아내야 하는 제작품이었다. 그러나 이 신은 시계장치clockwork를 작동시키지 않고 버려두었다.

> 신은 가상으로 뿐 아니라 실재로도 동시에 어디에나 존재한다. …… 만물은 신 안에서 움직이지만 신은 이들에게 영향을 주지 않고 만물도 신에 영향을 주지 않는다. …… 신은 늘 어디에나 존재한다. …… 신은 모든 눈, 모든 귀, 모든 머리, 모든 팔이며 모든 지각력, 모든 이해, 모든 행동이다.[5]

신은 불변일지라도 종교는 그렇지 않았다.[6] 폐쇄적인 연구는 뉴턴의 신앙과 이단을 모두 충족시켰다. 뉴턴은 교회의 역사를 계속해서 연구하고 계속 거듭해서 썼다. 성경을 자구字句 하나하나 읽으면서 계시의 특별한 매력에 빠졌으며, 성경을 해명되고 해석되어야 할 복합적인 상징체계로 보았다. 그는 그것을 자신의 임무로 생각했다. 그는 15개의 해석 규칙과 70명의 예언자들로 이루어진 분류 목록을 작성했다. 뉴턴은 사실과 날짜, 그리고 숫자를 조사했다. 그리스도의 재림 시기를 계산하고 또 계산했다. 뉴턴은 그리스도의 재림을 타락하지 않은 원시 기독교의 복원이라고 보았다. '극도의 단순성과 모든 비율의 조화'로 이루어진 구조[7]라는 예루살렘 사원에 대한 기술을 상세히 연구해서 에스겔서의 길고 산만한 알고리듬에서 그 평면도를 재구성하려고 시도했다.

그리하여 신께서 사원 앞에서 길이는 20큐빗으로 너비도 20큐빗으로 측량했다. 그리고 저에게 이는 가장 신성한 곳이라고 하셨다. 신께서 그 집의 담을 측정하신 후, 6큐빗이라고 하셨고, 모든 측면 방의 너비는 4큐빗이며 집은 사방이 둥글다고 하셨다. 그리고 측면 방은 셋이고, 하나 위에 하나가 있으며, 정렬하면 30 ……

에스겔서는 산문으로 된 복잡한 퍼즐이자 해독되어야 할 또 다른 수수께끼였다. 뉴턴은 고대 큐빗의 길이를 계산하려고 분투했다. 거기에는 뉴턴에게 의미 있는 메시지처럼 보이는 구절이 있었다.

만일 그들이 자신이 행한 모든 것을 부끄러워한다면 그들에게 그 집의 형태를 보여 주어라. …… 그리고 그것의 모든 형식과 모든 법령을, 그리고 그것의 모든 형식과 모든 법률을, 그리고 그들의 시각에서 그것을 써라.

오랫동안 영국 국교회의 반대를 받다가 뉴턴이 태어나기 한 세대 전에서야 비로소 공인을 받은 영어 성경의 존재 자체가 청교도 운동을 고무했다. 자국어로 된 성경이 나오면서 평신도들은 성경을 주의 깊게 들여다보고 자신들 나름대로 해석할 수 있게 되었다. 학자들은 새로운 철학적 도구들을 성경에 적용했다. 누구나 자발적인 활동으로 성경을 연구할 수 있게 되었고, 많은 사람이 중세 시대에 첨가된 내용과 순수한 복음을 구분하려고 했다. 오랜 과거의 논쟁이 되살아났다. 당시 뉴턴은 숭배의 역사를 연구하고 있었다. 그는 새로 영어로 번역된 성경과 고대어로 된 성경을 놓고 서로 비교했다. 뉴턴은 라틴어와 그리스어, 헤브라이어와 프랑스어로 된 성경을 모았다. 초기의 교회 교부들이 쓴 글을 찾아내어 통달했다. 그들은 성인, 순교자, 성 아타나시오스^{Athanasius}와 아리우스^{Arius}, 『6개 국어 대역 성서』*의 저자인 오리게네스^{Origen}, 카이사레아의 에우세비오스^{Eusebius}와 콘스탄시아의 에피파니우스^{Epiphanies}, 그리고 그 외에도 수십 명에 달했다. 4세기 내내 니케아와 콘스탄티노플에서 전 기독교도를 갈라 놓은 대논쟁에 뉴턴도 휩쓸렸다.

삼위일체는 불가사의였다. 그것은 이성적 설명을 무시했다. 예수 그리스도가 완전한 사람이자 완전한 신성이라는, 이해될 수도 없고 증명될 수도 없는 역설에 의지했다. 인간으로서 그리스도는 자신의 신성을 전부 이해하지는 못했다. 그럼에도 아들은 아버지와 동일한 존재, 즉 부자 동일 실체^{homoousious}이다. 아버지와 아들과 성령이 하나 된 신이다.

4세기 초에 알렉산드리아의 금욕적인 성직자 아리우스는 이 교리에 반기를 들었다. 아리우스는 신만이 완전한 신성이고 불변이며, 아들은 피조물이고 하위에 있으며 성장하고 변화한다고 가르쳤다. 이러한 이단적 주장으로 아리우스는 파문을 당하고 추방형에 처해졌다. 그의 저서는 소각되었다. 그러나 그의 책은 살아남았고, 천 년이 지난 후 뉴턴을 설득시켜서 삼위일체 신봉자들이 기독교에 대해 사기를 쳤다고 확신하게 만들었다. 이 사기는 수사와 교황들이 완성했다. 삼위일체라는 말은 신약성서에는 나오지 않는다. 성경에서 명확한 근거를 찾기 위해서 정통파들은 요한 1서에 기대었다. "하늘에서 증거하는 이가 세

| * 오리게네스가 편찬한 구약 성서.

분이시니 아버지와 말씀과 성령이시오. 그리고 이 셋은 하나이다." 그런데 제임스 국왕 시절에 나온 판에만 마지막 구절이 있었다.[8] 비판적인 독해를 통해 뉴턴은 잘못된 교리(극악무도한 종교)를 지지하면서 원본을 고의로 변조했다고 확신했다.[9]

연금술에서와 마찬가지로 신학에서도 뉴턴은 지난 수세기의 암흑의 역사를 통해 왜곡된 고대 진리를 탐색하면서 기쁨을 느꼈다. 지식은 길을 잃었고, 천박한 속세에서 스스로를 숨기기 위해 비밀 부호로 가려졌으며, 신성 모독자들과 사제, 그리고 국왕들에 의해 왜곡되었다. 뉴턴은 신의 언어이기도 한 수학에서도 마찬가지라고 믿었다. 이 모든 분야에서 뉴턴은 과거에 알려졌다가 잊힌 말과 법칙들을 되찾으려고 시도했다. 뉴턴은 사명을 받았다. 그는 자신이 신의 소임을 하고 있다고 확신했다. 뉴턴은 한 원고에서 이렇게 썼다. "빛이 태어나 어두운 혼돈에서 세계가 창조되었듯이 …… 우리의 작업은 어두운 혼돈과 그 제1 물질에서 시작된다."[10] 런던의 새로운 철학자들이 거부했던 것과는 달리, 연금술과 신학 모두에서 뉴턴은 비밀주의를 소중히 여겼다. 거기에 공개적인 과학은 아무 것도 없었다. 오히려 익명의 신뢰자들 사이의 회합, 원고 거래, 그리고 보이지 않는 형제애가 있었다.

아리우스파의 학설은 비밀리에 부활하고 있었지만 신성한 삼위일체에 대한 불신으로 인해 결국 위험한 이단이 되었다. 자신의 주장을 글로 남김으로써 뉴턴은 만약 발각되면 지위는 물론이고 자유까지 그 대가로 지불할 만한 죄를 지었다.[11]

1675년 마지막 순간에 케임브리지에서 뉴턴의 위태로운 지위가 구제되었다. 루카스 교수직은 서품식을 받을 의무를 영원히 면제해 달라는 뉴턴의 청원을 국왕이 특별히 허락한 것이다.[12] 그러나 이것으로 뉴턴의 신학적 속박이 끝난 것은 아니었다. 뉴턴은 평생 수십 년 동안 수백만 단어에 달하는 이단적 이론을 완성했다. 그는 자신의 주장을 정리해서 번호를 매겼다.

1. 세 존위 중 하나 이상을 동시에 나타낸 성경 어디에도 신이라는 단어는 없다.
2. 아들이나 성령에 특별한 제한을 절대로 두지 않는 신이라는 단어는 성경의 처음부터 끝까지 항상 아버지를 뜻한다.
6. 신을 부르는 것보다 더 크게 아들은 아버지에게 신앙을 고백한다.
11. 아들은 모든 일에서 자신의 의지를 아버지의 의지에 복종시키는데, 만일 아들이 아버지와 동일하다면 이는 불합리하다 할 수 있다.[13]

어떠한 심연도 뉴턴의 신학적 사유와 그의 물리학, 기하학을 갈라놓을 수 없었다. 논리는, 신의 하위에 있는 신성은 어떤 것일지라도 신에게서 기인한 것이고 신에게 의존한다는 것을 입증했다. 뉴턴은 그것을 도표로 그렸다.

조금 더 알기 쉽게 가정해 보자. a, b, c라는 세 물체가 있고, 그중에서 a는 그 안에 고유의 무거움을 가지며, 이 a가 고유의 무거움이 없는 b, c를 누르면 b, c와 교류 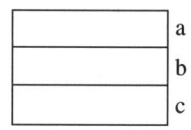 하는 a의 압력에 의해 b, c는 a처럼 아래로 눌린다. a, b, c에는 각각의 힘이 있겠지만 이는 세 힘이 아니라 본래 a에 있으면서 교류/강하에 의해 b, c에 전해진 하나의 힘인 것이다.[14]

뉴턴은 심지어 연도를 AD로 표기하지 않았으며 신이 아닌 그리스도를 의미하는 AC를 선호했다. 예수는 인간 이상이면서 신 이하인 존재였다. 신의 아들이었으며 신과 인간 사이의 중재자였고 예언자이자 사신으로 선택되어 신의 오른팔로 승격되었다. 우리가 그 예언과 전령을 해독할 수 있다면 우리는 혼돈이 아니라 질서의 신을, 혼란이 아니라 법칙의 신을 알 수 있게 된다. 뉴턴은 신의 계획을 알아내기 위하여 자연과 역사를 샅샅이 파고들었다. 뉴턴은 교회에 거의 가지 않았다.

뉴턴은 신학을 통해 자신의 분노를 노골적으로 드러내었다. 그리고 그 뒤에 이성이 따랐다. 뉴턴은 자신이 읽은 책에 대한 주해와 '논설', '요점'과 '관찰' 그리고 '진정한 종교의 적요' 및 예언과 계시에 대한 분석에서 신성을 모독하는 사람들에 대해 격노했다. 뉴턴은 이 특수한 신성 모독을 색정과 관련지었고, 그들을 간음한 자라고 불렀다. 뉴턴은 이렇게 썼다. "나쁜 길로 유혹하는 자들은 점점 더 사악해지고, 속이고 속임을 당하며, 건전한 교리를 인내하지 못하고, 자신들의 욕정을 찾아 스스로 설교사가 된다. 그리고 색욕에 귀가 근질거려 진리에서 귀를 돌려 버린다."[15] 불결한 사상을 지닌 수도사들은 이러한 부패를 저질렀다. 뉴턴은 삼위일체 교리는 오류일 뿐 아니라 죄악이며 이러한 죄악은 우상숭배라고 생각했다. 뉴턴에게는 이것이야말로 가장 혐오스러운 범죄였다. 이는 허위의 신 "즉, 망자나 그와 유사한 존재의 혼령이나 영"을 섬기는 것을 뜻했다.[16] 왕들은 특히 그런 유혹에 빠지기 쉬웠고 "왕들은 죽은 조상들의 영광을 향유하려는 경향이 있다"라고 단언했다. 뉴턴 자신도 죽은 조상들의 영광을 불러내려는 경향에서는 그들에 못지않았음에도 말이다.

뉴턴은 페스트가 돌던 기간에 체류한 이후로는 링컨셔에 있는 집에 거의 가지 않았다. 그러던 중 1679년 봄에 모친이 고열로 쓰러졌다. 뉴턴은 케임브리지를 떠났고 모친이 사망할 때까지 며칠 밤낮을 모친 곁에서 철야로 간호했다. 의붓형제나 누이들 대신, 장자인 뉴턴이 상속자이자 유언 집행자가 되어 콜스

터워스^{Colsterworth} 교회 묘지 내에 부친의 무덤 옆에 모친을 묻었다.

제 11 장

제 1 원리

이듬해에 혜성이 찾아왔다. 영국에서는 11월에 몇 주 동안 혜성이 태양에 접근해서 새벽에 사라질 때까지 이른 아침 하늘에 희미하게 나타났다. 그러나 이 혜성을 본 사람은 거의 없었다.

훨씬 더 극적인 장관은 12월 밤하늘에 나타났다. 뉴턴은 12월 12일에 혜성을 육안으로 보았다. 꼬리가 거대하고 폭이 달보다 넓은 혜성이 킹스칼리지 예배당 위로 기다란 자태를 온전히 드러냈다. 뉴턴은 1681년의 처음 몇 달 동안 거의 매일 밤 이 혜성을 추적했다.[1] 프랑스 여행 중이었던 왕립학회의 신입 회원인 젊은 천문학자 에드먼드 핼리$^{Edmond\ Halley}$는 그 밝기에 경악했다.[2] 로버트 훅은 런던에서 수차례 혜성을 관찰했다. 대서양 저편, 소수의 식민지 개척자들이 새로 발견된 대륙에서 살아남으려고 고군분투하고 있는 곳에서는 인크리스 매더$^{Increase\ Mather}$*가 신의 노여움을 청교도들에게 경고하기 위해 "세상에 내린 하늘의 경종"이라고 설교했다.[3]

---

* 보스턴의 회중교회 목사이자 저술가, 교육자.

핼리는 새 관직인 왕실 천문학자^Astronomer Royal의 비정규 조수로 일했다. 그 사람은 존 플램스티드^John Flamsteed로, 목사이면서 독학을 하여 하늘 파수꾼이 된 사람으로 1675년에 국왕이 임명했다. 플램스티드는 그리니치에서 템스 강 건너편 언덕에 천문대를 세우고 설비를 갖추는 책임을 맡고 있었다. 이 천문학자의 주 임무는 해군 항해사들을 위해 별자리표를 완성하는 것이었다. 플램스티드는 매년 천 번 이상을 관찰하고, 매일 밤 망원경과 육분의로 별의 위치를 기록하는 등 헌신적으로 이 임무를 수행했다. 그러나 그는 그해 11월의 혜성을 보지 못했다. 영국과 유럽에서 온 편지가 그에게 사실을 알리며 경각심을 불러일으켰다.[4]

혜성이 불길한 전조이든 아니면 이상한 현상이든, 그 기묘함은 당연하게 여겨졌다. 이 불타는 방문객은 올 때마다 하늘을 일직선으로 가로지른 후 떠나 버리고, 그런 다음 다시는 보이지 않는다. 케플러는 권위를 실어 말했다. "단기간에 축적된 집단 기억을 가진 문화가 그 외에 달리 무엇을 믿을 수 있었겠는가?"

그러나 그해에 유럽의 천문학자들은 두 가지 사실을 기록했다. 1680년 11월에 지구를 찾았다가 가버린 희미한 동트기 전의 혜성과 한 달 뒤에 나타났다가 3월까지 하늘을 지배했던 거대한 별이 바로 그것이었다. 플램스티드는 혜성이 행성처럼 움직일지도 모른다고 생각했다.[5] 지구가 궤도를 그리며 태양 둘레를 돈다는 시각에서 그 변화를 도표로 그리며 하늘의 기하학에 점점 몰입하게 된 플램스티드는 11월에 자신이 놓쳤던 그 혜성이 머지않아 다시 돌아올지도 모른다고 예측했다. 그는 자신의 예측을 확인하기 위해 하늘을 지켜보았다. 결국 그의 직관은 보상을 받았다. 12월 10일에 꼬리를 찾아냈고, 이틀 뒤에는 수성 근처에서 꼬리와 머리를 함께 발견했다. 케임브리지에는 제임스 크롬프턴^James Crompton이라는 플램스티드의 친구가 있었다. 플램스티드는 크롬프턴에게 자신의 관찰 기록을 보내면서 뉴턴에게 전해 줄 것을 기대했다. 2주 뒤에 플램스티드는 다음과 같이 추측하면서 다시 편지를 써서 보내었다. "그것이 소모성 물질이라고 가정하면 그것은 대부분 소멸하고 불꽃에 공급되는 연료도 모두 소진되겠지만, 저는 당신이 그렇게 생각한다 해도 이 가설에 반대할 근거가 많습니다. 귀하의 의견을 알려 주십시오."[6] 뉴턴은 이 서신을 읽었지만 침묵했다.

한 달 뒤에 플램스티드는 재차 편지를 썼다. "혜성의 바깥층은 액체로 구성되어 있는 것 같습니다. …… 그것은 제대로 정의되지도 않았고, 완벽한 사지四肢를 보여 주지도 않은 채 건초 가닥 같은 것이 전부입니다."[7] 플램스티드는 두 혜성이 하나라는 확신을 더욱 굳혔다. 그리고 혜성이 다시 출현할 것이라고 예언했다. 플램스티드는 자신이 기록한 특별한 운동을 설명하려고 노력했다. 그는 태양이 일종의 자석처럼 자신의 '소용돌이^{Vortex}' 안에 들어온 행성이나 다른 물체들을 끌어당긴다고 가정해 보자고 말했다. 그러면 혜성은 태양을 향해 직선으로 접근하지만, 그 경로가 에테르 소용돌이의 압력으로 휘어져 곡선이 될 수 있다는 것이었다.[8] 그렇다면 혜성의 귀환은 어떻게 설명할 것인가? 플램스티드는 그에 상응하는 반발력을 주장했다. 그는 태양을 한쪽 끝은 끌어당기고 다른 쪽 끝은 밀어내는 양극을 갖고 있는 자석에 비유했다.

마침내 뉴턴이 답장을 보냈다. 그는 단순한 이유로 태양에 자기磁氣가 있다는 생각에 반대했다. "왜냐하면 ☉은 굉장히 뜨거운 물체이며 이처럼 뜨거운 물체는 자성체의 능력을 상실하게 만들기 때문이다." 뉴턴은 두 혜성이 하나이며 동일하다는 것을 확신하지 못했는데, 그것은 자신이 정교하고 주의 깊게 측정한 혜성의 자오선 통과 경로와 그 밖의 수집된 자료들이 - 가령, 하루에 6도, 하루에 36분, 하루에 $3\frac{1}{2}$도 등 - 가속과 감속의 갑작스런 교차를 보여 주는 것 같았기 때문이다.[9] "그것은 매우 불규칙하다." 심지어 뉴턴은 혜성이 태양 가까이 접근하다가 갑자기 방향을 바꾸어 태양에서 멀리 벗어난다는 플램스티드의 제안을 그림으로 그려 보았다. 결국 그는 그것이 있을 법하지 않다고 확언했다. 그 대신 뉴턴은 혜성이 태양 주위를 완전히 돌아서 사라졌다가 되돌아올 수는 있다고 주장했다.[10] 뉴턴은 이 대안도 그림으로 나타냈다. 그리고 플램스티드의 직관에서 중요한 점이 있다는 것을 인정했다. "☉ 속에 있는 인력이, 행성이 접선에서 이탈하지 않고 그 주위에서 제 궤도를 유지하게 한다는 점에는 흔쾌히 동의할 수 있다."

그 전까지 뉴턴은 혜성에 대해 한 번도 분명하게 말하지 않았다. 미적분법이 무르익던 1666년 뉴턴은 곡선에 대한 접선, 즉 무한소 변화$^{infinitesimal\ change}$의 누적을 통해 곡선이 그로부터 방향을 바꾸는 직선에 의존했다. 운동 법칙의 기초를 닦을 때, 뉴턴은 계속 직선을 유지하려는 물체의 경향에 의존했다. 그러나 뉴턴은 행성 궤도를 두 가지 힘, 즉 안으로 잡아당기는 힘(구심력)과 밖으로 튕겨 나가려는 '원심력' 사이의 균형 문제로 간주하는 관점을 고집하기도 했다. 이제 뉴턴은, 그렇지 않았다면, 직선 궤적을 그릴 수도 있었을 행성을 끌어당기는 하나의 힘에 대해서만 이야기했다.

뉴턴이 이 개념에 도달하기 얼마 전에 오랜 앙숙인 훅에게서 편지가 왔다. 이제는 왕립학회의 서기이자 「철학 회보」를 책임지고 있던 훅은 뉴턴에게 다시 동료들에게로 돌아와 줄 것을 간청하는 편지를 보냈다. 훅은 과거의 오해에 대해서 넌지시 언급했다. "제 생각에, 만약 의견 차이가 있었더라도, 그런 의견 차이가 반목의 근거가 되어서는 안 된다고 봅니다."[11] 그리고 그는 특별한 부탁을 했다. 자신이 5년 전에 발표한, 행성의 운동이 단지 직선의 접선과 "중심체를 향한 인력 운동"의 합일 수 있다는 생각에 뉴턴이 반대 의견을 갖고 있다면 그 의견을 모두 공유하자고 했다. '직선 + 연속적 편향 = 궤도'라는 것이다.

모친의 장례를 치르고 막 케임브리지로 돌아온 뉴턴은 지체 없이 답변을 작성했다. 뉴턴은 자신이 철학적 문제에서 얼마나 멀리 떨어져 있는지 강조했다.

> 현재 제가 귀하의 기대에 답할 수 있는 준비가 되어 있지 못함을 진심으로 죄송스럽게 생각합니다. 지난 반 년 동안 근심에 시달리면서 링컨셔에 있었기 때문에 …… 제가 철학적 명상에 빠질 시간이 없었습니다. …… 그리고 그 이전 몇 년간은 철학에서 스스로 눈을 돌리려 애썼습니다. …… 그래서 런던이나 해외의 철학자들이 최근에 힘을 기울이고 있는 문제에 대해 거의 무지한 상태입니다. …… 무역 상인이 다른 사람의 거래에 대해 관심이 없듯이 혹은 촌부가 배움에 무관심하듯이 저도 그에 대해 관심이 거의 없습니다.[12]

훅의 에세이는 '세계 체계System of the World'를 제시했다.[13] 비록 훅의 체계가 수학적 토대가 부족하기는 했지만, 이 체계는 1666년에 뉴턴이 중력과 궤도에 대해 품었지만 발표하지 않았던 생각과 매우 유사했다. 모든 천체는 "중심을 향해 끌어당기거나 강하시키는 힘"을 갖고 있다고 훅은 생각했다. 천체는 자신의 물질이나 '자신의 활동 범위 안에' 들어오는 다른 물체를 끌어당긴다. 모든 물체는 직선으로 움직이다가 '어떤 다른 유효한 힘에 의해' 필경 원이나 타원형으로 경로가 빗겨나게 된다. 그리고 이렇게 끌어당기는 힘은 거리에 좌우된다.

뉴턴은 훅의 개념에 대해 아무것도 모른다고 고백했다. "귀하의 지난 번 편지를 받기 전에는 (제가 기억하기로) 귀하의 가설에 대해 듣지 못했다는 사실을 이야기하면 귀하가 제 말을 더 믿기 쉬울 것입니다."[14] 그러나 뉴턴은 훅에게 선물을 하나 던져 주었다. 높은 곳에서 공을 떨어뜨려 지구가 매일 자전하는 것을 입증할 실험의 개요를 알려 준 것이었다. '속인들'은 지구가 공 밑에서 동쪽 방향으로 돌기 때문에 공이 낙하하는 동안 뒤로 쳐진 출발점보다 약간 서쪽에 떨어진다고 믿었다. 그와 반대로 뉴턴은 약간 동쪽에 떨어진다고 주장했다. 처음 높이에서 공은 표면 위에 있는 물체보다 약간 더 빠른 속도로 동쪽으로 회전한다. 따라서 공은 수직선보다 "빨리 달려야" 하고 "동쪽으로 뛰어나가야" 한다. 그는 시험 삼아 고요한 날 옥외나 바람이 잘 차단되는 창이 있는 높은 교회 꼭대기에서 명주실을 매단 총알을 발사해 보라고 제안했다.

뉴턴은 요점을 설명하기 위해 그림을 그렸다. 그림에서 뉴턴은 가상의 공이 지구 중심 쪽으로 계속 나선을 그리게 했다.[15] 이것은 오류였고 훅은 맹렬히 공격했다. 그 전에 사적으로 교류하자고 약속했었지만, 훅은 이제 와서 뉴턴의 서신을 왕립학회 회원들에게 크게 낭독했고 공개적으로 반박했다.[16] 그는 지구에서 낙하하는 물체는 궤도를 도는 행성처럼 움직인다고 말했다. 나선으로 하강하는 것이 아니라 ― 나선과 조금도 유사하지 않다 ― 오히려 "내 원운동 이

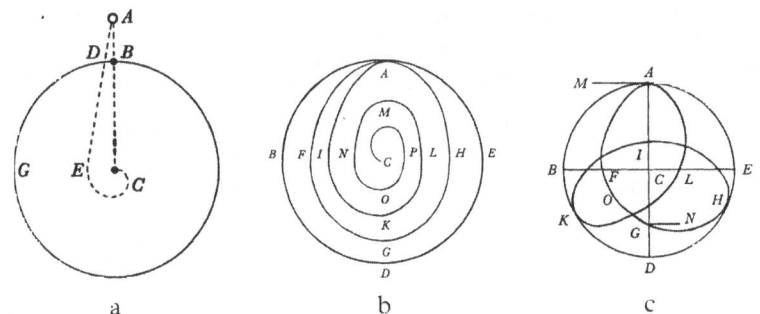

물체는 지구 중심으로 어떻게 낙하하는가 : 뉴턴과 훅의 1679년 논쟁

a. 뉴턴 : 높이 A에서 낙하한 물체 A는 그 운동에 의해 전진하여 '속인들의 견해와는 정반대로' 수직선의 동쪽에 떨어질 것이다(그러나 그는 중심을 향한 나선 경로를 계속 고집하는 오류를 범했다).
b. 훅 : "그러나 당신이 물체가 하강한다고 가정하는 곡선과 관련하여 …… 즉, 일종의 나선 …… 내 원운동 이론에 의하면 물체는 나선과는 아주 다르고 비슷한 점이 전혀 없으며 오히려 일종의 타원과 비슷한 곡선이다."
c. 뉴턴 : 지구가 속이 텅 비어 저항력이 없다고 가정한다면 진정한 경로는 훨씬 더 복잡할 것이고, "상승과 하강을 교대로 반복할 것이다."

론의 가정에 따르면" 타원이나 혹은 "타원과 흡사한 곡선^{Elleptueid}"과 같은 일종의 궤도 내에서 계속 오르내린다.[17]

다시 한 번 훅은 뉴턴을 격노하게 만들었다.[18] 뉴턴은 한 번 더 답하고는 침묵으로 일관했다. 그러나 이 짧은 서신왕래를 통해 두 사람은 이 특별하고 비물질적이며 불명확한 사고 실험$^{\text{thought experiment}}$의 영역에 전례 없이 몰두했다. 훅은 그것이 '아무짝에도 소용없는 고찰'이라는 데 동의했다. 지구는 공동^{空洞}이 아니라 고체였다. 그들은 작도^{作圖}로 결투를 벌였다.

이들은 심오한 문제의 용어들을 정의하도록 서로를 자극했다. 훅은 타원을 그렸다.[19] 그러자 뉴턴은 인력이 항상 일정하게 유지된다는 전제를 기반으로 그린 도해로 응수했지만, 중력이 중심에 가까울수록 더 커지는 ― 그 정도는 명시하지 않았지만 ― 경우도 고려했다. 또한 뉴턴은 자신이 여기에 막강한 수학의 힘을 빌고 있다는 것을 훅에게 알렸다. "극도로 작고 무수히 많은 운동(여기에서 나는 분할할 수 없는 것의 방법에 따른 운동을 고려하고 있기 때문에)……." 두 사람은 행성을 태양에, 달을 행성에 붙들어 매는 천체의 인력이라는 관점에서 생각하고 있었다. 그들은 자신들이 중력을 믿고 있는 듯 중력에 대해 쓰고 있었다. 이제 두 사람은 무거운 물체를 땅으로 끌어당기는 힘이 중력이라고 생각하게 되었다. 그러면 이 힘의 세기에 대해서는 어떻게 말할 수 있는가? 먼저 훅은 그 힘이 지구 중심과 물체 사이의 거리에 따라 달라진다고 말했다. 그는 세인트 폴 성당의 첨탑과 웨스트민스터 사원 꼭대기에서 놋쇠 줄과 추로 그 힘을 측정하려는 헛된 노력을 했다. 한편 열성적인 바다 여행자인 용맹한 핼리는 적도 남쪽의 세인트헬레나에 있는 2500피트 높이의 언덕 위로 진자를 가져가서 그곳에서 진자가 더 느리게 흔들린다고 판단했다.

훅과 뉴턴은 모두 데카르트의 소용돌이 개념을 버렸다. 그들은 에테르의 압력(혹은 그 문제에 관해서는 저항)에 의지하지 않고 행성의 운동을 설명했다. 그들은 둘 다 물체의 고유의 힘(정지나 운동을 유지하려는 경향)을 믿게 되었는데, 두 사람은 이 개념에 이름을 붙이지 않았다. 그들은 한 쌍의 문제를 놓고 그 주위에 춤을 추는 격이었다. 하나는 다른 하나의 거울이었다.

역제곱 중력장에서 다른 물체 주위를 궤도를 그리며 도는 물체는 어떤 곡선을 따라가는가?(타원)

완벽한 타원에서 다른 물체 주위를 궤도를 그리며 도는 물체에서 어떤 중력 법칙이 추론될 수 있는가?(역제곱법칙)

마침내 훅은 이 문제를 뉴턴에게 제기했다. "내 가정은 인력이 항상 중심에서부터의 거리에 반비례하는 제곱의 비율이라는 것이다." – 즉, 거리의 제곱에 반비례한다는 것이다.[20] 그러나 훅은 회신을 받지 못했다. 그래서 다시 편지를 썼다.

> 이제 곡선의 성질을 아는 것만 남아 있다. …… 중심의 인력에 의해 이루어지는 …… 역으로 취해진 거리의 제곱비로 …… 당신이라면 틀림없이 당신의 탁월한 방법으로 그 곡선이 무엇인지 알아내고 이 비율의 물리학적 근거를 제시할 것이라고 나는 의심하지 않는다.[21]

훅은 이 문제를 정확히 공식화했다. 훅은 뉴턴의 우수한 능력을 인정했다. 훅은 절차를 설명했고, 수학적 곡선을 발견하고, 물리적 근거를 제시했다. 그러나 결코 회신을 받지 못했다.

⚜

　4년 후 에드먼드 핼리는 케임브리지로 성지 순례를 떠났다. 그 전에 핼리는 훅과 건축가 크리스토퍼 렌$^{Christopher\ Wren}$과 커피숍에서 행성의 운동에 관해 토론한 적이 있었다. 토론을 하는 중에 약간의 자랑이 이어졌다. 핼리는 역제곱법칙과 – 태양에서 행성까지 거리의 세제곱은 그 행성의 공전주기의 제곱에 비례한다는 – 케플러의 주기 법칙을 연결화시키는 작업을 자신이 해냈다고 (1666년에 뉴턴이 했듯이) 자랑했다. 렌은 자신이 훅보다 몇 년 전에 역제곱법칙을 추측했지만 수학적 작업을 완성할 수 없었다고 주장했다. 훅은 자신이 모든 천체 운동이 역제곱법칙을 근거로 삼는다는 것을 보여줄 수 있으며 자신은 더 많은 사람들이 시행착오를 겪을 때까지 그 세부 사항을 비밀로 하고 있는 것이라고 주장했다. 그리고 그 이유는 그래야만 그 사람들이 자신의 작업에 감사할 것이기 때문이라고 했다.[22] 핼리는 훅이 스스로 주장하는 만큼 실제로 많이 알고 있는지 의심스러웠다.

　1684년 8월에 핼리는 직접 뉴턴에게 질문을 했다. 그 질문은 태양에 대한 인력의 역제곱법칙을 가정할 때, 행성이 어떤 종류의 곡선을 그릴 것인가 하는 것이었다. 뉴턴은 핼리에게 그것은 타원이라고 말했다. 또한 뉴턴은 오래 전에 이것을 계산했다고 말했다. 그리고 자신이 그것을 찾을 수 없어서 핼리에게 그 증명을 보내지 못하지만 다시 작업해서 보내주겠노라고 약속했다.

　그런 뒤 몇 달이 지났다. 뉴턴은 정의부터 시작했다. 이제 그는 일상적인 사용으로 덜 훼손된 라틴어로만 글을 썼다. **Quantitas materice**는 '물질의 양'을 뜻하는 말이다. 이것은 정확히 무엇을 의미하는가? 뉴턴은 "그것의 밀도와 부피가 결합해서 공동으로 생기는 것"이라는 생각을 다시 시도했다. 밀도가 2배이고 공간이 2배이면 물질의 양은 4배가 될 것이다. 무게^{weight}와 비슷하지만, 무게는 아니다. 뉴턴은 순환논법의 덫을 미리 내다볼 수 있었다. 무게는 중력에 따라 결정되며 중력은 가정될 수 없다. 그래서 물질의 양인 것이다. "이 양을 물체 혹은 질량^{mass}이라는 이름으로 부르겠다."^{23} 다음으로 운동의 양$^{quantity\ of\ motion}$은 속도와 질량의 산물이다. 그리고 힘^{force}은 내재적이거나, 영향을 받거나, '구심적'이다(이 말은 중심을 향한 움직임을 의미하기 위해 새로 만든 것이다). 구심력은 절대적이거나, 가속적이거나 동인적^{motive}일 수 있다. 곧 이루어질 추론을 위해 뉴턴은 어떤 언어에도 존재하지 않았던 용어의 기초가 필요했다.

뉴턴은 핼리에게 간단한 답을 줄 수 없었거나 주지 않았다. 먼저, 뉴턴은 9페이지의 논문, 「물체의 궤도 운동에 관하여$^{On\ the\ Motion\ of\ Bodies\ in\ Orbit}$」를 보냈다.^{24} 뉴턴은 거리의 제곱에 반비례하는 구심력을 특수한 타원 기하학에서 뿐 아니라 궤도 운동에 관한 케플러의 모든 관찰에까지 확고하게 결합시켰다. 핼리는 부리나케 케임브리지로 다시 달려갔다. 그가 가진 유일한 논문 사본은 런던에 있는 많은 사람들에게 갈망의 대상이 되었다. 플램스티드는 불만을 토로했다. "우리 모두의 친구 혹 씨와 이 도시의 나머지 사람들이 먼저 만족하기 전까지는 내가 (그 논문을) 거들떠보지도 않으리라고 자신한다."^{25} 핼리는 그 논문을 발표할 것을 간청했으며, 페이지 수를 더 늘릴 것을 요구했지만 뉴턴은 마무리 짓지 못했다.

뉴턴은 쓰고, 계산하고, 다시 추가하여 쓰면서 우주의 자물쇠를 여는 열쇠의 핀이 하나씩 제자리를 찾아 끼워 맞춰지는 것을 보았다. 뉴턴은 혜성에 대해 다시 숙고했다. 만약 혜성이 행성과 동일한 법칙을 따른다면 혜성은 틀림없이 엄청나게 확장된 궤도를 지닌 특수한 경우일 것이다. 뉴턴은 플램스티드에게 편지를 써서 더 많은 자료를 요청했다.^{26} 그는 특수한 별 두 개에 관한 자료를 우선적으로 요청했는데, 이를 본 플램스티드는 뉴턴의 탐구 대상이 혜성임을 바로 짐작했다. 뉴턴은 말했다. "현재 나는 이 주제를 연구 중이며, 논문을 발표하기 전에 이 문제의 본질을 알고 싶다." 뉴턴은 목성의 위성 수가 필요했다. 더 기이한 것은 그 조석의 표를 원했다는 점이다. 천체의 법칙이 확립되면 모든 현상은 이 법칙을 따라야 한다.

연금술에 쓰이던 가마는 차갑게 식어 있었다. 신학에 대한 원고도 선반에 얹혀 있었다. 페스트가 돌던 시기 이후로 이렇게 열중한 것은 처음이었다. 뉴턴은 주로 연구실에서 식사를 했고 얼마 먹지도 않고 일에 몰입했다. 책상 옆에 선 채로 집필했다. 과감하게 밖으로 나가도 마치 길을 잃은 듯 이상하게 걷다가, 아무런 이유도 없이 돌아섰다가 멈추곤 했으며 그러다가는 다시 건물 안으로 사라졌

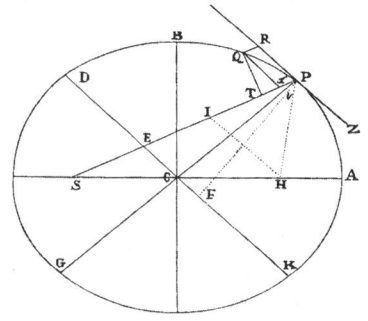

우주 중력의 탄생 : 뉴턴은 물체 Q가 타원 궤도를 그리면 초점 S(중심 C가 아니라)를 향한 묵시적 힘이 거리의 제곱에 반비례한다는 점을 기하학으로 입증했다.

다.[27] 수천 장의 원고가 연구실과 울스소프에 널려 있었다. 양피지에 쓴 잉크는 희미해져 가고 40년간의 메모와 낙서는 날짜도 기록되어 있지 않은 채 무질서하게 헝클어져 있었다. 뉴턴이 이처럼 원대한 목적을 갖고 글을 발표할 작정으로 집필한 적은 없었다.

당시에는 뉴턴이 연금술에서 손을 놓고 있었지만, 그는 연금술에서 많은 것을 배웠다. 그는 보이지 않는 힘을 수용했다. 멀리 떨어진 행성들이 서로 영향을 준다는 것을 인정해야 함을 알게 되었다. 뉴턴은 철학의 원리에 대해 집필하고 있었다. 그러나 단순히 그것만이 아니라 자연 철학의 수학적 원리에 대해서도 집필하고 있었다. 뉴턴은 그 이유에 대해 이렇게 적고 있다. "철학의 총체적 곤경이 운동의 현상에서 자연의 힘을 발견하고, 이 힘에서 다른 현상을 증명하

게 하는 것처럼 보이기 때문이다."[28] 행성과 혜성, 달과 바다 이 모두에 대해 뉴턴은 비교적秘敎的 특성이 아닌 역학적 계획을 약속했다. 증명을 약속했다. 그러나 뉴턴의 힘에는 여전히 불가사의함이 있었다.

제1원리 "시간과 공간 그리고 운동". 뉴턴은 이 말들에 대한 일상적 지식을 지워버리고 싶었다. 뉴턴은 이 말들에 새로운 의미를 부여했거나 자신이 본 대로 그 신성한 참뜻을 되찾았다.[29] 사교성 없고 지금까지 한 번도 자신의 연구를 발간하지 않은 이 교수는 의지할 권위라곤 없었다. 따라서 그것은 일종의 허세였을 수도 있었다. 그러나 그는 약속을 지켰다. 뉴턴은 우리의 감각에서 시간을 독립적인 무엇으로 확립했고, 공간을 물질과 무관하게 확립했다. 이때부터 시간과 공간은 특별한 말이 되었고, 대가들은 - 과학자들 - 이 말을 특별하게 이해하고 소유했다.

> 절대적이고, 진실하고, 수학적인 시간은 외부적 요인과 관계없이 자체 내에서, 자체적으로 그리고 그 본성에 의해, 균일하게 흐른다…….
> 절대 공간은 외부의 그 무엇에 대해 준거하지 않으면서 그 자체의 진실한 본성에 의해 항상 균질하고 부동이다…….[30]

우리의 눈은 상대적 운동만을 지각한다. 가령, 배와 함께 나아가는 선원이나 지구 위에서 항행하는 배가 그런 경우이다. 그러나 지구도 공간에 대해서 움직이는데, 이 공간 자체가 순전히 수학적이고 우리의 감각에서 추상화된 것이므로 부동이다. 시간과 공간에 있어서 뉴턴은 우주를 위한 틀을 만들고 새로운 세대를 위한 신조를 만들었다.

제 12 장

모든 물체는 유지한다

왕립학회의 서기로서 핼리는 1686년 4월 28일에 "뉴턴 씨에게 감사의 편지를 쓰고 …… 그리고 그 동안 핼리 씨가 그 책을 착수하라는 명령이 주어졌다"고 기록했다.[1]

핼리만이 '그 책'의 내용이 무엇인지 알고 있었다. 이 책의 첫 번째 묶음은 뉴턴의 사자생寫字生이 케임브리지에서 필사해서 『자연 철학의 수학적 원리$^{\text{Philosophiæ Naturalis Principia Mathematica}}$』라는 원대한 제목을 붙인 채 런던으로 급송되었다.[2] 핼리는 그 전에 왕립학회에 미리 통고했다. '코페르니쿠스 가설의 수학적 증명', "태양 중심에서부터의 거리의 제곱에 따라 상호 감소하는 태양 중심을 향한 중력의 가정만으로 천체 운동의 모든 현상을 규명한다."[3] 혹은 핼리로부터 이런 말들을 들었다.

3주 뒤에 '귀하의 유례없는 논문' 등의 문구가 들어가는 감사 편지를 쓸 책임을 맡은 사람은 핼리였다. 핼리는 아무도 그 원고를 읽어 본 적이 없는 왕립학회 회원들에게 목판으로 도형을 넣은 4절판으로 인쇄하자고 설득했다. 핼리는 뉴턴에게 꼭 전해야 할 필요가 있다고 느낀 점이 하나 있었다. "즉, 훅 씨는 중력 감소의 규칙 발명에 대해서 얼마간의 요구를 가지고 있습니다. …… 당신이 자신에게서 그 개념을 가져간 것이라고 말하고 (그리고) 당신이 서문에서 자신에 대해 언급해야 한다고 기대하고 있는 것 같습니다……."[4]

뉴턴이 넘겨 준 것은 『프린키피아^{Principia}』 1권이었다. 뉴턴은 머지않아 나올 2권과 3권의 상당 부분을 이미 완성했다. 뉴턴은 끓어오르는 분노를 억누르고, 주로 핼리를 위해, 옛날 원고를 샅샅이 조사하여 우레 같은 호통을 쳤다. 그는 훅이 형편없는 사람이고 젠체하는 사람이라고 맹비난을 퍼부었다.

나를 겨냥한 이러한 태도는 아주 기이하고 부당하여서 당신에게 정의의 관점에서 보다 많은 것을 말하지 않을 수가 없다. …… 그는 자신이 무능하다는 이유로 스스로를 변호하는 편이 차라리 더 나을 것이다. 그 이유는 그걸 어떻게 하는지 모른다는 훅의 말로 분명히 알 수 있기 때문이다. 이제 아주 분명하지 않은가? 모든 일을 발견하고 해결하고 수행하는 수학자들은 단지 메마른 계산자이자 억척스레 단조로운 일을 하고, 모든 발명을 가져올 모든 것을 이해하는 것처럼 가장하는 것으로 만족해야 한다…….

훅 씨는 자신이 그 발명을 한 것처럼 가장하면서 오류를 범했고 그 오류는 그가 야기한 모든 혼란의 원인인 것이다…….

그는 내게 자신의 이론을 말해 주는 은혜를 베풀었다고 상상하지만, 나는 그 자신의 실수가 권위 있게 수정되었고, 그 이론이 모두가 알고 있는 것임을 가르쳐 주었고, 당시 내가 그보다 더 그것에 대해 진정한 개념을 알고 있었다는 점에서 오히려 내가 피해를 입었다고 생각한다. 자신이 정확히 알고 있다고 생각하여 그

걸 보여 주고 싶어 하고, 다른 사람을 가르치는 걸 좋아하는 사람이 당신에게 다가와서 당신이 바빠서 양해를 구했음에도 당신에게 이야기할 것을 종용하고, 자신의 실수로 당신을 고치려 들고 그러면서 전보다 몇 배의 이야기를 늘어놓고, 이걸 이용하여 자신이 말한 모든 것을 당신에게 가르쳐 주었다고 자랑하고, 그 점을 인정하라고 당신에게 강요하고, 인정하지 않으면 상처를 입고 부당한 일을 당했다고 울부짖으면, 분명 당신은 그 사람이 이상하고 비사교적인 기질을 갖고 있다고 생각할 것이라고 나는 믿는다.[5]

뉴턴은 2권 초고까지만 해도 훅을 가장 탁월한 사람 Cl(arissimus) Hookius[6] 이라고 치켜세웠지만, 이제는 훅이 한 모든 말을 공격하고 3권을 포기하겠다고 위협했다. "철학은 주제넘게 소송을 좋아하는 숙녀와 같아서, 숙녀를 다루듯 소송을 잘 처리할 줄 알아야 한다. 나는 이전에 그것을 알아챘고 이제 다시 그녀에게 다가가자마자 그녀가 내게 경고를 보냈다."[7] 훅이 인력의 역제곱법칙을 가장 먼저 제시한 사람은 아니었다. 어쨌거나 훅에게 그 법칙은 추측이었다. 세계의 본질에 대한 다른 무수한 추측들처럼 이 추측도 고립되어 있었다. 반면 뉴턴에게 그 법칙은 마음속 깊이 박힌 것이었고 다른 것과 연결된 것이었으며 불가피한 무엇이었다. 무르익어 가고 있는 뉴턴 체계의 각 부분은 다른 부분들을 강화했다. 뉴턴 체계의 강점은 바로 이러한 상호 의존성에 있었다.

한편, 핼리는 자신이 출판 일에 휘말려 들었다는 것을 알았다. 사실 왕립학회는 그 책을 인쇄하는 데 동의한 적이 없었다. 과거에 학회가 인쇄 승인에 서명한 것은 호화롭고 비참할 정도로 실패한 두 권으로 된 『물고기의 역사 History of Fishes』라는 책이 유일했다.[8] 많은 토론 끝에 표결로 『프린키피아』를 인쇄하기로 결정이 났다. 그런데 비용은 핼리 본인이 부담하기로 했다. 협회는 『물고기의 역사』 재고분을 핼리에게 급여 대신 주었다. 그러나 이런 일은 문제가 되지 않았다. 젊은 핼리는 신념에 차 있었고 스스로 짐을 떠안았다. 토막토막 끊어지고 여기저기 누락된 교정쇄, 복잡하고 난해한 목판화, 오식 제거, 그중에서도 가장 중요한 것은 아첨과 감언이설로 저자를 독려하는 것이었다. "당신은 과거 모든 세대가 암중모색으로 더듬거렸던 것들을 과학적으로 완성하는 영광을 안게 될 것입니다."[9] 적어도 이 아첨은 진심에서 우러난 것이었다.

1687년 7월에 핼리는 『자연 철학의 수학적 원리Philosophise Naturalis Principta Mathematics』 60부를 짐마차에 실어 런던에서 케임브리지로 보내었다. 핼리는 뉴턴에게, 20권은 대학 동료에게 주고 40권은 주변의 도서판매자에게 가져가서 한 권에 5 내지 6실링에 팔 것을 간청했다.[10] 이 책은 핼리가 작성한 저자에 대한 현란한 칭송으로 시작되었다. 「철학회보」에 지나친 찬사로 범벅이 된 익명의 서평이 실렸는데, 이 글 또한 핼리가 쓴 것이었다.[11]

더 이상의 소동 없이, 순조롭게 용어를 정의한 뉴턴은 **운동 법칙**을 발표했다.

제1법칙. 모든 물체는 정지 상태나 직선상의 일정한 운동 상태를, 힘이 가해져 그 상태가 변화하지 않는 한, 그대로 지속한다. 공기 저항과 아래로 향한 중력의 힘이 없다면 포탄은 영구히 직선으로 날아갈 것이다. 명칭이 붙여지지 않은 제1법칙은 관성의 원리principle of inertia, 즉 갈릴레오의 원리를 개선한 것이다. 정지 상태나 등속 운동 상태의 두 상태는 동일하게 다루어졌다. 날아가는 포탄이 힘을 구현한다면 정지 상태의 포탄 역시 마찬가지이다.

제2법칙. 운동의 변화는 가해진 구동력motive force에 비례하며 힘이 가해진 직선을 따라 발생한다. 힘은 운동을 발생시키는데, 이것은 수학적 규칙에 따라 더

해지거나 곱해지는 양이다.

제3법칙. 모든 작용에 대해 항상 반대 방향의 동일한 반작용이 있다. 바꾸어 말하면, 두 물체의 서로에 대한 작용은 항상 같고 항상 방향이 반대이다. 손가락으로 돌을 누르면 돌은 손가락과 반대 방향으로 압력을 행사한다. 말이 돌을 끌면 돌도 말을 끌어당긴다. 작용은 상호 작용이며, 어느 쪽에도 유리한 입장을 취하지 않는다. 지구가 달을 끌어당기면 달은 반대로 지구를 끌어당긴다.[12]

뉴턴은 이것이 추론과 증명의 체계를 위한 기초로 기여하도록 공리로 제시했다. '법칙^{lex}'은 강력하고 특별한 단어 선택이었다.[13] 베이컨은 법칙을 근본적이고 보편적인 것이라고 말했다. 데카르트가 자신의 저서 『철학원리$^{Principles\ of\ Philosophy}$』에서 관성의 법칙을 포함한 운동에 대해 세 가지 법칙*, 즉 '수량규칙 혹은 자연법칙$^{regulae\ quaedam\ sive\ leges\ naturae}$'을 시도한 것은 결코 우연의 일치가 아니었다. 이 법칙으로 뉴턴은 전 체계가 놓일 기초를 형성했다.

법칙은, 원인은 아니지만 기술 이상의 의미를 가진다. 법칙은 행위의 규칙이다. 여기서는 모든 피조물에 대한 신의 법칙이다. 법칙은 지각력이 있는 생물뿐 아니라 무생물의 입자도 따른다. 뉴턴은 자연에 대해서만큼 신에 대해서 많이 말하지 않았다. "자연은 지극히 단순하며 스스로 조화된다. 보다 큰 운동에 적용되는 추론이라면 보다 작은 운동에도 적용되어야 한다."[14]

뉴턴은 자신의 논리를 공리, 명제, 계, Q.E.D**와 같은 고전 그리스 기하학

---

* 데카르트는 뉴턴보다 훨씬 앞서 운동에 대한 기본적인 법칙들을 정립했다. 뉴턴의 운동법칙은 이 법칙들을 기반으로 했다. 세 가지 법칙은 첫째, 모든 물체는 상태를 변화하지 않는 한 그 운동을 계속하려 한다. 둘째, 운동하는 물체는 직선으로 그 운동을 계속하려 한다. 셋째, 운동하는 물체는 자신보다 강한 것이 부딪히면 그 운동을 잃지 않고, 약한 것에 부딪히면 그것을 움직이게 해서 그것에 준만큼 운동을 잃는다. 이것을 'cartesian system'이라고 한다.

** quod erat demonstrandum, 증명되어야 할.

용어로 정리했다. 이는 지식에 완벽함을 기하기 위해 이용 가능한 최선의 모형이었고, 뉴턴의 물리학 계획에 확실성이라는 도장을 찍었다. 뉴턴은 삼각형과 접선, 현弦과 평행사변형에 대한 사실들을 증명했고, 거기에서 시작해서 기나긴 논변의 연쇄를 통해 달과 조석의 사실관계를 증명했다. 그는 이러한 발견을 하는 과정에서 새로운 수학인 미적분법을 발명했다. 미적분법과 이러한 발견들은 원래 한 벌의 여러 조각이었다. 그러나 이제 뉴턴은 그 연결을 분리시켰다. 뉴턴은 자신의 주장을 뒷받침하는 근거로 난해한 수학을 독자들에게 새롭게 제시하기보다는 그 근거를 정통 기하학에 두었다. 정통이라고는 하지만 뉴턴이 무한대와 무한소를 포함시켜야 했기 때문에 여전히 새로운 것이었다. 뉴턴의 도해는 정적靜的으로 보일지 모르지만 역동적 변화를 표현하고 있었다. 뉴턴의 명제는 끊임없이 같아지려 하거나 무한히 감소하는 양과 동시에 접근하다가 결국 사라지는 면적, 일시적 증분과 궁극적 비와 곡선 극한 등에 대해 말했다. 뉴턴은 유한한 것처럼 보이지만 소멸점에 있음을 뜻하는 선분과 삼각형을 그렸다. 뉴턴은 근대적 분석을 고대의 복장으로 위장했다.[15] 뉴턴은 독자들이 역설에 대비하도록 노력했다.

> 소멸하기 전에 비율이 궁극적이지 않고 소멸한 뒤에는 비율이 전혀 존재하지 않으므로 소멸해 가는 양의 궁극적 비율과 같은 것은 없다고 하면 반대할지도 모른다. …… 그러나 그 답은 간단하다. …… 소멸해 가는 양의 궁극적 비율은 소멸하기 전이나 소멸한 뒤의 양의 비율로 이해되는 것이 아니라 양이 소멸하는 비율로 이해되는 것이다.[16]

도해가 공간을 나타내는 것처럼 보이지만 그 속에는 시간이 몰래 기어들어가 있다. "시간이 동일한 부분으로 나뉘게 하라. …… 면적이 시간에 아주 근사하게 비례한다면……."

뉴턴과 훅은 혜성과 낙하 물체의 경로에 대해 논쟁하면서 결정적인 문제 하나를 교묘히 피해 나갔다. 지구의 모든 물질은 그 중심으로 집중되는 것이 아니라 거대한 구의 체적 전체에 걸쳐 퍼져 있다는 점이다. 셀 수 없이 많은 부분, 이것은 지구의 인력의 원인이다. 만약 지구가 전체로서 중력을 행사한다면, 그 힘은 각 부분들이 행사하는 모든 힘의 합으로 계산되어야 한다. 지구 표면 가까이에 있는 물체의 경우, 그 질량의 일부는 아래로 힘을 받고 일부는 옆쪽으로 중력을 받을 것이다. 이것은 후에 나온 용어로 적분법의 문제이다. 『프린키피아』에서 뉴턴은 완벽한 구형 껍질이 중심까지의 거리 제곱에 반비례하는 힘으로 정확히 외부 물체를 끌어당긴다는 것을 증명하고, 그것을 기하학적으로 풀었다.[17]

한편, 뉴턴은 일정한 힘에 의해서가 아니라 거리에 의존하기 때문에 계속 변화하는 힘에 의해 중심으로 이끌리는 투사체의 경로를 해결해야 했다. 3차원에서 시시각각 크기와 방향이 모두 변하는 속도의 역학을 창조해야 했다. 당시까지 어떤 철학자도 그러한 일을 생각해낸 적이 없었으며, 그 일을 해낸 사람은 더더욱 없었다.

세계에 한 줌도 안 되는 수학자와 천문학자라도 이 논변을 따라가길 바랄 뿐이었다. 『프린키피아』가 읽기 어렵다는 평판은 책보다 더 빨리 퍼져 나갔다. 저자의 모습이 옆으로 지나가자, 케임브리지의 한 학생이 "본인도 그리고 다른 어느 누구도 이해하지 못하는 책을 쓴 사람이 저기 간다"라고 말했다고 한다.[18] 뉴턴은 스스로 '대중적인' 형식의 저술방안도 생각했지만 논쟁을 피하기 위하여, 즉 그가 사적으로 말했듯이 "수학을 수박 겉핥기로 아는 사람들이 집적대

는 것을 피하기 위하여" 차라리 독자층을 좁히는 쪽을 선택했다.[19]

그러나 증명이 연쇄적으로 이루어지자 이제는 실용성이라는 문제로 방향이 미묘하게 돌려졌다. 명제들은 어떻게$^{how\ to}$라는 특성을 띠고 있었다. 초점이 주어졌을 때, 타원 궤도를 구하라. 세 점이 주어졌을 때, 제4의 점까지 사선 3개를 그려라. 파동의 속도를 구하라. 유체를 통과해서 운동하는 구체의 저항을 구하라. 어떠한 초점도 주어지지 않았을 때, 그 궤도들을 구하라. Q.E.D.(논증되어야 하는 바)가 Q.E.F.(행해져야 하는 바)와 Q.E.I(발견되어야 하는 바)에 굴복했다. 포물선 궤적을 가정하여 지정된 시간에서의 물체의 위치를 구하라.

거기에는 관찰력이 예리한 천문학자들에게는 구미가 당길 내용이 있었다.

뉴턴은 책을 쓰던 도중에 잠시 멈추고 천체의 소용돌이를 주장하는 데카르트 우주론을 삭제했다. 데카르트와 그의 「철학원리」는 뉴턴에게 선구자와 같았다. 데카르트는 뉴턴에게 관성의 기본 원리를 주었다. 그러나 이제 뉴턴이 묻어 버리고 싶은 사람은 다른 누구보다도 데카르트였다. 뉴턴은 소용돌이론을 진지하게 받아들임으로써 그것을 폐기시켰다. 뉴턴은 수학을 연구했다. 그는 유체 매질 속에서 물체의 회전을 계산하는 방법을 창조했다. 그러한 소용돌이가 지속될 수 없다는 것을 논증할 때까지 맹렬하게 그리고 상상 속에서 계산을 계속했다. 소용돌이 운동은 소멸할 것이다. 회전은 멈출 것이다. 관찰된 화성과 금성의 궤도는 지구의 운동과 양립할 수 없다. "소용돌이 가설은 …… 천체의 운동을 밝혀내는데 도움이 되기는커녕 오히려 불명료하게 만든다"고 뉴턴은 결론지었다.[20] 달과 행성들 및 혜성들이 운동 법칙을 따르면서 중력의 영향 하에 우주공간을 자유롭게 활주하고 있다고 말하는 것으로 충분했다.

3권은 세계 체계$^{The\ System\ of\ the\ World}$를 제시했다. 우주의 여러 가지 현상을 모아 놓은 것이다. 이 책은 철학 역사에서 유례가 없을 만큼 정확함을 자랑하고 있었다. 현상 1 : 알려진 목성의 네 위성. 뉴턴에게는 결합해야 할 네 가지 집합의 관찰들이 있었다. 뉴턴은 몇 가지 수를 산출했다. 네 개의 위성의 일별, 시간별, 분별, 초별 궤도 주기와 목성에서 가장 멀리 떨어진 거리, 목성 반경의 소수점 세 자리의 근사치가 그것이었다. 뉴턴은 수성, 금성, 화성, 목성, 토성의 다섯 행성에 대해서도 같은 작업을 했다. 그리고 달에 대해서도.

1권에서 확립된 명제를 통해, 뉴턴은 이제 이 모든 위성들이 목성이나 태양, 또는 지구의 중심을 향한 힘에 의해 직선에서 벗어나 궤도 안으로 끌어당겨지며 이 힘은 그 거리의 제곱에 반비례한다는 것을 증명했다. 뉴턴은 끌리다^{gravitate} 라는 말을 사용했다. "달은 지구를 향해 끌리고^{gravitate} 이러한 중력^{gravity}의 힘에 의해 당겨져 항상 직선 운동에서 벗어나 궤도를 유지하게 된다."[21] 뉴턴은 20년 전 울스소프에서는 없었던 자료를 가지고 사과와 달의 계산을 했다. 달의 궤도는 27일 7시간 43분이 걸린다. 지구 둘레는 123,249,600파리 피트이다. 달이 궤도를 유지하게 하는 동일한 힘이 낙하하는 물체를 '우리 계'로 끌어당기면, 그 물체는 1초에 15피트 1인치 $1\frac{7}{9}$라인(1인치의 1/12)으로 떨어져야 한다. "그리고 무거운 물체는 실제로 바로 이 힘으로 지구를 향해 하강한다." 어느 누구도 그렇게 정확하게 낙체의 시간을 계산할 수 없었지만 뉴턴은 흔들리는 진자에서 몇 가지 수를 얻었고, 산술을 통해 교활하게 정확성을 과장했다.[22] 뉴턴은 금, 은, 납, 유리, 모래, 소금, 나무, 물 그리고 밀을 대상으로 실험을 했다고 말했다. 즉, 이것들을 두 개의 똑같은 나무 상자에 넣어 11피트 줄에 매단 다음, 진자들의 시간을 정확하게 측정해서 1/1000의 차이까지 찾아낼 수 있었다는 것이다.[23]

거기에서 그치지 않고, 뉴턴은 천체가 서로 섭동^{攝動}을 일으킨다고 주장했다.

목성은 토성의 운동에 영향을 주고, 태양은 지구에 영향을 미치며, 태양과 달은 바다를 교란시킨다는 것이다. "모든 행성은 서로에 대해 무게를 갖는다."[24] 뉴턴은 단언했다.

> 이제 이 힘이 중력이라는 것이 정립되었으며, 따라서 이제부터 우리는 이를 중력이라 부를 것이다.

한 줄기 영감의 빛이 뉴턴을 여기까지 인도한 것은 아니었다. 만유인력에 이르는 길은 과거보다 더 강해지는 일련의 주장들을 통해 다다르게 되었다. 힘은 지구 중심을 향해 물체를 끌어당긴다. 이 힘은 곧장 달에까지 미쳐 사과를 당기듯이 정확하게 달을 끌어당긴다. 또한 이 힘이 – 그러나 태양 중심을 향한 힘 – 지구가 궤도를 유지하도록 한다. 행성은 저마다 중력을 갖고 있다. 태양이 행성들에 영향을 미치듯이 목성은 그 위성들에 영향을 미친다. 그리고 이들은 그 질량에 비례하여 서로를 끌어당긴다. 지구가 달을 당길 때, 달도 지구를 끌어당긴다. 달은 자신의 중력에 태양의 중력을 합쳐서 매일 만조가 되면 지구의 바다를 휘몰아간다. 힘이 물체의 중심을 향하는 것은 중심이 특별하기 때문이 아니라 다음 마지막 주장의 수학적 결과일 따름이다. 그 주장이란 우주에 있는 물질의 모든 입자는 다른 모든 입자를 끌어당긴다는 것이다. 이 일반화를 통해 나머지 모든 것이 따라온다. 중력은 보편적이다.

뉴턴은 다른 행성에서의 무게 측정을 해냈다. 그는 행성의 밀도를 계산하고 지구가 목성이나 태양보다 4배나 더 조밀하다고 주장했다. 행성들이 서로 다른 거리로 배열해 있기 때문에 태양열을 더 많이 혹은 덜 받을 수 있다고 주장했다. 만일 지구가 토성만큼 멀리 떨어져 있다면 지구의 물은 얼어 버릴 것이라고

뉴턴은 말했다.[25]

　뉴턴은 지구의 형태를 계산했다 - 그것은 완벽한 구가 아니라 자전으로 인해 적도 부분이 불룩해진 편구(扁球)의 모습이었다. 그는 주어진 질량이 고도에 따라 그 무게가 다르다는 것을 계산했다. "실제로 우리의 영국인 친구 핼리는 1677년 그해에 세인트헬레나 섬으로 항해해서 자신이 갖고 있던 진자시계가 런던에서보다 그곳에서 더 느리게 흔들리는 것을 발견했다. 그러나 그는 그 차이를 기록하지 못했다."[26]

　뉴턴은 알려진 지구의 운동 중에서 가장 신비스러운 제3의 운동인 지구의 자전축의 느린 세차운동에 대해서 설명했다. 균형이 약간 흐트러진 팽이처럼 지구는 항성들을 배경으로 삼을 때 72년마다 약 1도씩 축의 방향을 변화시킨다. 이전에는 그 누구도 그 이유를 짐작조차 하지 못했다. 뉴턴은 지구 적도의 불룩한 부분에 미치는 달과 태양의 복잡한 인력의 결과로 세차운동을 계산했다.

　뉴턴은 이러한 바탕에 혜성에 관한 이론을 짜 넣었다. 중력이 정말 보편적이라면 변덕스런 방문자로 보이는 혜성에도 적용되어야 한다. 혜성은 멀리 떨어진 태양의 편심(偏心) 위성처럼 거동하면서 길게 늘어난 타원 궤도를 돌고, 행성들의 평면을 가로지르고, 심지어는 무한대로 확장된 타원, 즉 포물선과 쌍곡선 궤도를 그리기도 했다. 이런 경우 혜성은 다시는 돌아오지 않게 된다.

　이러한 요소들이 맞물려 마치 기계의 부품처럼, 완벽한 기계공의 작업처럼, 복잡한 시계처럼 함께 돌아갔다. 이 시계장치 은유는 『프린키피아』에 대한 소식이 널리 퍼지면서 많은 사람들에게 떠올랐다. 그러나 뉴턴 자신은 순수한 질서와 완전한 결정론이라는 이런 식의 환상에 굴복하지 않았다. 계산이 불가능한 영역에서 계산을 계속하면서, 뉴턴은 단지 이체(二體)나 삼체가 아니라 다체 사이의 상호작용에서 나타날 수 있는 혼돈까지 내다보았다. 그는 태양계의 중심이 정확히 태양이 아니며, 오히려 요동하는 공통의 중력 중심이라고 생각했다. 결국 행성 궤도는 정확한 타원이 아니었고, 동일하게 반복되는 타원도 아니라는 것이 확실했다. "행성은 공전할 때마다 새로운 궤도를 그리는데, 이는 그 위성의 운동과 함께 발생하며, 각각의 궤도는 행성과 위성 사이의 작용은 말할 것도 없고 모든 행성 운동의 합에 따라 좌우된다"고 뉴턴은 적고 있다. "내가 크게 실수하지 않았다면, 동시에 많은 운동의 원인을 고려하고, 쉽게 계산할 수 있는 정확한 법칙으로 운동을 규정하는 것은 인간 지혜의 한계를 넘어서는 것이다."27

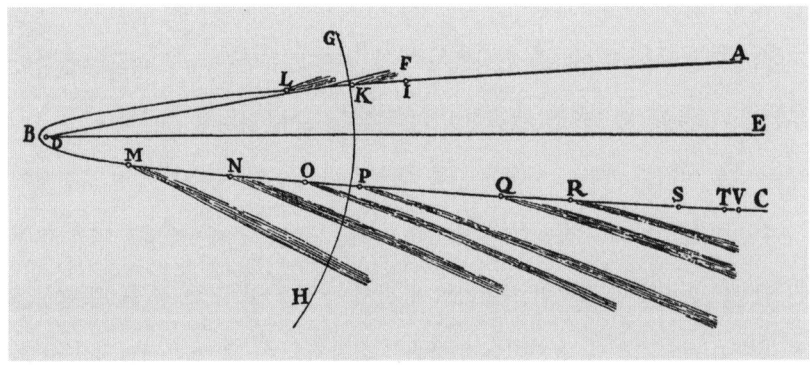

'플램스티드가 관찰하고 핼리 박사가 수정한' 1680년의 혜성. 뉴턴도 로마에서는 폰치오(Ponthio)가, 아비뇽에서는 갈레(Gallet)가, 라플레슈에서는 앙고(Ango)가, 케임브리지에서는 '한 젊은이'가, 그리고 버지니아 주 경계와 메릴랜드 주 및 헌팅크리크 부근에서는 아서 스토러(Arthur Storer) 씨가 관측한 것을 대조 확인했다. '그것이 틀리지 않다고 생각한 나는 이 혜성이 그리는 궤도와 여러 곳에서 발했던 꼬리를 진정으로 표현 …… 했다.' 뉴턴은 혜성의 꼬리는 항상 태양에서부터 비롯되고 '일부 반사 물질에서 나오는 것이 분명하다'고 결론지었다. 반사 물질은 연기나 증기다.

그러나 뉴턴은 갈피를 잡을 수 없을 정도로 혼란에 빠진 또 다른 현상, 조석의 문제를 해결했다. 그는 자료를 모았다. 그러나 자료는 내용이 조잡하고, 여기저기 흩어져 있었다. 새뮤얼 스터미 Samuel Sturmy 는 브리스틀에서 3마일 아래에 있는 에이번 강어귀에서 관찰을 하여 기록했다. 새뮤얼 콜프레스 Samuel Colepress 는 플리머스 항구에서 썰물과 밀물을 측정했다. 뉴턴은 태평양과 에티오피아 해, 노르망디와 동인도 제도의 페구에 있는 만을 고찰했다.[28] 핼리는 본인이 직접 중국 통킹 만과 바추하 항만에서 선원들이 관찰한 것을 분석했다. 이들 중 어느 누구도 엄격하게 계산을 하지는 않았지만, 25시간마다 2회의 만조가 일어나는 패턴은 명백했고 지구 전체에서 동일했다. 뉴턴은 이 자료들을 정리해서 자신의 이론적 주장을 전개했다. 달과 태양은 모두 바다를 끌어당긴다. 이 둘이 결합한 중력이 지구의 양편에서 대칭적인 부풀음을 일으켜 조석을 만든다.

케플러는 바다에 대한 달의 영향을 주장했다. 갈릴레오는 그런 케플러를 비웃었다.

> 그 개념은 내 생각과는 전혀 모순된다. …… 나는 빛, 따뜻한 기온, 불가사의한 성질의 지배, 그리고 그와 유사한 무익한 추측들과 같은 원인들을 신뢰할 수 없다…….
> 나는 어느 누구보다 케플러에게 더 놀랐다. …… 케플러는 지구에서 기인한 운동을 잘 알고 있었음에도 불구하고, 바다에 대한 달의 지배와 불가사의한 성질, 그리고 그러한 유치한 생각에 귀가 솔깃해서 동의하고 말았다.[29]

이제 뉴턴도 보이지 않는 막연한 힘에 의지했다. 이러한 불가사의한 힘은 이들 새로운 철학자들을 화나게 할 수밖에 없었다.

이 현상들을 직면하기 전에는 뉴턴은 '철학화의 규칙들', 즉 운동 법칙보다 훨씬 더 근본적인 과학을 위한 규칙들에 대해 말했다.

그 현상들을 설명하기에 충분하고 참인 것보다 더 많은 자연 작용의 원인이 인정되어서는 안 된다. 일단 설명이 충족되면 그 이상 설명을 늘리지 말라.

동일한 종류의 자연적 결과에 지정된 원인은 가능한 한 동일하여야 한다. 인간과 동물이 같은 이유로 호흡한다고 가정하라. 유럽에서 돌이 떨어지듯이 미국에서도 돌이 떨어진다고 가정하라. 지구와 행성들이 같은 방식으로 빛을 반사한다고 가정하라.[30]

그러나 기계론 철학은 이미 규칙들을 가지고 있었고 뉴턴은 그중 하나를 멋진 방법으로 조롱했다. 물리적 원인은 직접적인 것으로 가정되었다. 즉 멀리 떨어져서 작용하기 위해 보이지 않는 힘을 발산하는 것이 아니라, 물질이 다른 물질에 충돌하거나 압력을 가해야 했다. 멀리 떨어진 작용, 공동을 가로지르는 작용은 마술의 냄새를 풍겼다. 신비주의적 설명은 금지되어야 했다. 데카르트의 소용돌이를 제거함으로써 뉴턴은 많은 사람들이 필요로 했던 지주(支柱)를 무너뜨렸다. 그런데 뉴턴에게는 그것들을 대체할 기계론이 아무것도 없었다. 실제로 호이겐스는 뉴턴의 세계 체계에 대해 처음 들었을 때 이런 반응을 보였다. "뉴턴이 인력과 같은 억측을 우리에게 꺼내지 않는 한, 나는 그가 데카르트주의자가 아니라는 사실에 개의치 않는다."[31] 불가피한 비판을 미리 제압하기 위한 전략으로 뉴턴은 인정과 반항이라는 두 박자 춤을 추었다.

> 나는 중력으로 천체와 우리 바다의 현상을 설명했지만, 중력의 원인은 아직 지정하지 않았다. …… 아직은 중력의 이런 특성의 이유들을 연역할 수 없다. …… 그리고 나는 가설을 만들지 않는다. 그 이유는 이 현상에서 도출되는 것이 무엇이든지 간에 그것은 가설이라고 불릴 것이 분명하기 때문이다. 그리고 가설이 형이상학적이든 물질적이든 간에, 혹은 신비한 성질에 바탕을 두고 있거나 기계론적이든 간에 실험 철학에서는 설 자리가 없다……[32]

그러므로 중력은 기계론이 아니고, 신비주의도 아니며, 가설도 아니었다. 뉴턴은 이를 수학으로 증명했다. 뉴턴은 말했다. "중력은 실제로 존재하고 우리가 밝힌 법칙에 따라 작용하며 천체와 우리 바다의 모든 운동을 설명하기에 충분하다."[33] 설령 그 본질이 이해될 수 없을지라도 부정될 수는 없었다.

뉴턴은 처음부터 자신의 임무가 자연의 힘을 발견하는 것이라고 선언했다. 그는 관찰되고 기록된 천체의 운동에서 힘을 추론했다. 세계 체계라는 위대한 주장을 펼쳤고 이미 자신의 계획이 불완전하다고 선언했다. 사실, 불완전함은 그 자체가 가장 큰 장점이었다. 뉴턴은 과학에 출산의 단말마를 겪고 있는 제도, 실제적이고 열려 있는 연구 프로그램research program을 남겼다. 연구 프로그램이란, 먼저 해야 할 연구와 계산되어야 할 예측이 있고, 그런 다음 검증을 하는 것이다.

"우리가 동일한 종류의 추론으로 역학적 원리에서 다른 자연 현상을 도출할 수만 있다면!" 뉴턴은 이렇게 썼다. "많은 것이 나로 하여금, 모든 현상이 어떤 힘에 좌우되고 그 힘에 의해 물체의 입자들이 아직 알려지지 않은 원인들로 서로를 향해 추진해서 규칙적인 형상으로 응집하거나 서로 반발해서 멀어지는 것이 아닌지 의심을 품게 하기 때문이다."[34] 뉴턴이 수십 년간의 연금술 연구를 통해 찾은 힘만큼이나 여전히 알려지지 않은 신비한 힘이 있었다. 뉴턴의 의심은 현대 물리학의 프로그램을 예견했다. 인력과 반발력의 특정한 힘들, 그 궁극적 원인은 여전히 알려지지 않았다.

제 13 장

그는 다른 사람과 같은가?

17세기가 시작되었을 때, 베이컨은 이렇게 말했다. "기계론자, 수학자, 의사, 연금술사, 마술사는 모두 일에 대한 관점에서 자연에 몰두하지만, 지금까지는 미미한 노력과 보잘것없는 성공이 전부였다."[1] 베이컨은 아직까지 이름이 없지만, 자연을 해석하고 통찰하여 우리에게 자연을 정복하는 법을 가르치게 될, 새로운 유형의 사람을 위한 단계를 준비하고자 했다. 그러나 이 '과학자'의 전형은 아직 준비되지 않았다.

1687년에 핼리는 저자를 "대중 앞에 나타나도록 마침내 설득했다"는 발표와 함께 『프린키피아』의 발간을 알렸다.[2] 실제로 뉴턴은 그의 나이 45세에 공인이 되었다. 싫든 좋든 어쩔 수 없이 뉴턴은 나중에 전설이 될 18세기의 아이콘을 개발하기 시작했다. 핼리도 서문으로 실린 「우리 시대, 우리 국가에 찬란히 빛을 더해 주는 이 수학과 물리학 논문에 관하여」*라는 제목의 시를 썼다. 핼리는 국왕에게 『프린키피아』를 한 부 증정했다. "세상에 관하여 매우 위대한 발견

---

* "on This Splendid Ornament of Our Time and Our Nation, the Mathematico-Physical Treatise"

이 많이 적혀 있고 과거의 논쟁이 담겨 있는 이 책이 왕손만큼의 가치가 있다면, 이는 폐하의 은덕이며 그래서 폐하께 감사드리지 않을 수 없습니다."[3] 그리고 핼리는 보다 수월하게 읽을 수 있도록 조석에 대한 설명의 요약을 첨부했다. 제임스 2세는 형의 뒤를 이어 왕위에 오르기 전에는 해군 장관이었다.

"유일한 원리는 다름 아닌 **중력**이며, 그로 인해 지구상의 모든 물체가 지구 중심을 향하는 경향을 가집니다"라고 핼리는 설명했다. 태양, 달, 행성 모두 그러한 중력을 가지고 있다. 거리의 제곱이 커질수록 이 힘은 감소한다. 따라서 4000마일 높이에서 1톤의 추를 들어올리면 그 무게는 1/4톤밖에 되지 않을 것이다. 낙하하는 물체의 가속도도 같은 방식으로 줄어든다. 아주 멀리 떨어진 거리에서는 무게와 낙하가속도 모두 매우 작지만 0은 아니다. 태양의 중력은 놀랄 정도로 커서 토성이 있는 거리에서도 그 힘은 여전히 엄청나다. 따라서 대단히 총명한 이 저자는 지금까지 알려지지 않은 혜성과 바다의 썰물과 밀물의 운동 법칙을 발견했다.

> 진리는 언제나 변함이 없고 항상 동일하다. 진실하고 참인 원리를 한 번 얻으면 심오하고 난해한 문제를 우리가 얼마나 쉽게 이해할 수 있게 되는지 관찰하노라면 경탄스럽다.[4]

그러나 핼리는 굳이 이렇게 애쓸 필요가 없었다. 제임스의 관심사는 다른 곳에 쏠려 있었다. 제임스 2세는 불운하고 짧은 통치 기간 중에 영국을 로마 가톨릭교로 되돌릴 수 있는 일이면 무엇이든지 하고 있었고, 군대와 왕실, 자치구와 주 정부, 추밀원, 그리고 특히 대학들에 자신의 의지를 관철시키고 있었다. 그는 케임브리지에 뉴턴의 라이벌을 만들었다.

국왕은 칙령을 공포하고 가톨릭교도를 연구원과 대학 관리로 배치해서 신교의 보루에 자신의 권위를 과시했다. 긴장이 고조되었고 천주교에 대한 혐오는 케임브리지의 문화뿐 아니라 정관에까지 문서화되었다. 결국 피할 수 없는 충돌이 1687년 2월에 일어났다. 제임스 2세는 필수적인 시험과 영국국교회에 대한 서약을 생략한 채 베네딕트회 수도사에게 문학 석사학위를 줄 것을 이 대학에 명했다. 대학 당국은 이런 저런 핑계로 명령을 지연시켰고, 분노로 들끓었다. 확고한 청교도이자 강박적 신학 연구자이며, 맹신과 부도덕함의 적인 이 수학 교수도 싸움에 가담했다. 그는 엘리자베스 여왕의 대학 헌장, 법인 설립 법인, 정관, 특허장 등의 문서들을 연구했다. 그리고 그는 케임브리지 대학교 측에 법을 고수하고 국왕에게 맞설 것을 촉구했다. "폐하께 이 대학을 모욕하도록 권하는 사람들은 왕의 진정한 친구일 수 없으며 …… 그러므로 용기를 내어 법을 고수하라. …… 로마 가톨릭교도 한 명이 석사가 된다면 여러분은 백 명도 될 수 있을 것이다. …… 이 문제에 대한 정직한 용기가 모두를 지킬 것이며, 법은 우리 편이다."[5] 대립이 끝나기 전에 케임브리지 부총장이 명령 불이행으로 유죄를 선고받고 지위를 박탈당했지만, 문제의 베네딕트회 수사는 학위를 받지 못했다.

뉴턴은 위험하지만 재빠른 길을 택했다. 케임브리지의 위기는 국가가 겪고 있는 위기의 축소판이었다. 영국의 혼란스러운 정신세계에서 신교는 법과 자유를 대표했다. 로마 가톨릭교는 전제와 예속을 의미했다. 영국을 가톨릭화하려는 제임스 2세의 결정은 스튜어트 왕가의 몰락을 가져왔다. 채 2년도 지나지 않아 네덜란드 함대가 분열된 영국을 침략했고 제임스는 프랑스로 달아났고 새 의회가 웨스트민스터에 소집되었다. 이들 중에는 케임브리지를 대표해서 이 대학의 평의원으로 뽑힌 뉴턴도 있었다. 1689년에 의회는 윌리엄과 메리를 새 군주로 공포하고 군주제는 국법에 의해 제한받고 구속받는다고 선언했다. 평시에는 상비군을 폐지시켰고, 권리장전을 제정했다. 로마 가톨릭교와 성^聖삼위일체 Blessed Trinity를 부정하는 특수한 이단자들을 제외하고, 종교적 관용이 확대되었다. 뉴턴은 이 모든 논의에 참여했지만 침묵했다. 그는 발의된 안건에 번호를 붙여 토의 내용을 케임브리지에 보고했다.

> 1. 국왕에게 맹세한 충성과 복종은 단지 국법에 의해 국왕에게 부여된 한도 내에서의 충성과 복종일 뿐이다. 법이 요구하는 것 이상의 충성과 복종이라면 우리는 노예이고 국왕은 절대자라고 맹세해야 한다. 그러나 법에 따라 우리는 자유인인 데 비해…….[6]

정치권력의 전국적 중심지에서 뉴턴은 하원 부근에 방을 하나 빌렸다. 그는 대학 가운을 입고 백발을 어깨 위로 빗어 내리고 런던 상류 사회에서 가장 인기 있는 초상화가에게 자신의 초상화를 그렸다.[7] '프린키피아'라는 말은 커피숍*과 해외로 널리 퍼져 갔다. 뉴턴은 왕립학회의 회의와 친목 모임에 참석했다. 그는 크리스티안 호이겐스와 왕립학회 회장 새뮤얼 피프스^{Samuel Pepys}, 스위스의 젊은 수학자이자 신비론자인 니콜라스 파티오 드 듀일리에^{Nicholas Fatio de Duillier}와 현재 진행 중인 정치 혁명과 가장 완벽하게 조화를 이루는 철학자인 존 로크^{John Locke} 등을 런던에서 만나 친교를 맺었다. 신비스러운 힘인 인력에 호소하는 『프린키피아』에 대해 호이겐스는 여전히 유보적인 입장을 취하고 있었지만 그 수학적 엄격함에 대해서는 조금도 주저하지 않고 후한 지지를 보냈다. 호이겐스

---

* 커피숍과 살롱은 당시 여론 형성과 토론 장소였고, 지식인들이 새로운 지식을 습득하는 곳이기도 했다.

의 친구인 파티오는 데카르트 철학에서 뉴턴주의에 대한 열광주의로 돌아선 인물이었다. 파티오는 뉴턴과 호이겐스 사이에서 정보 통로 역할을 하기 시작했고 『프린키피아』의 개정판을 위해 정오표를 작성하는 일을 맡았다. 뉴턴은 성급하고 영웅을 숭배하는 이 젊은이에게 진정으로 애정을 느꼈다. 파티오는 런던에서 뉴턴과 함께 묵는 일이 잦았고 케임브리지로 뉴턴을 방문하기도 했다.

로크는 자신의 위대한 저서 『인간오성론An Essay Concerning Human Understanding』을 이제 막 완성하고 방법론적 지식의 한 예로 『프린키피아』를 보았다. 로크는 수학을 추종하는 것처럼 가장하지 않았다. 그들은 신학에 대해 토론했고, 로크는 뉴턴의 성경 지식의 깊이에 놀랐으며, 합리성의 전형인 그들은 삼위일체 교리에 대한 반대라는 위험한 영역에서 동류의식을 느꼈다. 뉴턴은 성경의 타락에 관한 논문을 로크에게 보냈는데, 남의 눈을 피하기 위해 이름도 성도 없이 오직 친구라고만 적었다. 이 서한들은 수천 단어로 이루어졌다. 뉴턴은 로크가 요한 1서 5장 7절 "이는 하늘에 증거하시는 세 분이 계시기 때문이니the testimony of the three in heaven"라는 성서 구절의 진실에 대해 궁금해하는 것 같다고 썼다. 이것은 아버지the father와 말씀the Word과 성령the Holy Ghost의 핵심이자 판단 기준이었다. 뉴턴은 라틴어 해석, 성 예레미야*가 써 넣은 구절, 로마 교회의 오용, 반달 족 탓이라고** 돌리는 아프리카인들, 방주傍註의 차이 등 전 시대에 걸쳐 이 구절을 추적했다. 뉴턴은 신중하고 침착한 로크의 성격을 신뢰한다고 말했다. "가짜를 몰아내는 것보다 진리에 더 공헌할 수는 없다"⁸라고 뉴턴은 말했지만 로크는 이 위험한

---

* St. Jerome, '예레미야서'의 주인공. 젊어서 예언자로 부름을 받았다.

** 초대 교회에 삼위일체를 부인하는 이단파가 출현하였는데, 그중 한 나라가 반달이었다. 이것은 전 국민의 80퍼센트가 이단으로 개종했고, 이후 반달족을 비롯해서 이단을 받아들인 나라들이 로마를 유린해서 로마 교회에 위협이 되었다.

비국교도의 지식을 발표하는 것을 금했다.

논란의 여지가 있을 때, 나는 가장 잘 이해할 수 있는 것을 채택하기를 좋아한다. 늘 신비한 것을 좋아하고 그런 이유로 가장 이해하지 못하는 것을 가장 좋아하는 것은 종교 문제에서 나타나는 인간의 격렬하고 미신적인 기질이다.

한편, 런던의 클럽과 도박장에서 수수께끼를 발견한 피프스는 '주어진 확률이나 운에 따라 해저드*에서 진정한 비율을 결정짓는 원칙'이라는 오락 철학recreational philosophy의 문제에 관해 조언을 구하기 위해 뉴턴을 찾아왔다. 피프스는 돈 때문에 주사위를 던졌고 수학자의 지도가 필요했다. 피프스는 이렇게 질문했다.

    A-상자에 주사위를 6개 갖고 있고 그것을 던져서 6이 하나 나온다.
    B-상자에 주사위를 12개 갖고 있고 그것을 던져서 6이 2개 나온다.
    C-상자에 주사위를 18개 갖고 있고 그것을 던져서 6이 3개 나온다.
    질문: B와 C는, 운에서도, A와 같은 확률이 있는가?[9]

뉴턴은 A가 이길 확률이 가장 높은 이유를 설명하고 1000파운드를 걸었을 때의 기대치를 파운드, 실링, 펜스까지 정확하게 제시했다.

이런 사람들은 모두 왕실과 친밀한 연줄을 통해 뉴턴에게 수도에서 품위 있고 이권 높은 자리를 구해 주려고 노력했다. 뉴턴은 "런던의 공기에 틀어박혀

| * 주사위 2개로 하는 도박의 일종.

격식을 차리는 생활방식은 내가 좋아하지 않는 것"¹⁰이라는 이유를 대며 반대하는 척했지만, 실은 이러한 계획에 마음이 끌렸다.

페스트와 화재 이후 런던은 사반세기 만에 번영을 구가하고 있었다. 벽돌로 지은 수천 가구의 집이 생겨났고, 크리스토퍼 렌은 신 세인트폴 대성당을 설계했으며, 거리는 확장되고 정돈되었다. 이 도시는 무역 네트워크의 중심 및 세계 금융 수도로서의 위치를 놓고 파리와 암스테르담과 경쟁했다. 영국의 무역과 제조 산업은, 그 이전이나 이후 시기보다 더, 한 도심에 집중되고 있었다. 신문들이 플리트 스트리트Fleet Street의 인쇄소와 커피숍에 등장했고, 그중에는 수백 부가 팔린 것도 있었다. 상인들은 공보를 발행했고 점술가들은 역서를 제작했다. 이런 정보의 흐름은 수십 년 전과 즉각 비교되었다. 영국의 소설가 다니엘 디포Daniel Defoe는 페스트가 돌던 시기를 회상하면서 이렇게 썼다. "당시 우리는 소문이나 보고된 사실을 전달할 인쇄된 신문과 같은 것이 없었다. …… 그래서 지금처럼 (페스트 소식이) 전국적으로 즉시 퍼지지 않았다."¹¹ 사람들은 지식, 심지어는 수와 항성에 관한 지식조차 권력을 의미한다는 것을 이해하게 되었다. 수학과 천문학의 심원한 지식은 왕립학회보다 더 큰 해군 병기청the Navy and the Ordnance Office이라는 후원자를 얻었다. 예비 대가들은 80년대와 90년대에 우후죽순처럼 등장한 「학자들의 연구를 해설하는 독창적이고 다종다양한 글을 모은 주간 기록」*과 같은 정기 간행물들을 읽을 수 있었다.¹²

『프린키피아』 자체는 1000부 미만으로 인쇄되었다. 이 숫자로는 유럽 대륙

---

* Weekly Memorials for the Ingenious and Miscellaneous Letters Giving an Account of the Works of the Learned.

에서 찾아보기가 거의 불가능했다. 그러나 1688년 봄과 여름에 새로 생긴 3개의 잡지에 익명의 서평이 실리면서 이 책의 명성이 퍼져 나갔다.[13] 마르퀴스 드 로피탈Marquis de l'Hopital이 물체가 최소의 저항으로 유체를 통과할 수 있는 형태가 무엇인지 아무도 모르는 이유에 대해 의아해하고 있을 때, 스코틀랜드의 수학자 존 아버스노트John Arbuthnot는 그에게 뉴턴의 대작에 그 답이 있다고 알려 주었다. "그는 '오 하느님' 하며 감탄해 마지않으면서 그 책에 그런 대단한 지식의 보고가 있는가라고 부르짖었다. …… 그도 먹고 마시고 자는가? 그 사람은 다른 사람과 같은가?"[14]

    출판이 되었는데도 뉴턴은 『프린키피아』 저술을 멈추지 않았다. 그는 개정판을 준비하고 있었다. 그는 고대 사람들이 중력에 대해 알고 있었고 심지어 역제곱법칙까지 알고 있었다는 자신의 신념에 대한 실마리를 찾으려고 그리스 원전들을 뒤졌다. 새로운 실험을 계획하고 자신의 복잡한 달 운동 이론을 위한 자료들을 찾았다. 인쇄공의 오류를 바로잡는 일 이외에도, 그는 완전히 새로운 장의 초고를 쓰고 다시 고쳐 썼고, 철학에 대한 그의 규칙을 정교화했다. 그는 중력의 진정한 본성에 대한 이해에 뚫려 있는 어쩔 수 없는 구멍을 붙잡고 씨름했다. 뉴턴은 몸부림쳤다. "생기가 없고 감정이 없는 물질이 (물질적이지 않은 다른 것의 중재 없이) 상호 접촉 없이 다른 물질에 작용을 하거나 영향을 미친다는 것은 상상할 수 없는 일이다"라고 뉴턴은 서신 왕래를 하던 한 사람에게 썼다. "중력은 어떤 법칙에 따라 일정하게 움직이는 작인作因에 의해 야기되는 것이 분명하지만, 이 작인이 물질적인지 비물질적인지 여부는 독자의 고려에 남겨 놓은 물음이다."[15]

    또한 뉴턴은 자신의 의식 주변에 잠복해 있는 신도 독자들에게 처분을 맡긴 척했지만, 실은 여전히 씨름을 계속하고 있었다. 신은 뉴턴에게 절대 공간과 절대 시간이라는 신조를 주었다. "시간의 순간이 모든 곳에 있을 때 신은 어디에도 있을 수 없는 것인가?" 뉴턴은 결국 빛을 보지 못한 새로 쓴 많은 원고 중 하나에 이렇게 쓰고 있다.[16] "적극적인 간섭자 신이 우주와 태양계를 조직해야 한다. 그렇지 않을 경우, 물질은 무한 공간으로 고르게 확산되거나 한데 모여 거대한 덩어리를 이룰 것이다. 분명 신의 손은 행성처럼 어두운 물질과 태양처럼 밝게 빛나는 물질 사이의 경계에서 볼 수 있다. 이 모두를 나는 단지 자연적 원인으로만 설명가능하다고 생각하지 않으며, 자발적 작인의 의도와 계획에서 기인하는 것으로 돌리지 않을 수 없다."[17] 그리고 뉴턴 역시 연금술 실험으로 되돌아갔다.

뉴턴이 다른 사람과 똑같든 아니든 간에 1693년 여름 무렵에 뉴턴은 형편없는 식사와 부족한 수면으로 살아갔다. 이제 그는 50대가 되었다. 그는 여전히 케임브리지셔의 소택지와 런던의 화려함 사이를 오가며 어느 한 곳에 정착하지 못하고 있었다. 케임브리지에서 뉴턴의 직위는 그대로 유지되고 있었지만 이제는 가르치거나 강의를 하지 않았다. 런던에서 그는 국왕의 임명권이 필요한 직위를 얻으려고 ― 그것은 다른 무엇보다도 조폐국장 자리였다 ― 온갖 수를 썼지만, 정작 자신의 욕망을 충분히 이해하지 못했다. 우정에 거의 노력을 기울이지 않으며 살아온 터라, 비록 그 관계가 깊은 것은 아니었지만 새로운 친구들과의 관계는 불편했다. 파티오는 병이 들어 몸져누우면서 자신의 죽음을 암시하며 뉴턴을 괴롭혔다. "지독한 감기에 걸려서 폐가 감염되었어. 머리가 고장난 것 같고 ...... 만약 내가 이승을 떠나게 되면 큰형이 ...... 당신과의 우정을 이어가 주길 바래." 그런 다음, 그는 갑자기 그들과의 관계를 접고 스위스로 돌아갔다.[18] (파티오는 그 뒤로 60년을 더 살았다.)

성적 감정도 뉴턴의 밤을 괴롭혔다. 금욕 생활을 고수한 지 이미 오래 되었다. 이 문제에 대해 뉴턴은 이성적 프로그램을 고안해 냈다.

정절을 지키는 것은 음란한 생각과 직접 싸우기보다는 다른 데 집중하거나 책을 읽거나 다른 일을 명상하면서 그런 생각을 피하는 것이다…….

그래도 원하지 않는 생각들이 밀려 왔다. 끊임없는 추론은 뉴턴의 감각을 어지럽혔다.

…… 몸이 합당한 평정을 잃고 잠이 부족하여 환상이 활개를 치더니 점점 더 착란 상태에 가까워져서, 금식을 하며 정진하는 수도사가 여성의 환영이나 그 모습을 보는 지경에 이르는 상태가 된다……. [19]

뉴턴은 속세를 등진 채 살고 있었지만 뉴턴의 정신 상태에 대한 소문은 몇 년 전까지만 해도 그의 이름이 아무런 의미도 없던 곳에까지 닿기 시작했다. 필경 화재로 그의 논문이 불탔을 것이다, 일시적 정신 착란이거나 우울증에 걸렸거나 정신 이상일 것이다, 친구들이 감금했을 것이다,[20] 철학적 사고 능력을 모두 잃었다. 이런 소문들이 횡행했다.

피프스와 로크만이 진실을 알고 있었다. 두 사람은 힐난하는 듯하고, 망상에 사로잡혀 있고, 급기야 불쌍하게 여겨지는 편지를 받았다. 처음에 뉴턴은 피프스에게 편지를 썼다.

…… 내가 휘말린 소란으로 무척 괴로워서, 근 12달 동안 잘 먹지도 자지도 못하

고 있으며 과거 정신의 일관성도 잃어간다. 당신의 관심이나 제임스 국왕의 호의로 어떤 것을 취하려는 의도는 결코 없었지만, 당신과의 친분을 철회하고 당신과 나의 다른 친구들 그 누구와도 더 이상 보지 않을 것이다……

그 다음은 로크에게 썼다.

선생님께

선생님께서 제가 여성들과의 문제에 휩쓸리게 만들었다고 생각했고, 다른 수단에 의해 제가 이에 지극히 영향을 받아 누군가가 제게 선생님이 아파서 살지 못할 것 같다고 말했을 때 선생님이 죽는 게 더 낫다고 답한데 대해서 …… 또한 저를 관청에 팔아넘기거나 저를 분란에 휘말리게 만들 계획이었다고 말하거나 생각하는 데 대해 용서를 구합니다.

당신의 가장 보잘것없고 가장 불운한 종
아이작 뉴턴[21]

성과 야망, 두 가지 모두 그를 휘둘렀다. 광기와 천재성도 마찬가지였다. 당시 퍼져나가던 명성에 이렇듯 평가할 수 없는 성격에 대한 소문이 가세해서, 명성과 악명이 서로를 강화하고 있었다. 피프스는 함축적인 암시를 퍼뜨렸다. 그는 한 친구에게 편지를 썼다. "처음에는 자네에게 말하기 꺼려졌네." 피프스는 이런 사태를 우려했다. 그것은 "모든 사람들이 최소한 내가 그를 두려워하거나 애석해 한다고 - 그것은 머리나 몸, 혹은 그 둘 다에서 일어난 혼란을 뜻한다 - 생각하지 않을까"[22]라는 문제였다.

그러나 가을 무렵, 뉴턴은 다시 수학 연구에 몰두했다. 고대 기하 분석을 체계화하고, 특히 구적법과 불규칙 곡선의 작도를 체계화하고 있었다. 어찌되었건 지금까지 어느 누구도 고대의 비밀을 완전히 간파하지 못했다. 사라졌던 원고들이 먼지 쌓인 수집품들 속에서 발굴되었다. 이 고대의 진리에는 웅대함과 순수함이 있었다. 그 진리는 마치 호박처럼 아라비아에서 천 년 동안이나 보존되다가 갑자기 생명을 얻어 활짝 피어났다. 뉴턴은 이렇게 썼다. "고대의 분석은 더 단순하고 더 정교하며 지금의 대수학보다는 기하학에 더 적합하다."[23] 이번에도 뉴턴의 연구는 가장 혁신적인 순간에도 오로지 자신만을 위한 것이었다. 그의 논문은 모조리 사적 논문이라는 연옥에 갇혀 있었다.

옥스퍼드 대학교에서 열성적인 학생들은(비록 소수였지만) 뉴턴의 체계에 대한 천문학 강의를 이미 들었다.[24] 그러나 케임브리지는 그렇지 못했다. "불쌍한 우리 케임브리지 학생들은 부끄럽게도 데카르트의 허구적 가설을 공부하고 있었다"고 나중에 한 연구원은 회상했다.[25]

유럽 대륙에서는 뉴턴주의의 개념들이 철학자들을 고무했고, 철학자들은 자신들의 이론을 다시 정식화하느라 법석이었다. 호이겐스는 메모에 이렇게 썼다. "뉴턴에 의해 파괴된 소용돌이, 제자리에서 맴도는 천구 운동의 소용돌이."[26] 호이겐스는 독일의 수학자이자 외교관인 고트프리트 라이프니츠$^{\text{Gottfried Leibniz}}$와 중력의 메커니즘에 대해 논쟁을 벌이고 있었다. 라이프니츠는 자신의 고유한 행성 동역학을 책으로 출판하려고 서두르고 있었다. "당신이 진공과 원자를 지지한다는 것을 알고 있었다"라고 그는 적고 있다. "당신을 그런 터무니없는 존재에 되돌아가게끔 하는 필연성을 이해하지 못하겠다."[27] 라이프니츠는 뉴턴의 비역학적 중력 개념을 무척 싫어했다. 그는 다음과 같이 썼다. "추론의 근본 원리는 원인이 없는 것은 아무것도 없다이다. 중력이 커다란 지구를 향해 물체가 끌리는 것이나 혹은 어떤 공명^{sympathy}에 의해 그 쪽으로 물체가 이끌리는 것을 의미한다고 생각하는 사람들이 일부 있다. …… 돌이 지구로 떨어지는 진실의 밑바탕에는 아무런 원인이 없다는 것을 뉴턴은 인정하고 있다."[28] 라이프니츠가 뉴턴 본인에게 과감히 접근하는 데에는 1년이 걸렸다. 그는 종이 한 장 전체에 호화롭게 다음과 같은 인사말을 적었다. "탁월한 거장 아이작 뉴턴 씨."[29]

"당신에게 얼마나 큰 빚을 졌는지 모르겠습니다……"라고 라이프니츠는 편지 서두를 시작했다. 그리고 자신도 새로운 종류의 수학적 분석으로 기하학을 확대하려고 노력 중이라고 말했다. "차^{差}와 합을 나타내는 편리한 기호의 적용 …… 그리고 이러한 시도는 그리 나쁘지 않았습니다. 그러나 마지막 마무리를 위해 당신에게서 중요한 무언가를 찾고 있는 중입니다." 라이프니츠는 뉴턴의 출판물을 샅샅이 찾아다녔다고 고백했다. 한번은 우연히 영국 도서 목록에서 그의 이름을 찾았지만 다른 뉴턴이었다.

수학 외에도 뉴턴은 『프린키피아』에서 가장 복잡하고 미완성이었던 문제인 달 운동의 이론을 완성하기 위해 되돌아갔다. 이는 단순히 학문적 차원의 연구만은 아니었다. 하늘에서 달의 위치를 예측하는 정확한 방법이 주어지면 선원들은 천체관측의인 소형 아스트롤라베로 바다에서 자신들의 경도를 계산할 수 있다. 달 이론은 뉴턴의 중력 이론을 따라야 한다. 타원형의 달 궤도는 비스듬한 각도로 지구의 궤도면을 가로지른다. 태양의 인력이 달 궤도를 비틀어 대략 9년 주기로 원지점^{遠地點}과 근지점^{近地點}이 순환한다. 그러나 태양 중력 자체의 힘은 지구와 달이 불규칙한 댄스를 하면서 태양에 접근했다가 물러나기 때문에 그때마다 달라진다. 『프린키피아』의 개정판을 염두에 두고 있던 뉴턴은 더 많은 자료가 필요했고, 이는 왕립천문학회$^{Astronomer\ Royal}$에 요청해야 함을 의미했다.

1694년 여름이 끝나갈 무렵에 뉴턴은 작은 배를 타고 템스 강 하류로 여행하며 그리니치에 있는 플램스티드를 처음으로 방문했다. 뉴턴은 50회의 달 관측 기록을 입수했고 100회 이상의 관측을 약속 받았다. 플램스티드는 그것이 자신의 개인 자산이라고 생각해서 자료를 내주기 꺼려했고, 비밀에 부쳐 줄 것을 당부했다. 얼마 지나지 않아 뉴턴은 매주 런던과 케임브리지를 오가는 운송 편에 1페니 우편제를 통해 삭망^{朔望}, 구^{矩}, 이각^{離角} 45도의 위치 등 더 많은 자료를 플램스티드가 우송해 주기를 원했다. 플램스티드는 서명이 된 수령증을 요구했다. 뉴턴은 플램스티드를 회유하기도 하고 윽박지르기도 했다. 뉴턴은 이 자료가 밝혀지면 플램스티드는 유명해질 거라고 약속했다. "여태까지 이 세상에 나타난 관찰자 중 가장 정확한 관찰자로 바로 인정받게 될 것이다." 그러나 자료에 의미를 부여해 줄 이론 없이 이 자료만으로는 가치가 없을 것이다. "만일 당신이 그러한 이론 없이 그것들을 발표한다면 …… 이전의 천문학자들이 한 관찰기록 더미 위로 던져지게 될 뿐이다."[30] 실제로 이 둘은 서로가 필요했다. 뉴턴은 영국에서 그 누구도 제공해 줄 수 없는 자료가 간절히 필요했고, 플램스티드는 감사와 존경의 표시를 갈망했다("내겐 뉴턴 씨의 인정이 세상의 모든 무지몽매한 자들의 아우성보다 더 중요하다"라고 그해 겨울에 플램스티드는 썼다). 그리고 얼마 지나지 않아 이들은 서로를 증오하게 되었다.

두 가지 갈등이 동시에 진행되었다. 뉴턴은 한편에서는 플램스티드와, 다른 한편에서는 골치 아픈 역학적 섭동^{攝動} 문제를 붙들고 씨름했다. 이 천문학자가 두통을 호소하며 불평하자 뉴턴은 머리를 양말대님으로 묶으라고 조언했다.[31] 플램스티드가 진행 중인 연구를 사람들에게 알렸다는 것을 결국 알아낸 뉴턴은 그를 혹독하게 비난했다.

나는 대중에게 적합하지 않을 것 같은 단계에 공표하여, 세상이 결코 가질 수 없는 것을 기대하게 되는 것을 우려했다. 수학에는 문외한인 이들에게 매번 재촉받거나 시달림을 당하며 출간하고 싶지 않으며, 또는 주변 사람들이 내가 하찮은 일로 시간을 허비하고 있다고 생각하기를 원하지 않는다……[32]

플램스티드는 자신의 고뇌를 페이지의 여백에 토로했다. 그는 "뉴턴 씨가 케임브리지에서 급여를 받으며 수학을 연구할 때 시간을 허비하던 사람이었는가?"라고 비난하면서 이렇게 덧붙였다. "사람들은 자기 자신에 대해 자부심을 가지고 있고, 그 자부심을 가지게 해 주는 그 어떤 것에 대해 스스로는 잘 알고 있다고 생각한다."[33] 플램스티드는 뉴턴이 죽었다는 소문을 보고하면서 아주 조금 즐거워하는 기색을 보였다. "당신이 죽었다는 소문을 또다시 들은 당신 친구들에게 내가 당신이 건강하다는 것을 보장하는 데 그것이 도움이 되었다." 그러나 그 대가로 플램스티드는 남은 생애 동안 뉴턴의 가차 없는 잔인함의 희생양이 되었다.

그러나 기대 상승에 대한 뉴턴의 두려움은 사실로 돌아왔다. 뉴턴은 대기의 굴절로 야기된 자료상의 왜곡을 붙잡고 씨름했다. 세 개의 서로 다른 천체의 중력 상호작용은 즉각적인 해결을 어렵게 했다.

뉴턴은 결국 달의 운동을 계산하는 실제적인 공식을 만들었다. 그것은 방정식과 측정이 뒤섞인 잡종 수열로, 1702년에 데이비드 그레고리^{David Gregory}의 방대한 저서 『천문학의 요소^{Astronomica Elementa}』에 5페이지짜리 라틴어 논문으로 처음 모습을 드러냈다. 그레고리는 그것이 뉴턴의 이론이라고 했지만 뉴턴은 끝내 중력에 대해 언급을 누락했고 그의 포괄적인 상^像을 수많은 지엽적인 사항들 속에 파묻어 버렸다.(뉴턴은 이렇게 글을 시작했다. "그리니치 왕립 천문대^{The Royal Observatory}는 파리 2°19′, 우라니버그 12°51′30″, 그리고 게다넘^Gedanum 18°48′의 자오선 서쪽에 위치하고 있다.") 핼리는 다음과 같이 말하면서 뉴턴의 이 원문을 영어 소책자로 재빨리 재인쇄했다. "그것이 우리 국민에게 큰 도움이 된다고 생각했다. …… 그레고리 박사의 천문학은 방대하고 희귀한 저서여서 모든 사람이 이를 구매할 수가 없다." 핼리는 이 이론의 정확성에 환호했고 사람들이 이를 사용하도록 독려했지만 '저명한 아이작 뉴턴 씨의 달 이론'은 거의 주목을 받지 못한 채 금세 잊혀졌다.[34]

뉴턴은 1696년에 케임브리지의 은둔 생활에서 영원히 벗어났다. 왕실에 등용되고 싶은 뉴턴의 불타는 야심은 실현되었다. 트리니티는 35년간 자신의 고향이었지만 뉴턴은 서둘러 떠났고 그 뒤에 남겨진 친구는 아무도 없었다.[35] 뉴턴이 플램스티드에게 단호하게 말했듯이 뉴턴은 이제 국왕의 일에 전념했다. 국가의 화폐 제조를 책임지게 된 것이다.

제 14 장

그 누구도 자신의 증인이 되지는 못한다

17세기가 끝났을 때 아이작 뉴턴의 저서는 7백 부가 조금 넘게 남아 있었다. 대부분은 영국에 있었고, 소수가 대륙에 흩어져 있었다. 실제로 그의 책을 읽은 사람은 많지 않았지만, 희귀성이 그 책의 가치를 높여 주었다. 2판이 나왔을 때 (초판이 나온 지 25년이 지난 1713년), 한 부 가격은 2기니(영국의 옛 금화 단위로 지금의 21실링에 해당한다)였다. 최소한 한 명의 학생이 돈을 아끼기 위해 이 책을 필사했다.[1] 뉴턴을 둘러싼 초기의 전설은 작은 공동체 안에서 입소문을 통해 퍼져 나갔다. 비전秘傳의 기하학 문제를 익명의 인물이 푼 해解가 네덜란드에까지 전달되자, 요한 베르누이는 자신이 그 문제를 푼 사람이 누구인지 알아보았다고 말했다. "이빨을 보고 사자인 줄 알아보았다 ex ungue leonem"는 것이다.[2] 베를린에서 라이프니츠는 프로이센 여왕에게 개벽 이래 수학에는 뉴턴 이전까지의 역사와 뉴턴 이후의 역사가 있으며, 뉴턴 이후의 역사가 그전보다 낫다고 말했다.[3] 러시아의 표트르 대제(1672~1725)는 1698년에 영국을 여행하면서 몇 가지 현상을 몹시 보고 싶어 했다. 선박 건조, 그리니치 천문대, 조폐국, 그리고 아이작 뉴턴이 그것이었다.[4]

왕립학회는 활동이 멎어 있었다. 자금은 고갈되고, 회원들은 줄어들었다. 혹의 지배력은 여전했다. 런던에 살면서도 뉴턴은 왕립학회에 관여하지 않았다. 그러나 수학적 사고는 당시 유행이었다 – 즉, 온갖 종류의 계산이 당시 정치 활동에 퍼져 있었다. 그리고 누구보다도 먼저 뉴턴의 이름이 거론되었다. 선원, 건축가, 그리고 도박사까지도 수학적 방법에 의존하는 것으로 알려졌다. 수학은 영국의 영광과 명예를 끌어올리는 기둥 '우주의 아카데미'[5]가 되었다. 존 아부스넛John Arbuthnot*은 『수학적 학습의 유용성에 대한 에세이Essay on the Usefulness of Mathematical Learning』라는 저서를 출간했다. 그는 이 연구가 '특별한 천재와 두뇌 회전'을 필요로 하며, "…… 그런 재능을 타고난 행운아는 극히 적다"라고 지적했다. 견줄 데 없이 뛰어난 뉴턴 씨는 이제 '전체 기계의 위대한 비밀'을 발견했다. 그리고 그는 독자들에게 이 세계가 수, 무게, 그리고 척도로 이루어졌다는 것을 확신시켰다 – 이것은 솔로몬의 지혜 뿐 아니라 또 하나의 새로운 영역인 『정치 산술Political Arithmetick』[6]의 저자인 윌리엄 페티William Petty**의 견해를 반영한 것이다. 페티는 정치와 무역의 영역에 수를 적용할 것을 제안했다. 당시까지 경제œconomick라는 말은 아직 나오지 않았지만, 그를 비롯해서 그와 비슷한 생각을 가진 학자들은 이전까지 계산하지 못했던 것들을 셈에 넣고 있었다. 인구, 기대 수명, 수송 톤수, 국민소득 등이 거기에 포함되었다. 정치적 산술은 기술 시대에 새로운 경이로움을 약속했다.

---

* (1667~1735). 의사이자 풍자작가로 문인들의 모임인 스크리블러러스 클럽(Scriblerus Club)의 멤버였다. 그는 『걸리버 여행기』를 쓴 조너선 스위프트(Jonathan Swift)와 알렉산더 포프(Alexander Pope)에게 영감을 주었고, 전형적인 영국인을 의미하는 존 불(John Bull)이라는 인물을 창조했다.

** (1623~1687), 영국의 정치경제학이자 통계학자.

물레방아를 가진 사람은 절구를 가진 스무 명 몫의 옥수수를 갈 수 있다. 한 대의 인쇄기로 백 명이 손으로 쓰는 정도의 사본을 만들 수 있다. 말 한 마리가 수레를 끌면 다섯 마리가 등에 지는 짐을 옮길 수 있다. 그리고 배 한 척이나 또는 얼음 위에서라면 스무 명 몫을 하지 않겠는가?[7]

결정적인 기술, 그리고 가장 훌륭한 표준 측정의 사례는 경화硬貨였다. 페티는 어림잡아 '영국에서 통용되는 전체 화폐는' 약 6백만 파운드였고, 이 돈이 대략 6백만 명에게 통용되었다고 평가했다. 복잡한 계산 끝에 그는 '이것이 국가 무역을 운용하기에 충분한 돈'이라는 것을 보여 주었다.

그러나 세기말이 되자, 영국의 화폐는 위기에 직면했다. 은화인 페니가 지난 1천 년 동안 통화 가치의 기본 단위로 통용되었다. 그 시기의 절반에 해당하는 시간 동안, 유일한 단위였다. 그런데 이제 은의 독무대였던 화폐시장에 금이 합류했다. 화폐의 종류는 다양해졌다(그로트, 실링, 파싱, 크라운, 기니). 새롭고 화려한 주화 기니는 20실링의 가치로 추정되었다. 그러나 그 가치는 예측할 수 없이 변동했다. 셀 수 없을 만큼 많은 양의 영국 주화가 위조였다. 그리고 그보다 더 많은 양이 무게와 가치가 줄어들었다. 그 원인은 수십 년 동안 사람들이 사용했기 때문이기도 했지만, 전문적인 깎이꾼들이 금화의 가장자리를 고의적으로 깎아 냈기 때문이었다. 그들은 이렇게 깎아 낸 파편들로 금괴를 만들었다. 따라서 30년 동안 사람과 말을 동력으로 사용하는 새로운 기계가 ― 그 구조는 국가 기밀로 분류되어 철저히 숨겼다[8] ― 깎이꾼들을 격퇴하기 위해 가장자리를 깔쭉깔쭉하게 깎아 냈다. 그 결과물이 잡종 화폐였다. 그런데 아무도 새로운 주화를 사용하려 들지 않았다. 이 금화는 대부분 쌓아두거나 더 고약하게는, 녹여서 프랑스로 수출했다. 10세기에 영국의 주화를 중앙집권화했던 에드가 왕은 "한 푼의 동전도 왕의 소유권을 거치게 하라. 그리고 단 한 사람도 거부하지 못하게 하라"고 말했다. 그러나 더 이상 이 말은 통하지 않았다. 런던탑의 서쪽 누벽 안쪽에 있던 용융소와 압연실은 1690년이 시작되면서 정적만이 감돌았다. 통용되는 대부분의 주화는 그들이 거쳐 간 손들보다도 훨씬 낡고, 변조되고, 신용이 떨어지고 흐릿하게 뭉개진 은화들이었다.

왕은 뛰어난 시민들 중에서 조언을 구했다. 그중에 로크, 렌 그리고 뉴턴이 포함되어 있었다. 렌(영국의 건축설계가이자 천문학자, 수학자)은 통화 십진제를 제안했지만, 그의 의견은 받아들여지지 않았다. 신임 재무장관이 된 찰스 몬터규$^{Charles\ Montague}$는 일련의 급진적인 프로그램을 출범시켰다. 그것은 완전한 화폐 개혁이었다 – 즉, 낡은 화폐를 통화에서 완전히 회수하는 것이다. 몬터규는 케임브리지에서 뉴턴을 알았고, 화폐개혁에 대한 지지를 통해 왕은 1696년 4월에 그를 화폐주조 소장으로 임명했다. 그해는 막 화폐 개주改鑄가 시작된 때였다. 뉴턴은 당면한 산업 프로젝트, 시계 주위에 불타는 숯불, 붐비는 사람과 말의 집단, 보초를 서는 수비대 병사 등을 관리했다. 개주 화폐는 일상적인 상업에 반드시 필요한 화폐 공급을 막아버렸고, 가난한 이들로부터 부자들에게 국부를 이전시키는 결과를 낳았다.

뉴턴 자신은 조폐국장으로 그리고 1700년부터는 영주로 부를 늘려 갔다. (첫 달부터 그는 자신의 보수에 대해서 재무성에 불만을 털어놓았다.[9] 그러나 영주로서 그는 500파운드의 봉급을 받았을 뿐 아니라 주조되는 동전 1파운드 당 1퍼센트를 받았다. 그리고 이 수익이 훨씬 컸다.) 그는 저민 가에 집을 한 채 구했고, 화려하고 주로 심홍색인 가구들을 들여놓았다.[10] 또한 그는 하인들을 고용했고, 당시 27살이던 조카딸 캐서린 바턴$^{Catherine\ Barton}$을 초빙했다. 그녀는 의붓남매의 딸이었고, 가옥 관리인으로 그와 함께 살았다. 그녀는 아름답고 매력적인 모습으로 런던

사교계에서 명성을 떨쳤다. 조나단 스위프트$^{Jonathan\ Swift}$는 그녀의 숭배자였고, 자주 뉴턴의 집을 방문했다. 불과 5년 만에 그녀는 뉴턴의 지지자이자 당시 핼리팩스 백작$^{Earl\ of\ Halifax}$이었던 몬터규의 연인이 되었다.[11]

관례에 따라 조폐국장 자리는 넉넉한 수입이 보장되었다. 몬터규는 뉴턴에게 "1년에 5백에서 6백 파운드의 월급을 보장하고, 한가하게 오가는 정도 이상의 일을 요구하지 않겠다"고 약속했다.[12] 뉴턴은 자신의 교수직은 명목상의 직책으로 간주하고 별반 신경을 쓰지 않았지만, 조폐국장직 만큼은 죽을 때까지 성실하게, 때로는 광포할 정도로 열심히 수행했다. 결국 그는 용융, 시금, 그리고 야금의 대가가 되었고, 연금술사들은 꿈에나 그리던 규모로 금과 은을 증식시켰다. 그는 아직 형성되지 않은 화폐이론과 국제 통화 문제와 씨름을 벌였다.[13] 여기에 필요한 산술은 높은 수준이 아니었다. 그러나 복잡한 계산을 견딜 수 있는 사람은 거의 없었다.

> 분석시험관의 무게는 1, 2, 3, 6, 11, 12이다. …… 무게 12는 16이나 20그레인*이다. 그는 얼마간 만족한다. …… 그의 저울은 128분의 1그레인에서 돌아간다. 그것은 무게 12의 2560분의 1이며, 1페니의 10분의 1보다 적다. …… 용해업자는 용기 속에서 600, 700, 800 또는 1000파운드 무게의 은을 녹인다. 그는 하루에 항아리 세 개 분량의 은을 녹인다. …… 항아리는 불 속에서 수축한다. …… 4명의 방앗간 주인, 12마리의 말과 2명의 마부, 3개의 절삭기, 2개의 망치, 8개의 치수 측정기, 하나의 Nealer, 3개의 도금기, 2개의 표시기, 그리고 2대의 프레스와 그것을 잡아당길 14명의 인부 ……. [14]

| * grain, 형량(衡量)의 최저 단위로 0.0648그램이다. 원래 밀 한 알의 무게에서 유래했다.

클리퍼와 위조화폐범들을 뒤쫓으면서 그는 오랫동안 키워 온 청교도식의 분노와 정의감을 불러냈다. 위조 화폐는 사형에 처할 만한 중죄이자 대역죄였다. 가령 제인 하우스덴Jane Housden과 메리 피트먼Mary Pitman은 주조 장비를 가지고 잡힌 후에 사형을 언도 받았다(그러나 그 후 특사를 받았다). 그들은 죄를 모면하려고 한 무더기의 위조 화폐들을 테임즈 강에 던지기도 했다.15 종종 뉴턴은 이러한 특사에 반대했다. 위조 화폐 제조는 입증이 힘들었기 때문에 뉴턴 스스로 치안 판사가 되어서 사형이 집행될 때까지 검찰을 감독하기도 했다. 윌리엄 챌로너William Chaloner는 기니 금화를 위조했을 뿐 아니라 자신의 죄를 은폐하기 위해 조폐국이 잘못된 화폐를 만들었다고 덮어씌우려 들기까지 했다. 첩보원과 감옥 내의 끄나풀로 이루어진 정보망을 관리하고 있던 뉴턴은 그를 교수형에 처하는 데 성공했다. 그는 죄수의 마지막 탄원을 무시했다.

도둑이라면 누군가는 무엇을 잃어버렸을 것입니다. 노상강도라면 어떤 사람은 권리를 유린당했을 것입니다. …… 존경하는 재판장님 제가 죽음을 면할 수 있도록 구해 주소서. 자비를 베푸소서. 저의 잘못이 제게 재판장님의 이런 판결을 받게 했습니다. …… 오 하느님, 당신이 손을 흔들어 신호를 보내지 않으면 저는 목숨을 잃을 것입니다. 하느님이시여, 재판장님의 마음을 움직여 자비와 동정심을 베풀게 하소서……. 16

뉴턴은 위조 통화 사용죄를 희생자가 없는 범죄로 간주하지 않았다. 그는 그것을 자신의 일로 받아들였다. 그 문제에 관한 한, 왕은 화폐주조 소장에게 그곳에서 주조하는 화폐의 무게와 순도에 대한 책임을 맡겼다. 얼마간의 간격을 두고 그는 이른바 **화폐 검사**Trial of the Pyx를 실시했다. 이 명칭은 공식적인 화폐검사함^{pyx}에 견본 화폐를 넣는다는 말에서 유래했다. 이 화폐검사함은 3개의 독립적인 열쇠와 자물쇠로 보호된다. 금 세공회사의 심사원은 '불로, 물로, 촉감으로, 무게로 또는 그중 어느 한 방법이나 모든 방법으로' 정선한 화폐를 심사해야 한다. 뉴턴은 자신이 기초한 규약에 이렇게 썼고, 그 규약을 여덟 번이나 고쳐 썼다.[17] 그런 다음, 근엄한 의식을 통해 평결을 받기 위해 왕의 위원회에 제출되었다. 뉴턴은 세심하게 이러한 시험들을 준비했고, 스스로 독자적인 시금^{試金} 분석들을 수행했다. 그 시금 분석들은 뉴턴이 영국 화폐의 표준화를 새로운 정밀도의 극치로 끌어올렸음을 보여 주었다. 1702년에 앤 여왕 대관식을 위해 그는 금과 은메달을 주조했고, 재무성에 정확하게 2,485파운드, 18실링, $3\frac{1}{2}$펜스를 청구했다.[18] 그리고 3년 후, 그는 여왕의 특별 배려로 기사 작위를 받았다.

미래에 겪을 불화의 전조가 라이프니츠에게서 간접적으로 전달되어 왔다. "위대한 정신의 소유자이신 뉴턴 씨에게, 충심의 인사를 드립니다." - "저는 뉴턴 씨의 가장 심오한 유율법$^{流率法, Method of Fluxion}$이 저의 미분법과 비슷하다는 것을 인정했을 뿐 아니라 그렇다고 말하기도 했습니다. …… 또한 다른 사람들에게 이 사실을 알렸습니다."[19] 이 편지를 전달하면서 나이가 지긋한 수학자 존 월리스$^{John Wallis}$는 뉴턴에게 암흑에서 그의 보석 중 일부를 꺼내놓을 것을 청했다. 당시 뉴턴은 그 끝간 데를 모르는 지식의 보고^{寶庫}를 관리하는 관리자로 간주되었다. 월리스는 뉴턴에게 빛과 색에 대한 그의 가설을 공표해야 할 의무가 있다고 말했다. 월리스는 그가 30년 이상 광학에 대한 완전한 논문을 발표하지 않고 있다는 것을 알고 있었다. "당신은 아직 출간할 용기가 없다고 말합니다. 그렇지만 왜 지금까지 발표하지 않는겁니까? 지금이 아니라면 과연 언제인가요? 당신은 행여 내가 당신에게 문제를 일으키지 않을까 걱정이라고 덧붙였습니다. 그렇지만 다른 시기보다 지금 발표하는 것이 더 큰 문제가 될까요? …… 그러는 동안 당신은 그 문제에 대해 명성을 잃고, 우리는 이익을 잃게 될 것입니다."

그가 왕립학회로 복귀하기 위해서는 훅이 죽을 때까지 3년을 기다려야 했다. 훅은 1703년 3월에 세상을 떠났다. 몇 달 후 뉴턴이 새 회장으로 선출되었다. 과거의 회장들은 명예직이거나 정치적 인물들인 경우가 종종 있었다. 이제 뉴턴이 권력을 장악했고, 그는 독단적으로 자신의 권력을 행사했다. 그는 곧바로 자신을 실험 책임자$^{Curator\ of\ Experiment}$로 임명했다. 회장으로서 그는 거의 모든 회의에 참석했고, 거의 모든 논문 독회에서 회장의 지위로 논평했다.[20] 그는 자신이 위원회 구성원 선발권을 가져야 한다고 주장했고, 왕립학회의 침체된 재정을 강화했다. 그 과정에서 부분적으로는 자신의 호주머니를 털기도 했다. 뉴턴은 자신이 사회를 주재할 때에만 회장 직장職杖*을 내놓을 수 있게 하는 규칙을 강요했다.

훅이 죽자 그는 마침내 월리스의 권고를 받아들여 그의 두 번째 대작을 발간했다. 그 책은 라틴어가 아니라 영어였고,[21] 더 중요한 사실은 수학이 아니라 산문으로 쓰였다는 점이다. 이번에는 편집자가 필요하지 않았다. 그는 30년 전부터 빛과 색채의 성질, 반사와 굴절의 기하학, 렌즈가 어떻게 상을 맺는가, 눈과 망원경의 작동 원리 등에 대해 했던 연구를 기반으로 3권의 저서를 발간했다. 3권은 순백의 기원, 프리즘 그리고 무지개였다. 그는 '질문^{Queries}'의 형식으로 더 많은 주제들을 덧붙였다. 열에 대한 질문, 에테르에 대한 질문, 신비로운 특성,

---

* royal mace, 이것은 회장의 직권을 상징하는 일종의 권표(權標)이며, 찰스 2세가 왕립학회에 하사했다.

멀리 떨어진 곳에서의 작용, 관성 등이 그런 주제들이었다. 덤으로 그는 두 편의 수학 논문을 포함시켰다. 이것은 그가 처음 발간한 수학논문이었다. 그는 이 저서에 『광학 Opticks』 또는 『빛의 반사, 굴절, 변곡, 그리고 색채에 대한 논문[a] Treatise on the Reflexions, Refraction, Inflexions and Colours of Light』이라는 제목을 붙였다. 그는 왜 자신이 1675년부터 발간을 미뤄 왔는지 설명한 '통고문'과 함께 이 책을 왕립학회에 제출했다. 통고문을 붙인 까닭은 '논쟁에 휘말리는 것을 피하기 위해서'였다.[22]

단지 훅이 세상을 떠난 것이 아니라 세상이 바뀌었다. 수학 실험과 이론의 통합이라는 뉴턴의 스타일은 철학자들에게 익숙해졌고, 그들은 1670년대에 조롱거리에 불과했고 회의주의를 자극했던 똑같은 명제를 즉각 수용했다. 『광학』에서 뉴턴은 자신의 실험을 생생하게 기술했고, 『프린키피아』에 비해 연구 양식을 – 최소한 훨씬 그럴듯한 연구 양식을 – 많이 드러냈다. 그는 마치 징검다리를 건너듯 광학을 둘러싼 불가사의들을 뛰어넘었다. 굴절의 삼각법에서 안경과 거울의 사용까지, 얇은 투명판에서 거품까지, 무지개의 조성에서 수정의 굴절까지. 가용한 데이터들은 대부분 가공되지 않은 것이었고 부정확했다. 그러나 그는 마찰, 열, 부패, 물체가 연소하면서 그 부분들이 진동할 때 방출되는 빛 등 그 무엇으로부터도 물러서지 않았다. 그는 이 신비스러운 특성을 '전기 electricity'라고 불렀다. 그리고 그것을, 1675년에 종잇조각으로 했던 그의 실험에서 나타난 것처럼, 유리나 옷의 자극으로부터 발생하는 것으로 보이는 증기, 유체 또는 생기력으로 생각했다.

그렇다면 뉴턴은 빛을 파동이나 입자 어느 쪽으로 이해했는가? 그는 여전히 가설적으로 빛이 물질 입자의 흐름이라고 믿고 있었다. 그러나 그는 마치 파동처럼 보이는 현상도 탐구했다. "광선이 마치 뱀장어처럼 움직이지 않는가?" 훅이 땅에 묻히자, 뉴턴은 연못에 돌을 던지면 파문이 일듯이 광파와 함께 진동한 다고 생각된 매체인 에테르도 함께 묻어 버렸다. 이 에테르는 행성의 영구 운동에 간섭을 일으킬 것으로 생각되었기 때문이다. 에테르 문제만 없으면, 당시 행성 운동은 완벽하게 수립되었다.

그는 자신의 입자설을 고수했다. 즉, 빛은 '빛나는 물질에서 방출되는 아주 작은 물체^{Bodies}'라는 것이다.[23] 따라서 그는 그릇된 전환을 한 셈이다. 다음 2세기 동안 연구자들이 빛을 파동으로 다루면서 많은 성과를 거두었고 에너지에 대한 근본적인 관점에서 입자성보다 매끄러움을 선택했기 때문이다. 색의 수학적 처리는 파장과 진동수에 달려 있었다. 즉, 아인슈타인이 결국 빛이 양자^{量子}로 움직인다는 사실을 입증할 때까지는 말이다. 그러나 다른 어떤 실험자보다 빛이 파동이라는 사실을 확립한 사람은 바로 뉴턴이었다. 1인치의 수백 분의 1의 측정 정확도로 그는 박막의 색 고리$^{colored\ ring}$를 연구했다.[24] 그는 일종의 주기성 변동 또는 진동 이외에는 이 현상을 이해할 수 없다는 사실을 발견했다. 회절도 의심의 여지없이 주기성의 징후였다. 그는 이러한 징후들을 자신의 입자성과 화해시킬 수 없었고, 그렇다고 해서 그것들을 자신의 기록에서 누락시킬 수도 없었다. 그는 어떻게 입자가 파동이 될 수 있는지, 또는 파동성을 구현하는지 이해할 수 없었다. 그는 뜻밖의 단어인 일치하다^{fit}는 말에 의지했다. 가령 "쉬운 반사에 일치하다" 또는 "쉬운 투과에 일치하다" 하는 식이었다. "필경 그것은 발광체로부터 나오는 첫 번째 방출에 일치하고, 그 진행과정에서 계속된다. 왜냐하면 이러한 일치가 지속적인 본성이기 때문이다."[25]

『광학』은 우주론과 형이상학까지 포괄했고 – 이후 새로운 판이 나오면서 주제 범위는 더욱 확장되었다. 이제 그는 권위를 실어 말할 수 있었다. 그는 고시를 발표할 때 자신의 설교단을 이용했다. 그는 다음과 같은 언명을 여러 차례

되풀이했다. 자연은 조화롭고, 자연은 단순하며, 자연은 스스로에게 부합한다.[26] 복잡성은 질서로 환원된다. 법칙은 발견될 수 있다. 공간은 무한한 공동void이다. 물질은 단단하고 투과할 수 없는 원자로 이루어져 있다. 이 입자는 알려지지 않은 힘에 의해 서로를 끌어당긴다. "그 힘을 알아내는 것이 실험 철학의 과제이다."[27] 그는 후손과 추종자들에게 자연 철학의 완성이라는 임무를 준 것이다. 그는 그들에게 더욱 진전된 연구 '분석의 방법으로 어려운 문제들을 조사' 하는 과제를 남겨 주었다.[28] 후세 과학자들은 단지 표지와 방법을 따르기만 하면 되었다.

왕립학회 회장으로 그는 두 명의 실험 책임자를 고용했다.[29] 때로 그는 그들에게 『프린키피아』의 주장들을 입증하거나 확장시키게 하기도 했지만 – 가령, 교회 탑에서 납으로 만든 추와 공기를 불어넣은 돼지 방광을 떨어뜨리는 실험을 시킨 적도 있었다 – 그보다 더 자주 빛, 열 그리고 화학에 대한 실험을 독려했다. 실험의 한 흐름은 전기소electric effluvium*를 탐구하는 것이었다. 예를 들어 옷으로 문지른 유리관 속에 밝은 방전을 일으킨 다음 깃털을 이용해서 유리관의 끌어당기는 힘을 조사하는 식이었다.** 그것은 마치 어떤 영혼이 유리 속으로 들어가서 작은 물체들을 움직이고, 빛을 방출하는 것처럼 보였다. 그렇지만 무엇이? 『광학』을 개정하면서 그는 새로 『의문들Queries』의 초고를 썼다. "모든 물체에는 매우 희박하지만 활동적이고 힘 있는 전기 영혼electric spirit이 그득하고, 그

---

* 고대 그리스인들은 이미 호박(琥珀)을 모피에 문지르면 깃털 같은 가벼운 물체들을 끌어당긴다는 사실을 발견했다. 영어의 electricity라는 단어도 그리스어로 '호박' 이라는 뜻의 엘렉트론(elektron)에서 비롯되었다. 자기와 전기에 대해 본격적인 연구를 한 길버트는 전기와 자기를 구분했다. 그는 전기력은 자기력과는 달리 전기소(electrical effluvium)라는 극히 희박한 액체, 즉 수분에 의해 매개된다고 생각했다(출전:"한국물리학회")

** 왕립학회의 실험 책임자였던 프랜시스 혹스비(Francis Hauksbee, ca. 1666~1713)는 수은 기둥 위의 진공에서 발생하는 빛을 연구하는 과정에서 전기를 연속적으로 발생시키는 기구를 제작했다. 그는 회전하는 유리공이나 원판을 이용해서 전기를 발생시킨 뒤 이 전기로부터 발생하는 다양한 섬광현상에 대해 연구했다.

로 인해 빛이 방출되고, 굴절과 반사가 나타나고, 전기의 끌림과 비산飛散이 이루어지는가?"[30] 그는 이 초고를 발표하지 않았다. 그렇지만 다음 세기에 이루어진 전기 연구의 궤적은 『광학』에까지 이어지는 것처럼 보인다.

뉴턴은 이렇게 쓰고 있다. "나는 단지 아직 발견되지 않은 채 남아 있는 것에 대한 분석을 시작했을 따름이다. 그것은 그에 대한 여러 가지를 암시하고 있으며, 그 암시는 추후 실험과 탐구적인 관찰에 의해 검토되고 개량되도록 남겨둔다."[31] 활성 원리들active principles이 – 연금술의 색조를 띠는 – 발견되지 않은 채 남아 있었다. 중력, 발효 그리고 생명 자체의 원리들이 그것이다. 이러한 활성적 원리들만이 운동의 지속성과 다양성, 태양과 지구의 항상적인 가열 등을 설명할 수 있었다. 이런 원리들만이 우리와 죽음 사이에 있다. '만약 이런 원리들이 없다면' 뉴턴은 이렇게 썼다.

> 지구, 행성, 혜성, 태양 그리고 그 속에 있는 모든 것들은 차가워지고 얼어붙어서 비활성의 덩어리가 되었을 것이다. 그리고 부패, 발생, 증식 그리고 생명이 모두 멈출 것이다."[32]

『광학』에 실린 글은 서서히 유럽으로 확산되었다. 그리고 라틴어판이 출간된 1706년 이후에는 조금 더 빨리 퍼져 나갔다.[33] 원로 신학자이자 데카르트학파인 니콜라 말브랑슈Nicolas Malebranche 신부는 『광학』을 다음과 같이 평했다. "뉴턴 씨는 물리학자가 아님에도 불구하고, 그의 책은 매우 흥미롭다……."[34] 그의 수학을 논박하는 데 한 번도 성공하지 못했던 경쟁자들은 그의 형이상학에서 새로운 기회를 발견했다. 그는 신의 '감각중추sensorium'로 무한 공간을 언급했다. 그것을 통해 그는 편재遍在와 전지全知를 통합하려 했다. 신은 도처에 존재하기 때문에 즉각적으로 그리고 완벽하게 모든 것을 안다는 것이다. 그러나 신의 감각을 맡는 기관을 시사하는 어려운 단어가 그를 신학적 반격에 취약하게 만들었다. 라이프니츠는 베르누이에게 이들 유명한 숭배자들이 이제 뉴턴의 적으로 돌아섰다고 말했다. "나는 그 책을 검토했고, 그 발상에 웃음을 터뜨렸다. 그로부터 모든 것이 유래하는 신이 감각중추를 필요로 했겠는가. 이 사람은 형이상학으로 거의 성공을 거두지 못한다."[35] 그리고 이번에도 라이프니츠는 뉴턴의 진공을 혐오했다. 그로서는 방대한 무^{emptiness}의 세계를 받아들일 수 없었다. 그리고 이 무를 가로질러 서로를 끌어당기는 행성들은 불합리하게 인식되었다. 그는 운동을 분석할 수 있는 준거 틀로 사용된 뉴턴의 절대 공간 개념에 반대했고, 중력이라는 개념을 조롱했다. 한 천체가 다른 천체를 밀거나 앞으로 추진시키지 않으면서 그 주위를 돈다는 것은 불가능하다는 것이다. 설령 초자연적인 힘이라도 말이다. "나는 기적이 아니고는 그런 일이 일어날 수 없다고 생각한다."[36]

이제 그와 뉴턴은 공공연하게 갈등을 빚었다. 뉴턴보다 네 살이 어린 라이프니츠는 세계를 훨씬 더 많이 둘러보았다. 어깨가 구부정한 이 남자는 지칠 줄 모르는 실무가였고, 변호사이자 외교관, 세계주의자 여행가이며, 영국 하노버 왕가의 조신朝臣이었다. 두 사람이 처음 편지를 – 탐색과 경계로 – 주고받은 것은 1670년대였다. 수학 분야에서 숨김없이 털어놓지 않으면서 어떤 지식에 대한 주장을 효과적으로 펴기란 역설적으로 힘들었다. 뉴턴이 올덴버그를 통해 라이프니츠에게 보낸 긴 편지는 접선의 역 문제$^{inverse\ problem}$를 풀 수 있는 '두 가지' 방법을 가지고 있다고 주장했고, 그런 다음 그것을 암호로 숨겼다.

지금 나는 그 방법들을 위치를 바꾼 글자들로 기록하는 것이 적당하다는 생각에

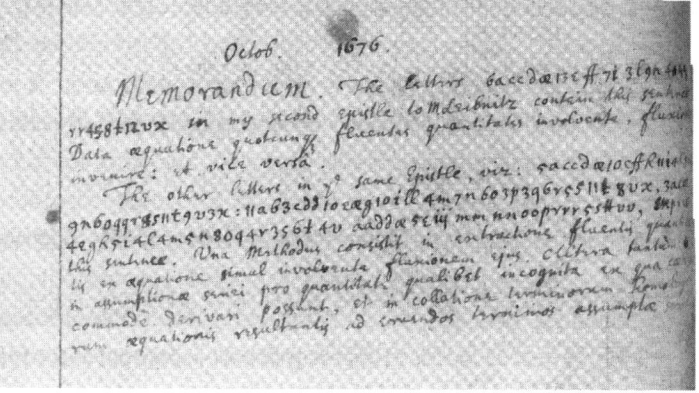
라이프니츠에게 보낸 암호의 열쇠

도달했다. ……

5accdce10effh11i4l3m9n6oqqr8s11t9v3x:11ab3cddl0eceg10illrm7n603p3q6r5s

11t8vx,3acce4egh5i414m5n8oq4r3s6t4vaaddceeeeeeiijmmnnooprrssssttuu.[37]

그리고 그는 그 열쇠를 자신에게 남긴, 날짜가 있는 '메모'에 적어 두었다. 이 암호는 아직도 풀리지 않았지만, 뉴턴은 라이프니츠에게 강력한 방법을 보여 주었다. 이항정리, 무한급수의 사용, 접선의 작도 그리고 극대점과 극소점의 발견 등이 그것이다.

그에 대응해서 라이프니츠는 1684년과 1696년에 그와 연관된 자신의 수학 연구 "접선과 극대점과 극소점을 찾는 새로운 방법, 분수나 그 밖의 무리수에 의해 제약을 받지 않으며 이를 위한 뛰어난 계산법"을 독일의 새로운 저널 『학술기요[Acta Eruditorum]』에 발표했을 때 그 점을 인정하지 않는 쪽을 택했다. 그는 도함수와 적분을 계산하는 규칙 그리고 dx, $f(x)$, $\int x$와 같은 혁신적인 기호법을 제공했다. 이것은 실용적인 수학, 증명이 없는 수학, '가장 어렵고 아름다운 문제'³⁸를 푸는 셈법이었다. 이 계산법은, 미분이라는 새로운 명칭으로, 새로운 분석 도구를 숨긴 채 고전 기하학적 양식으로 대륙을 가로질러『프린키피아』가 발간되기 직전에 영국으로 서서히 전파되었다.

　수십 년이 지난 후, 뉴턴은「광학」과 함께 여러 편의 수학 논문을 발표하기로 결심했다. 그리고 그는 자신의 목적을 확실히 했다. 특히「곡선의 구적법^{求積法}에 대하여」는 처음으로 그의 유율법을 선보였다. 실제로 기호는 전혀 달랐지만, 이것은 라이프니츠의 미분법과 똑같았다. 라이프니츠가 연속적인 차이를 사용한 반면, 뉴턴은 연속적인 시간에 따른 흐름의 변화율에 대해서 이야기했다. 라이프니츠가 불연속적인 조각들, 즉 아주 작은 조각들이 중심개념이었다면 뉴턴에게는 연속체였다. 미적분에 대한 깊은 이해가 한 사람에서 다른 사람에로의 정신적 가교, 일견 호환될 수 없을 것처럼 보이는 두 기호 체계의 번역과 화해를 요구했다.

　뉴턴은 1666년에 자신이 발견을 했다고 선언했을 뿐 아니라 당시 라이프니츠에게 그 사실을 알렸다고까지 주장했다. 그는 서한, 글자 수수께끼를 비롯해서 모든 것을 공개했다.³⁹ 곧바로 뉴턴이 '라이프니츠의 미분' 대신 '유율'이라고 부르면서 라이프니츠의 방법을 채택했다고 주장하는 익명의 반박문이「학술기요」에 실렸다. 그 익명의 인물은 라이프니츠였다. 뉴턴의 제자들도「철학회보」에 맞불을 놓았다. 그들은 라이프니츠가 뉴턴이 자신의 방법을 기술한 것을 읽고 "다른 기호법을 사용해서 다른 이름으로 똑같은 셈법을 출간했다"고 주장했다.⁴⁰ 공격과 반격이 거듭되면서 몇 해가 흘렀다. 그래도 싸움은 그치지 않았다. 열성적인 지지자들이 양 진영에 가세했다. 그들은 사실적 역사에 대한 실제 지식보다 민족적 열정에서 더 큰 자극을 받았다.

　본인들이 이 싸움에 직접 나선 것은 1711년이었다. 라이프니츠의 격노한 편지가 왕립학회에 날아들었고, 그 편지는 큰 소리로 낭독되었고 "그 내용을 숙고하도록 회장에게 전달되었다".[41] 왕립학회는 '과거의 편지와 논문들'을 조사하기 위한 위원회를 만들었다.[42] 뉴턴이 그 자료를 제공했다. 존 콜린스[John Collins]와 교신한 초기 서한들이 공개되었다. 라이프니츠는 그중 일부를 보았지만, 시점은 모두 그 이전이었다. 위원회는 전례에 없던 기록을 작성했다. 그것은 수학적 발견에 대한 상세하고 분석적인 역사였다. 지금까지 미적분에 대해 이보다 더 분명한 설명은 존재하지 않는다. 그러나 이 기록의 요점은 해설이 아니었다. 보고서는 논박을 위한 것이었고, 라이프니츠를 비난하고 그를 표절 덩어리로 단죄하기 위한 것이었다. 보고서는 뉴턴의 방법이 '여러 해 앞선' 최초의 것이었을 뿐 아니라 더 우아하고, 더 자연스럽고, 더 기하학적이고, 더 유용하고 더 확실하다고 판결했다.[43] 보고서는 웅변과 열정으로 뉴턴을 옹호했다. 그리고 그것은 전혀 이상한 일이 아니었다. 왜냐하면 보고서의 숨겨진 저자가 바로 뉴턴이었기 때문이다.

왕립학회는 문제의 보고서를 재빨리 출간했다. 아울러 보고서에 대한 장문의 평론도 「철학회보」에 실었다 – 실제로 그것은 통렬한 비난이었다. 이 평론 역시 비밀리에 뉴턴이 작성했다. 따라서 그는 자신이 쓴 익명의 보고서를 다시 익명으로 평했고, 그 과정에서 그는 공정하게 말했다.

공정하게 말해서, 보고서는 우리에게 그가 그것을 발견하기 전에 그 방법을 발견한 것처럼 가장해서 무엇을 의도했는지 이해시키기 위해 (라이프니츠에 대해) 거짓말을 하고 있다.

공정하게 말해서 보고서는, 그가 뉴턴 씨와 경쟁을 하고 그를 밀어내기 위한 것이 아니라 다른 계획을 가지고 이 오래된 날조를 가장한 것처럼 우리를 이해시키기 위해 그에 대해 거짓말을 하고 있다.

그가 그 논문들을 썼을 때, 그는 아직 배우는 자였다. 그리고 그는 이것을 솔직하게 인정해야 한다.

그는 올바르게 이렇게 선언했다. "그 누구도 자신의 증인이 될 수는 없다. 재판관이 누군가가 자신의 증인이라고 인정한다면 그는 매우 불공정하고 모든 국법에 어긋난 판결을 하게 될 것이다."[44]

뉴턴은 라이프니츠에 대해 여러 차례 사적인 글을 썼다. 대개 단어 몇 개만 바뀌었을 뿐 지독한 논박을 똑같이 반복하는 것이었다. 미적분법에 대한 우선권 논쟁은 철학 논쟁으로까지 번졌고, 유럽인들은 그의 이론들이 기적이나 신비로운 성질에 기대고 있다는 비난을 점차 날카롭게 제기했다. 그렇다면 어떤 추론이나 원인이 허용되어야 하는가? 최초로 미적분법을 발명했다는 자신의 주장을 엄호하면서, 뉴턴은 그가 가진 신념의 규칙을 언급했고 그의 과학이 – 그리고 모든 과학이 – 판단되어야 하는 개념 틀을 제안했다. 반면 라이프니츠는 다른 규칙을 따랐다. 이 독일인은 기적에 반대하고 신학에 기초한 주장을 폈다. 예를 들어 그는 신의 완벽함과 그의 제작품의 뛰어남을 근거로, 순수 이성에 의거해서, 진공과 원자의 불가능성을 주장했다. 그는 불완전한 신을 함축하는 뉴턴을 – 그리고 그의 협잡을 – 비난했다.

뉴턴은 지식과 실험을 결합시켰다. 그는 실험이 도달할 수 없는 곳을 명시적으로 해결되지 않은 신비로 남겨 두었다. 이것은 그 자체로는 적절했지만, 독일인들은 그의 관점을 정면으로 받아쳤다. "마치 확실성을 만족시키는 것이 범죄라면 불확실성은 그대로 놔두라는 말과 같다."

뉴턴은 익명으로 쓴 글에서 이렇게 말했다. "이들 두 독일인들은 철학이 매우 다르다."

한 사람은 철학자가 현상과 실험에서 원인을, 따라서 원인들의 원인을, 논증해야 한다고 가르친다. 그런 식으로 우리는 제1원인에 도달할 수 있을 것이다. 다른 사람은 제1원인의 모든 행동이 기적이며, 신의 의지에 의해 자연에 부과된 모든 법칙들은 영원한 기적이자 신비스러운 본성이며, 따라서 철학에서 고려되지 않는다고 말한다. 그러나 신의 권능이나 아직 우리에게 알려지지 않은 원인의 작동에서 유래한 것이라면 자연의 영구적이고 보편적인 법칙은 기적이나 불가사의로 불려야 할 것이다.[45]

뉴턴은 진실을 너무도 잘 알고 있었다. 그와 라이프니츠는 각기 독립적으로 미적분법을 창안했다. 라이프니츠는 자신이 뉴턴으로부터 배운 것에 대해 − 대리인을 통해 단편적으로 − 대체로 솔직하지 못했지만, 발명의 핵심적인 부분은 그의 것이었다. 뉴턴은 먼저 발견을 했고 더 많은 것을 발견했다. 그러나 라이프니츠는 뉴턴이 하지 않았던 일을 했다. 즉, 자신의 연구를 세상에 발표해서 사람들이 이용하고 판단하게 한 것이다. 경쟁과 시기를 낳은 것은 비밀이었다. 표절 시비는 지식 전파의 틈에서 가열되었다. 17세기 수학처럼 젊고 갑작스럽게 많은 성과를 낸 분야에서, 발견들은 다른 장소에서 다른 사람에 의해 거듭 발견되기를 기다리고 있었다.[46]

뉴턴−라이프니츠 논쟁은 주인공들이 세상을 떠난 후에도 오랫동안 계속되었다. 이 논쟁은 영국의 수학 발전을 제약했다. 정설이 뉴턴의 점 표기법을 강화시켰기 때문이다.[47] 역사학자들이 더 많은 것을 알아낼수록, 논쟁의 추악함이 드러났다. 아무도 레노어 파이겐바움$^{Lenore\ Feigenbaum}$*의 단순명쾌한 주장을 반박할 수 없을 것이다. "뛰어난 능력과 막강한 권력을 가진 사람들이 친구를 배반하고, 부끄럽게도 그들의 적에게 거짓말을 하고, 증오에 찬 비방을 하고, 서로 인신공격을 했다."[48] 뉴턴의 격노와 라이프니츠의 빈정거림, 이 최초의 과학자들의 가장 어두운 감정들이 그들이 공유했던 업적을 거의 가려 버렸다.

그러나 우선권 논쟁은 과학을 사적인 관념에서 공적인 활동으로 전환시키는 데 기여했다. 그 과정에서 뉴턴이 감추려 했던 문헌들이 빛을 보았고, 이 새로운 방법들, 즉 그 풍부함, 대체가능성 그리고 힘에 대한 철학자들의 관심이 초점으로 부각했다. 겉으로는 매우 다른 형식주의들의 경쟁은 함께 공유하는 근원적인 핵심에 대한 관심을 가져왔다.

뉴턴이 만년에 보인 강박증은 여러 가지 점에서 후대 사람들을 실망시켰다. 같은 이유는 아니지만, 후일 뉴턴주의자들은 연금술과 성경의 예언에 대한 그의 추구를 골칫거리로 여겼다. 과학이 영국에서 막 제도화되기 시작했을 때, 뉴턴은 스스로 독재자가 되었다. 그는 왕립학회에서 훅의 잔재를 일소했다. 그는 천문대를 능가하는 권력을 획득했고, 플램스티드로부터 이 천문학자의 평생의 연구인 항성들의 상세한 목록을 **빼앗았다.**** (플램스티드는 뉴턴에게 소환되어서 "핼리가 내게 알리지 않고 나의 목록을 발간한 것을 고소했다. 나는 나의 필생의 노력의

| * 터프츠 대학의 수학사 교수. 17~18세기의 미적분학 우선권 논쟁 연구로 잘 알려져 있다.

** 플램스티드는 왕립 그리니치 천문대를 세웠고 이 천문대의 초대 대장이 되었다. 그의 항성목록인 「Historia Coelestis Britannica」(1725)에는 이전의 다른 어떤 목록보다도 많은 별(3,000개)이 수록되어 있으며 그 위치도 더욱 정확하게 표시되어 있다. 플램스티드는 보다 정확한 목록을 만들기 위해 출간을 늦추었지만, 당시 『프린키피아』 2판을 발간하기 위해 이 자료가 반드시 필요했던 뉴턴은 플램스티드가 고의로 자신을 방해한다고 생각하고 복수심을 키웠다. 플램스티드는 절반 정도가 완성된 항성 목록을 밀봉해서 뉴턴에게 전달했고, 뉴턴은 핼리의 자료를 첨가해서 목록의 출판을 강행했다. 그 과정에서 뉴턴은 플램스티드의 왕립학회 회원 자격을 박탈하고, 1710년에는 실질적으로 천문대장의 권한을 빼앗았다. 뉴턴은 핼리와 함께 1712년에 부정확한 목록을 출간했지만, 그동안 뉴턴을 지지한 앤 여왕이 죽고 조지 1세가 즉위하면서 정치적 상황이 변화했다. 결국 결점과 오류 투성이인 항성 목록 300부를 플램스티드에게 돌려주라는 판결이 내려졌고, 플램스티드는 이 책들을 그리니치 공원에 쌓아 놓고 불태워 버렸다.

결과를 도둑맞았다고 비난했다. 그러자 그는 나를 해고했고, 강아지라는 둥 그가 생각해 낼 수 있는 온갖 사악한 이름으로 나를 불렀다"고 말했다.[49] 20세기의 가장 저명한 학자이자 뉴턴의 수학 연구의 수호자가 되었던 화이트사이드[D. T. Whiteside]는 이렇게 말할 수밖에 없었다.

> 자신의 시대와 이후 수백 년 동안의 사상에 자신들의 영향을 각인할 수 있는 뛰어난 능력과 지적 천재를 가진 사람들은 지금까지 극히 소수에 불과했다. 한 나라의 조폐국을 책임지고, 위조 화폐범들을 적발하고, 이미 상당한 정도였던 개인 재산을 늘리고, 정치적 거물이 되고, 심지어는 동료 과학자들에게까지 명령을 내렸다는 것은 『프린키피아』를 집필했던 사람의 어리석고 허망한 야망이라고 밖에는 할 수 없을 것 같다.

그렇지만 뉴턴은 그렇게 생각하지 않았던 것 같다.[50] 그는 신의 사명을 다하고, 그의 비밀을 추구하고, 그의 설계를 해석하는 사람이 되었다. 그러나 그는 결코 철학자들을 자신의 편으로 끌어들이려 하지 않았다. 그는 학파나 숭배자 집단을 이끌려고 의도하지 않았다. 그럼에도 그는 제자들을 모았고, 적 또한 저절로 생겨났다. 라이프니츠는 도덕적 승리에 대한 염원을 버리지 않았다. 그는 이렇게 썼다. "안녕 진공이여, 원자여, 그리고 뉴턴 씨의 모든 철학이여."[51]

라이프니츠는 1716년에 세상을 떠났다. 그는 만년을 하노버 왕가에서 대공의 사서로 지냈다. 그러나 뉴턴은 아직 건재했다.

제 15 장

냉혹한 정신

외진 이국의 섬들로부터 새로운 소식들이 빨리 전달되었다. 「철학회보」는 필리핀 섬과 호텐토트의 발견을 보고했다.¹ 이런 소식들에 고무되어 1726년에 플리트가^(Fleet Street) 인쇄소는 『걸리버 여행기^(Travels into Several Remote Nations of the World, by one Captain Lemuel Gulliver)』를 발간했다. 이 책은 야후*와 거인국 주민들처럼 흥미로운 사람들에 대한 이야기를 쓰고 있다. 마침내 걸리버의 여행은 그를 마법사의 섬, 글럽덥드립에 도착한다. 그곳에서 걸리버는 고대인과 현대인들의 이야기를 듣고 그들의 역사를 비교한다.² 아리스토텔레스는 길고 부드러운 머리카락과 야윈 모습으로 나타나서 자신의 실수를 고백하고 데카르트의 소용돌이 가설^(Descartes's vortices)**이 곧 타파될 것이라고 지적했고, 일종의 인식론적 상대주의를 제기했다.

---

* 『걸리버 여행기』에 나오는 사람 모습을 한 동물.

** 그는 빛의 본질을 설명하기 위해 소위 '소용돌이' 또는 '와동(渦動)' 이론을 제기했다. 이 가설에서는 태양이 에테르라는 매질 속을 운동하는 과정에서 매질과의 마찰로 태양에서 떨어져 나온 물질이 응결하여 행성을 만들었다고 한다. 데카르트는 태양계의 와동이 유지되는 것은 태양으로부터 오는 빛의 압력 때문이라고 믿었다.

그는 인력에 대해서도 같은 운명을 예견했다. 현대의 학자들은 그에 대해 열광적인 주장자라고 한다. 그는 이렇게 말했다. "자연의 새로운 체계란 새 유행에 불과하다. 그것은 모든 시대마다 달라질 것이다. 수학적 원리로 그 체계를 입증한 것인 양 가장하는 사람들조차도 짧은 기간 동안만 번성할 것이다. 그리고 시간이 되면 인기를 잃게 될 것이다."

아리스토텔레스의 망령이라면 그렇게 생각할 수 있을 것이다. 그렇지만 사람의 우주론이 그처럼 빨리 왔다가 사라진 적은 없었고, 새로운 체계가 사람의 평생에 해당하는 기간 동안 낡은 것을 대체시킨 적도 거의 없었다. 뉴턴의 우주관이 오랫동안 지속되리라는 사실을 스위프트가 알 리 없었다.

볼테르는 그것이 그리 중요치 않다고 말했다. 읽을 줄 아는 사람은 거의 없고, 그중에서도 철학을 읽을 수 있는 사람은 더욱 없다는 것이다. "사고하는 사람의 숫자는 극히 적다. 그리고 그들은 세상을 전복시키는 데 별반 관심이 없다."[3] 그럼에도 뉴턴주의에 사로잡힌 그는 자신의 저작을 통해 — 대중적인 과학 저술과 신화 만들기로 — 뉴턴의 이론을 전파시키기 시작했다. 그는 뉴턴의 조카로부터 들은 사과 이야기를 했다. "무한의 미로와 심연은 뉴턴이 수행한 또 하나의 새로운 여행이었고, 그는 우리가 그것을 통해 스스로 길을 찾을 수 있는 끈을 주었다." 그리고 그는 익숙한 충격^{impulsion} 이론을 신비스러운 인력^{attraction}으로 대체시킨 것에 불평을 늘어놓은* 수많은 프랑스 비판자들에 — 식자^{識者}이든 아니든 간에 — 대해 뉴턴을 옹호했다. 그는 상상으로 뉴턴의 목소리를 통해 다음과 같은 반박을 만들어 냈다.

당신들은 인력이라는 말보다 충격력이라는 말을 더 잘 이해한다. 만약 여러분이 어떤 물체가 다른 물체의 중심을 향하는 경향이 있다는 것을 이해할 수 없다면 한 물체가 다른 물체를 어떤 힘에 의해 밀어낼 수 있는지 상상할 수 없을 것이다. …… 나는 물질의 새로운 특성을 발견했다. 그것은 창조주의 비밀 중 하나이다. 나는 그 영향력을 계산하고 입증했다. 사람들은 내가 붙인 이름에 대해 공연히 흠을 잡는 것이 타당한가?[4]

영국과 유럽의 다른 회고록 작가들은 특정 종류의 개인적인 세부 사항들을 기록으로 남겼다. 이 위대한 인물은 시력이 매우 좋았고, 치아는 하나를 제외하고 모두 있었다. 그는 순백의 머리를 유지했다. 그는 점잖고 예의바른 태도를 지켰고, 침묵을 소중히 여겼으며 말다툼을 싫어했다. 그는 단 한 번을 제외하고는 결코 웃지 않았는데, 그 한 번은 유클리드를 읽는 것이 생활에 어떤 도움이 되느냐는 질문을 받았을 때였다. "그 물음에 대해 아이작 뉴턴은 매우 즐거워했다." 그는 방광 결석으로 여러 시간 동안 극도의 고통에 시달리다가 세상을 떠났다. 그의 이마에서는 쉴 새 없이 땀방울이 흘러내렸지만, 그는 결코 소리를 지르거나 불평하지 않았다.[5]

새로운 대중 신문들이 지방으로 신기한 소식을 전달한 영국에서, 뉴턴의 죽음은 그 후 10여 년 동안 사람들을 자극해서 애국적이고 서정적인 운문들이 쏟아져 나왔다. 결국 그는 빛의 철학자였다. 애가哀歌 시인들은 불타오르는 적색,

---

| * 뉴턴의 『프린키피아』에서 인력 개념이 등장하기 전까지 대륙에서는 데카르트의 충격력 개념이 통용되었다. 데카르트는 모든 운동은 접촉과 충격력에 의해서만 이루어진다는 기계론을 주장했다. 당시 대륙에서는 원격작용, 즉 멀리 떨어진 상태에서 작용하는 인력이라는 개념을 문제시했다. 인력이나 반발력처럼 원격 작용에 의한 힘 개념은 당시에 주로 연금술사나 마술사들이 쓰던 용어였는데, 특히 데카르트 철학의 영향 아래에 있던 곳에서는 이런 원격작용에 의한 힘을 인정한 뉴턴 역학에 대해서 강한 반발을 보였다. 데카르트의 편지 속에 등장했던 문제의 구절은 다음과 같다. "According to your Cartesians, everything is performed by an impulsion, of which we have very little notion; and according to Sir Isaac Newton, it is by an attraction, the cause of which is as much unknown to us."

황갈색, 오렌지색, 짙은 남색 등 그가 프리즘을 통해 발견한 모든 색깔의 공적을 그에게 돌렸다. 리처드 로바트Richard Lovatt는 1733년에 『레이디스 다이어리Ladies Diary』*에 다음과 같은 시를 게재했다.

> …… 위대한 뉴턴이 기초를 닦았다.
> 오, 그의 신비스러운 예술 ……
> 영국의 아들들은 오래토록 그의 연구를 따르리라.
> 진기한 정리들로 그는 달을 추적할 수 있었고,
> 달의 진정한 운동이 모든 곳에서 밝혀졌다.[6]

그는 영웅, 영국의 영웅, 칼이 아니라 '진기한 정리들'을 휘두른 새로운 종류의 영웅이었다. 그를 통해 지식과 권력의 연결이 이루어졌다. 지식이라고 모두 동등한 것은 아니었다. 『젠틀맨스 매거진Gentleman's Magazine』**은 '그곳에서 가르치는 지식의 주요한 두 분야가 프랑스어와 춤인' 학교에 대해 불만을 표시했지만, 뉴턴을 기리는 기념패가 런던탑에 안장되었다는 소식을 기쁘게 보도했다.[7] 더 많은 시가 발표되었고, 한 열광주의자는 단 두 줄로 뉴턴에 대한 찬가를 쓰기도 했다.

> 뉴턴은 더 이상 없다 – 침묵으로 비탄을 표현한다.
> 이곳에 그가 누워 있다. 그의 세계는 영면永眠을 포고한다.[8]

---

* 기초수학에 대한 논문과 글이 실렸던 잡지.

** 1731년 영국의 인쇄업자 에드워드 케이브에 의해 발행되었다. 다양한 주제를 망라하여 편집한 최초의 잡지였는데, 여러 곳에서 다양한 주제에 대한 평론과 기사들을 모은 월간지였다.

알렉산더 포프의 2행 연구는 훨씬 많은 사람들의 입에 회자되었다.

자연과 자연의 법칙이 어둠 속에 감춰져 있었다.
신이 '뉴턴아 있으라!' 하시매 모든 것이 밝아졌다.⁹

문자가 힘을 얻기 어려운 곳에서는 대중강연과 순회 실연實演이 이루어졌다. 뉴턴은 검증가능한 주장을 제기했다. 데카르트는 지구가 계란처럼 생겼다고 주장했지만, 뉴턴은 계산을 통해 지구가 적도 지방이 더 편평하고, 폭이 넓다고 선언했다. 1733년에 프랑스 과학아카데미French Academy of Sciences는 이 문제를 해결하기 위해서 북으로는 라플란드, 남으로는 페루까지 사분의四分儀, 망원경, 그리고 20피트 나무 막대를 갖춘 탐험대를 급파했다. 10년 후 그들은 뉴턴의 견해를 뒷받침하는 측정 자료를 가지고 돌아왔다. 항성과 행성에 대한 정통한 지식이 바람만큼이나 영국 선박들에게 능력을 부여해 주었다. 가령 핼리는 뉴턴주의Newtonianism를 믿는 것이 무엇을 뜻하는지 보여 주었다. 그는 혜성의 경로를 계산해서 공개적으로 극적인 예측을 내놓았고, 76년마다 한 번씩 지구로 돌아올 것이라고 예언했다. 1715년에 핼리는 달그림자가 언제 그리고 어느 지점에서 영국을 가로질러 갈 것인지 보여 주는 대판지大版紙 지도를 발간해서 개기 일식을 예측했다. 왕립학회는 지정된 시각에 안뜰과 지붕 꼭대기에 모였다. 그리고 그들은 맑은 하늘에서 갑자기 때 아닌 황혼과 태양의 코로나太冠를 보았다. 혼란스러워진 올빼미는 하늘로 날아올랐다. 그들은 천문학자들이 천체의 불가사의를 예측해서 천체 현상을 길들이고 그것으로부터 공포를 제거하는 것을 보았다.¹⁰

뉴턴주의는 새로운 정통 이론으로 발전하면서 표적이 되었다. 다음과 같은 논문들에서 계속 반론이 제기되었다. "뉴턴 철학에 대한 평론; 그 속에 들어 있는 수학적 증명을 가장한 오류들, 그를 통해 저자들은 그의 철학이 명백히 폭로되었고 그 철학 자체가 수학적 물리학적 증명에 의한 오류이며 터무니없다는 사실이 충분히 입증됨."[11] 뉴턴주의는 풍자 문학에도 영감을 불어넣었다. 일부는 성찰적이었고, 다른 것들은 꾸밈없이 정중한 태도를 보였다. 뉴턴주의로 개종한 질링엄 메이저 교구 목사는 「신학과 기독교의 수학적 원리」$^{Theologirz\ Christiance\ Principia\ Mathematica}$라는 논문을 썼다. 이 논문은 복음서에 대한 반증 가능성이 시간이 흐르면서 감소하고, 3144년에는 영이 될 것이라는 계산을 했다. 빈의 내과 의사인 프란츠 메스머$^{Franz\ Mesmer}$는 동물 전기 또는 동물 중력을 발견했고, 그 치료 원리가 뉴턴의 원리에 기반하고 있다고 주장했다. 그는 그 원리를 자신의 이름을 따서 메스머주의^{Mesmerism}*라고 불렀다.

그러나 아직까지 영국에서 뉴턴주의라는 말은 없었다.[12] 이탈리아에서는 「Il Newtonianismo per le Dame」라는 교육적인 목적의 소논문이 발간되어 즉시 프랑스어로 번역되었고, 후일 「여성들을 위한 아이작 뉴턴 경의 철학 해석」이라는 제목으로 영역되었다. 이 논문은 모두 6편의 대화체로 구성되었고, 생생하고 영웅시적 문체로 이루어졌다. 또한 서로 떨어져 있는 연인들이 서로를 끌어당기는 힘을 역제곱의 법칙으로 계산했다. 결국 이 철학자는 칼을 휘둘렀다. "따라서 스스로 공언한 가상의 체계에 대한 적이자 여러분들이 그에게 진정한 철학의 개념을 빚지고 있는 아이작 뉴턴 경은 부활하는 데카르트 히드라**의 두 개의 머리를 한 칼에 베었다."[13]

---

*이것은 최면의 원리이기도 하다. 메스머는 질병을 치유하는 자신의 능력으로 수만 명에 달하는 추종자들을 끌어모았다. 그는 자신이 지닌 힘이 '자기(磁氣)' 과학에서 스스로 해낸 발견에 근거한 것이라고 주장했다. 그러나 최면이 치료의 한 영역으로 인정받기까지는 많은 시간이 필요했다.

**히드라는 그리스 신화에서 헤라클레스가 죽인 머리가 아홉인 뱀이다. 머리를 하나 자르면 둘이 솟아난다고 알려져서 근절하기 어려운 대상을 상징한다.

영웅시적 양식은 곧 유행에서 벗어났다. 오늘날 시인들은 뉴턴을 칭송하지 않는다. 그렇지만 시인들이 뉴턴이나 그의 전설을 사랑할 수는 있다. 엘리자베스 소콜로우^{Elizabeth Socolow}*는 대담하게 이렇게 말했다. "어쩌면 그가 사과 이야기를 지어냈을 수도 있고, 그렇지 않을 수도 있다."

나는 그가 실재하는 것 같지 않지만, 정확하게 작동하는 힘을 발견하기 위해 평생 동안 추구했던 길을 본다.[14]

수세기 동안 시인들은 그를 의심했고, 심지어는 그를 악마화하기도 했다 – 그의 계산적 영혼, 그의 차가운 합리성, '그들이' 가지고 있던 신비를 빼앗아 간 약탈 등이 의구심의 원천이었다. 따라서 뉴턴은 그의 친구들 뿐 아니라 적들에 의해서도 창조되었다.

키츠와 워즈워스는 1817년 12월의 살을 에이는 듯 추운 밤에 낭만주의 화가 벤저민 헤이든^{Benjamin Haydon}을 그의 화실에서 만났다.[15] 그는 시인들에게 아직 미완성인 넓은 화폭에 캔버스에 그리고 있던 미완성의 「예수의 예루살렘 입성^{Christ's Entry into Jerusalem}」을 보여 주었다. 그는 예수를 추종하는 무리들 속에 뉴턴의 얼굴을 그려 넣었다. 키츠는 그 점을 놀려 대면서 빈정대듯 건배를 제안했다. "뉴턴의 건강을 위해서, 그리고 수학을 저주하며." 뉴턴은 그의 프리즘으로 무지개를 갈가리 풀어냈다. 그는 자연을 철학으로 환원시켰으며, 지식을 '평범한 사실들의 활기 없는 목록'으로 만들었다. 그는 '한 치의 오차도 없는 엄밀함으로 모든 신비를 정복하려고' 시도했다.[16] 셸리는 뉴턴에 대해 이렇게 불만을 털어놓았다.

| * 미국의 시인. 1987에 「Laughing at Gravity: Conversations with Isaac Newton」이라는 시집을 발간했다.

무한을 보석으로 장식한 위대한 천구들은

그의 고향 마을의 암흑을 비춰 주는

하늘에 고정된 번쩍거리는 반점들에 불과했다!¹⁷

그는 항성을 위대한 천구로 끌어올린 것이 뉴턴이라는 사실을 인정할 수 없었다. 워즈워스 역시 마음속에 차갑지만 장엄한 상(像)을 품고 있었다. 그는 트리니티 대학에서 달빛 속에 서 있는 뉴턴의 동상을 보았다.

손에 프리즘을 들고 침묵하고 있는 얼굴의 뉴턴

홀로, 낯선 사상의 바다를 지나 영원한 항해를 계속하는

정신의 냉혹한 거울¹⁸

뉴턴을 가장 뿌리깊게 혐오한 사람은 신화작가, 시인, 조각가이자 몽상가인 윌리엄 블레이크William Blake였다. 블레이크는 천성적으로 뉴턴을 싫어했다. 그는 뉴턴을 혐오했지만 다른 한편으로는 존경했다. 그가 뉴턴을 그렸을 때, 금발 머리 타래와 민감한 손 그리고 억센 근육을 가진 반신반인으로 묘사했다. 그러나 그는 상상력의 적, 즉 입법자와 억압자 "알려지지 않고, 마음을 빼앗긴, 골똘히 생각에 잠긴, 비밀스러운, 어두운 힘을 숨기고 있는" 적을 보았다.[19] 라이프니츠와 데카르트주의자들과 마찬가지로 그는 뉴턴의 진공을 두려워했다. 그러나 그들과 달리 그는 진공을 믿었다. 그는 이렇게 썼다. "이 혐오스러운 진공, 이 영혼을 전율하게 만드는 진공." 그가 뉴턴을 비난한 것은 그의 완벽함과 엄밀함 때문이었다. 그는 뉴턴이 진리 탐구자로서 거둔 성공 자체를 비난했다. "신은 진리가 수학적 증명 속에 유폐되는 것을 금했다."[20] 그는 뉴턴이 추상화와 일반화로 특수에서 이탈하는 것을 비난했다. 블레이크는 상상력에 종말을 고한 뉴턴의 이성을 비난했다. 그리고 그가 의심이라는 방법을 통해 지식을 찾으려 한 점을 나무랐다.

이성은 기적을 말한다, 뉴턴은 의심을 말한다.
아무렴, 그것이 모든 자연을 이해하는 방식인 걸.
의심하라, 의심하라 그리고 실험이 아니면 믿지 말라.[21]

그는 에덴의 노화老化, 산업화와 기계화, 그리고 공장들이 연기로 공기를 흐리는 과정에서 뉴턴이 했던 역할을 — 낭만주의자들은 이것을 인식하기 시작했다 — 비난했다. 블레이크는 이렇게 부르짖었다.

많은 바퀴 중에서 나는 뉴턴의 수차를 본다. 바퀴없는 바퀴, 폭군같은 톱니를 가진 그의 바퀴는 서로의 충격력에 의해 움직인다.

바퀴 속에 바퀴가 있고, 조화와 평화 속에서 자유롭게 돌아가는 에덴의 바퀴와는 사뭇 다르게.[22]

뉴턴은 많은 것을 주었고, 또한 많은 것을 앗아갔다. 그는 질서, 안전 그리고 법칙성의 의미를 주었다. 미국의 독립 선언은 로크를 통해 뉴턴주의를 발견했다. 그리고 독립선언문의 첫 문장은 자연 법칙을 인용하면서 영국을 배격했다. 뉴턴은 무한 공간을 주었지만, 충만함을 앗아갔다. 왜냐하면 무한과 함께 진공이 왔기 때문이다. 그는 신비스러움을 빼앗았고, 그것은 어떤 사람들에게는 경건한 신심(信心)을 뜻했다. 그리고 특별한 목적을 위한 우주는 신의 섭리에 의한 우주이기도 했다.

그는 신화 속에서 창조되었다. 그것은 시인들의 뉴턴이었다. 아무도 그를 살아남게 만든 방대한 논문들의 창고를 읽으려 들지 않았다. 원고, 미완성 초안, 계산과 사색의 흔적이 적힌 메모, 이 모든 것들이 누대를 거쳐 영국 귀족가의 개인 보관소에 들어 있었다. 삼위일체설에 반대한 이단은 소문만 돌았을 뿐, 아직도 밝혀지지 않았다. 누군가 그에 대해 실제 전기를 쓰려는 사람은 한 세기가 지난 후에야 나타났다. 그는 신앙심이 깊은 데이비드 브루스터(David Brewster)였다. 그는 1831년에 뉴턴의 천재성의 숭고함을 존경했고, 특히 그의 단순성과 박애를 강조했고, 몇 개의 혼란스러운 원고를 보았음에도 다음과 같이 확고하게 선언했다. "아이작 뉴턴 경이 연금술의 원리를 신봉했다고 추정할 아무런 근거도 없다."[23]

또한 브루스터는 사과 이야기를 들었고 일부러 울스소프에 살아남은 나무를 보기 위해 찾아갔음에도, 사과에 대해 확실한 입장을 견지했다. 그의 입장은 시인들에게 뉴턴의 전설 속에 사과가 차지하는 위치를 확실하게 보증해 주었다. 그들은 사과가 아득한 태고의 시대에서 무엇을 이끌어 내는지 알고 있었다. 그것은 죄와 지식, 지식과 영감이었다. 바이런은 이렇게 노래했다.

> 사람은 사과와 함께 떨어지고, 사과와 함께 일어섰다.
>
> 우리는, 그때까지 밝혀지지 않은 별과 막혀 있는 길을 뚫고
>
> 아이작 뉴턴 경이 드러낸,
>
> 그런 방식으로 생각해야 한다.
>
> 그로 인해 상쇄되는 것들에 대해 사람들은 비통해 한다.
>
> 그 이후 영원히, 불사의 인간이
>
> 온갖 종류의 기계들로 빛나고,
>
> 곧 등장한 증기기관들은 그를 달로 인도한다.[24]

성공이 신뢰를 낳았다. 법은 승리했다. 뉴턴의 추종자와 계승자들은 그 자신의 것보다 더 완벽한 뉴턴주의를 창조했고, 합리적 결정론의 극단에 도달하기 위해 분투했다. 혁명이 끝난 프랑스에서 피에르 시몽 드 라플라스$^{Pierre\ Simon\ de\ Laplace}$*는 뉴턴의 기계론을 오늘날의 장場이론에 적합한 형태로 다시 표현했다. 그는 어느 한 순간의 삼라만상의 위치와 힘에 대한 모든 데이터를 가진 초超지성, 완벽한 컴퓨터를 상상했다. 그 기계는 오로지 뉴턴의 법칙을 따르기만 하면 되었

| * 프랑스의 수학자. 그는 뉴턴의 기계론적 세계관을 한층 더 강화시켜서 결정론으로 발전시킨 인물로 알려져 있다. 그는 우주가 합리성의 법칙에 따라 움직이는 곳이라고 생각했고, 만약 과거에 대한 모든 정보가 주어지면 미래까지 예측할 수 있다고 믿었다.

다. "이러한 지성체는 우주의 가장 큰 천체들의 운행에서 가장 가벼운 원자의 움직임까지 하나의 공식으로 포괄할 것이다. 그리고 그 지성체의 눈에는 과거와 마찬가지로 미래까지 보일 것이다."

철학자들은 더 이상 뉴턴을 자신들의 동료라고 주장하지 않는다. 철학은 그를 흡수했다. 독일의 경향을 라이프니츠와 그의 추론 연쇄, 유신론적 증명 그리고 순환논법에 거역하게 만든 이마누엘 칸트가 그 시작이었다. 칸트는 과학이 특별히 성공적이며, 경험에서 출발하는 지식이라고 보았다. 그는 시간과 공간을 인식론으로 끌어들였다. 공간은 비어 있든 아니든 간에 크기이며, 시간은 다른 종류의 무한이고, 둘 다 우리 바깥에 있고, 영원하고 실재하는 무엇이었다. 우리가 어떻게 무엇을 알 수 있는지 탐구하려면, 이러한 절대에 대한 지식에서 출발해야 한다. 그러나 이후 뉴턴은 철학자들에게 기이한 인물이 되었다. 에드윈 아서 버트Edwin Arthur Burtt*가 1924년에 『현대 물리과학의 형이상학적 토대Metaphysical Foundations of Modern Physical Science』라는 책을 썼을 때, 그는 그 토대를 마련한 인물로 가장 먼저 뉴턴을 꼽았고, 매우 진지하게 이렇게 말했다. "과학 발견과 그 공식화에서 뉴턴은 기적과도 같은 천재였다. 반면 철학자로서 그는 무비판적이고, 불완전하고, 일관성이 없으며, 심지어 이류라고까지 할 수 있다." 그는 내친 김에 이런 말까지 덧붙였다. "근대 과학을 가지는 것이 지난 수세기 동안의 형이상학적 야만에 값할 만하다는 데에는 의심의 여지가 없다."[25]

『프린키피아』는 갈림길을 냈다. 그 후 과학과 철학은 각기 다른 길을 걸었다. 뉴턴은 형이상학의 영역에서 배제되었고, 사물의 본성에 대한 – 존재하는 것들에 대한 – 많은 물음들은 물리학이라는 새로운 영역을 배정받았다. 그는

| * (1892~1989). 미국의 철학자. 종교철학에 대한 저서를 많이 남겼다.

이렇게 선언했다. "우리는 좀 더 안전하게 이러한 준비가 이루어지고 있다고 주장한다."[26] 그리고 그보다 덜 안전하게, 과학을 수학화시킴으로써 그는 그 사실과 주장이 잘못임을 입증가능하게 만들었다.[27] 이러한 취약성이 그 강점이었다. 19세기 초에 조르주 퀴비에$^{Georges\ Cuvier}$*는 시샘하듯 이렇게 물었다. "언젠가는 자연사에도 뉴턴이 나타나지 않겠는가?" 20세기 초에 사회과학자, 경제학자 그리고 생물학자들도 자신들의 뉴턴, 또는 결코 얻을 수 없는 뉴턴의 완벽함이라는 이미지를 고대했다.[28]

이후 과학은 그와 같은 완벽성, 즉 절대성과 결정론을 거부하는 것처럼 보였다. 아인슈타인의 상대성이론은 절대 공간과 절대 시간에 대한 혁명적 강습으로 비춰졌다. 그는 운동이 시간의 흐름과 공간의 기하학에 의해 비틀린다는 것을 발견했다. 중력은 말로 나타낼 수 없는 힘에 불과한 것이 아니라 시공 그 자체의 곡률이기도 했다. 질량 역시 재정의되었다. 즉, 질량은 에너지와 맞바꿀 수 있는 무엇이 되었다.[29] 조지 버나드 쇼$^{George\ Bernard\ Shaw}$**는 라디오 청취자들에게 그동안 뉴턴주의는 종교와 같았지만, 이제 "무너지고 아인슈타인의 우주가 그 자리를 차지하게 되었다"고 선언했다.[30] 토마스 쿤$^{T.\ S.\ Kuhn}$***은 그의 유명한 과학혁명$^{scientific\ revolution}$ 이론을 주장하면서 아인슈타인이 과학을 "그의 계승자들보다 뉴턴의 전임자들이 직면했던 것에 더 비슷한" 문제와 신념들로 돌려놓았다고 말했다.[31] 이것 역시 신화였다.

우리는 시간과 공간, 힘과 질량에 대한 책을 읽거나 연구하기 훨씬 전부터

---

* 프랑스의 동물학자이자 고생물학자.

** 아일랜드의 극작가.

*** 미국의 과학사학자이자 과학철학자.

뉴턴의 방식으로 그것들을 이해한다. 아인슈타인은 뉴턴이 묶어 놓은 핀에서 시공을 흔들어 풀어놓았다. 그럼에도, 그는 뉴턴의 시공 속에서 살았다. 그것은 기하학적 엄밀함과 우리가 보고 감각하는 세계의 독립성이라는 절대성이었다. 그는 뉴턴이 주조한 연장들을 기꺼이 휘둘렀다. 아인슈타인의 상대성은 일상이나 심리적 상대성이 아니었다.[32] 그는 1919년에 이렇게 말했다. "누구도 뉴턴의 위대한 업적이 이 이론(상대성이론)이나 그 밖의 어떤 이론에 의해 진짜 대체될 수 있다고 가정해서는 안 된다. 그의 위대하고 명료한 개념들은 자연철학의 영역에서 근대의 전체 개념 구조의 토대로서 모든 시대에 걸쳐 독특한 중요성을 유지할 것이다."[33] 아인슈타인과 그의 추종자들이 과학에 되돌려 준 관찰자observer는 뉴턴이 제거했던 관찰자와는 닮은 곳이 거의 없다. 중세의 관찰자는 부주의하고 모호했다. 시간은 어제와 내일, 느림과 빠름의 집적이었고, 측정하거나 그것에 의존할 아무것도 없었다. 먼저 시간과 공간을 구해 내서 절대적이고, 실제적이고, 수학적인 무엇으로 만들어야 했다. 보통 사람들은 이러한 양量을, 다른 어떤 관념도 아닌, 그들이 감각적 대상에 대해 가지는 관계에서 인식한다. 여기에서 감각적sensible이란 나무로 만들어진 조잡한 자^{R}와 시간만을 알려 주는 시계를 뜻한다. 따라서 특정한 편견이 발생하고, 이러한 편견을 제거하려면 그러한 감각을 절대와 상대, 실제와 겉보기, 수학과 일상으로 구분하는 편이 편리할 것이다. 연속적인 태양의 남중南中으로 측정하는 하루의 길이는 저마다 다르다. 철학은 보증되지 않은 척도를 필요로 했다. 물리학을 창조하는 과정에서, 시간과 공간이라는 순수 감각을 추상하는 것은 편리했을 뿐 아니라 필수적이었다. 그렇다 해도, 뉴턴은 3세기 후에 등장할 상대론자들에게 틈을 남겨 두었다. 그는 그것에 의해 시간을 정확히 측정할 수 있는 동등한 운동이라는 것이 있을 수 있다고 썼다. 그리고 다른 장소와 운동이 준거로 삼을 수 있는 진짜 정지한

물체란 존재하지 않을 수 있다.³⁴

그가 주장한 빛에 대한 특정 관점은, 설령 몇 가지 의미에서 옳다고 입증되었다 해도, 현대의 양자역학으로 이어지지는 않았다. 질량과 에너지의 등가성을 발견한 것은 아인슈타인이었다. 사실 뉴턴은 이러한 유기적 통일성을 의심했다. "거대한 물체와 빛이 서로 전환가능하지 않을까? 물체가 그 조성에 유입되는 빛의 입자들로부터 그 활성의 많은 부분을 받지 않을까?"³⁵ 그는 역장力場에 대해 한 번도 말한 적이 없지만, 장이론은 중심에 대해 분산되어 있는 중력과 자력에 대한 그의 견해에서 탄생했다. "중심을 향하는 전체의 노력 …… 주위 장소 하나하나를 통해 중심으로부터 확산되는 특정 효력."³⁶ 또한 뉴턴은 물질의 응집cohesion에 대한 다른 설명을 배제하면서 원자 이하의 힘의 존재를 예견했다. "어떤 사람들은 갈고리에 걸려 있는 원자를 창안했다. 그 견해는 물음을 구걸하고 있다." 다른 사람들은 신비스러운 특성에 호소하도록 놔두라. "나는 오히려 그들의 응집에서 그 입자들이 어떤 힘에 의해 서로를 끌어당긴다고 추론했다. 그 힘은 인접한 접촉에서 엄청나게 강하다."³⁷ 그는 이러한 힘이 – 중력, 자기력 그리고 전기력과 독립적인 또 다른 힘 – 가장 가까운 거리에서만 효과를 발휘할 것이라고 추측했다.

무한, 진공, 법칙들은 오랜 시간을 견뎌야 한다 – 그것은 유행이 아니며 뒤집을 수 없는 무엇이다. 우리는 그가 배웠던 것들의 본질을 내화시킨다. 소수의 일반 원리들이 무수한 특성과 사물들의 운동을 모두 일으킨다. 우주를 이루는 기본 구성단위와 법칙들은 어디에서든 같다.³⁸

현대의 과학자들만큼 과거에서 불쑥 거대한 모습을 드러내는 뉴턴의 유산이라는 무거운 짐을 느끼는 사람은 없을 것이다. 한 가지 우려가 그의 후예들을 성가시게 한다. 그것은 뉴턴이 너무 큰 성공을 거둔 것 같다는 우려, 그의 방법들이 가지는 힘이 그들에게 너무 큰 권위를 주었다는 우려이다. 천체 역학에 대한 그의 해解는 너무도 완벽하고 정확해서 과학자들은 도처에서 똑같은 정확성을 찾을 수밖에 없었다. 헤르만 본디$^{Hermann\ Bondi}$*는 이렇게 말했다. "그가 우리에게 준 도구는 오늘날 적용되고 있는 너무도 많은 것들의 토대를 마련해 주었다. …… 사실 우리는 그의 발걸음을 따르는 것 이상 그다지 많은 일을 하고 있지 않은지도 모른다. …… 우리는 우리의 체계에서 그것들을 제거할 수 없다."[39] 뉴턴이 알았던 것은 우리가 미처 깨닫지 못한 사이에 우리 지식의 정수에 스며들어 있었다.

20세기 초반에 나타나기 시작한 뉴턴의 논문들은 현금이 궁해진 귀족들이 경매에 붙이면서 유럽과 대서양 건너편 수집가들의 손으로 흩어졌다. 1936년에 캐서린 바턴$^{Catherine\ Barton}$**의 자손인 리밍턴 자작$^{Viscount\ Lymington}$은 소더비경매장에 3백만 단어의 원고가 들어 있는 금속 트렁크를 보냈다. 이 논문은 329품목으로 분리되어 경매에 부쳐졌다. 그러나 사람들은 거의 관심을 보이지 않았다.[40] 그런데 경제학자이자 케임브리지 대학교에서 강의를 하던 존 메이너드 케인즈$^{John\ Maynard\ Keynes}$가 말하기를, 이 불경한 행위에 마음이 움직여 그중 일부를 경매에서 사들였고, 다행히도 컬렉션의 3분의 1 이상을 다시 조합할 수 있었다. 거기에서 발견한 것은 그를 놀라게 했다. 그 속에는 블레이크가 그토록 혐오했던 차가운 이성주의자가 아니라 연금술사, 이단적 신학자, 특이하고 비상한 천

---

* 영국의 수학자이자 우주론자. 우주가 팽창하지 않고 정상(定常) 상태를 유지한다는 '정상우주론'을 주장했다.

** 캐서린 바턴(1679~1739)은 아이작 뉴턴의 이복 여조카이며 찰스 몬타규(Charles Montagu)의 친척이다. 뉴턴이 그녀에게 보낸 편지가 남아 있다.

재가 있었다. 그것은 '격렬하게 불타오르는 정신'이었다. 이 논문들과 함께 케인즈는 그의 데드 마스크도 구입했다. 그것은 눈이 없고 찌푸린 표정이었다. 뉴턴은 최소한 20점 이상의 초상화를 그렸지만, 모두가 생전의 것은 아니었다. 초상화들은 저마다 크게 달랐다.

케인즈는 트리니티 칼리지의 어두컴컴한 방에서 몇 사람의 학생과 추종자들에게 이렇게 말했다. '뉴턴이 이성의 시대를 연 최초의 사람은 아니었다. 그는 최후의 마술사, 마지막 바빌로니아인이자 수메르인, 약 1만 년 전에 인류의 지적 유산을 쌓아올리기 시작했던 사람들과 같은 눈으로 가시적이고 지적인 세계를 바라보았던 마지막 위대한 정신이었다.'[41] 전설 속의 뉴턴, '이성의 시대의 현인이자 군주'인 뉴턴은 후일 소생할 수밖에 없었다.

그는 마지막 순간까지 무척 많은 것을 숨겼다. 건강이 쇠퇴했지만 그는 글쓰기를 멈추지 않았다. 그의 조카딸의 새 남편인 존 콘듀이트$^{John\ Conduitt}$는 만년의 뉴턴이 거의 보이지 않는 어두움 속에서 세계에 대한 강박적인 역사, 『고대 왕국의 개정된 연대기$^{The\ Chronology\ of\ Ancient\ Kingdoms\ Amended}$』를 쓰고 있던 모습을 보았다[42] – 그는 최소한 10여 편의 초고를 썼다. 그는 왕들의 통치기간과 노아의 후대^{後代}를 계산했고, 그리스 신화에 나오는 아르고선의 항해 연대를 계산하기 위해 천문 셈법을 이용했으며, 고대 왕국들이 일반적인 추정치에 비해 수백 년이나 현대에 가깝다고 주장했다. 그는 솔로몬 신전에 대한 자신의 분석을 포함시켰고, 우상숭배와 왕들의 신격화에 대한 이야기들은 그를 이단적인 믿음의 소유자로 의심하기에 충분했다. 그러나 그는 마지막 순간에 이 원고들을 삭제했다.

고통스러운 통풍^{痛風} 발작이 한차례 지나간 후, 그는 방안의 장작불 앞에 콘듀이트와 함께 앉아 혜성에 대한 이야기를 나눴다. 그는 태양이 끊임없이 보충을 필요로 하고, 불 위에 던져 넣는 장작처럼 혜성들이 그것을 공급해야 한다고 말했다. 1680년의 혜성이 다가오고 있었고, 그 혜성은 다시 돌아올 것이다. 그는 한 번 가까워진 다음에 다섯 번이나 여섯 번 더 궤도를 선회한 후에 태양으로 떨어져 모든 것을 소진하며 밝게 타올라 태양에 연료를 공급할 것이라고 말했다. 그리고 혜성의 모든 거주생물들은 불꽃 속에서 사라진다는 것이다.[43] 그렇지만 뉴턴은 그것이 추측에 불과하다고 말했다. 그는 이렇게 썼다. "모든 본성을 설명하기란, 누구에게나 또는 어느 시대에도, 너무 어려운 과제이다. 약간의 확실성으로 설명하고, 나머지는 당신 다음에 오는 다른 사람들에게 남겨 두는

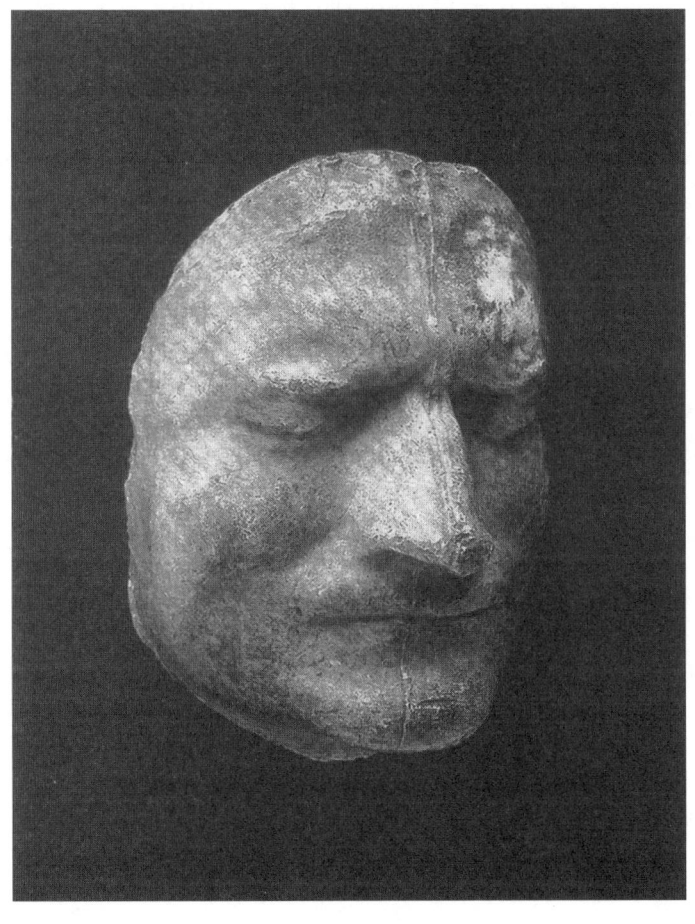

편이 나을 것이다."⁴⁴ 그는 이 논문이 적힌 종이들도 폐기했다.

임종자리에서 그는 교회의 성사聖事를 거절했다. 두 사람의 의사도 그의 통증을 덜어 줄 수 없었다. 그는 1727년 3월 19일 일요일 아침에 영면했다. 화요일에 왕립학회는 일지에 이렇게 기록했다. "아이작 뉴턴 경의 사망으로 의장이 공석이 되었으므로 이날 회의가 열리지 않음."

그의 가까운 선조들은 대서인을 통해 빈약한 소유물을 누구에게 증여할 것인지 알리는 유서를 쓰게 했다. 유산은 대개 양이었다. 이런 문서를 남기지 않으면 이름조차 사라지곤 했다. 뉴턴이 세상을 떠난 직후에 그의 유언장을 찾았던 초기 연대기 기록자는 울스소프 본당 교구의 출생과 매장 기록을 뒤졌지만, 거의 아무것도 발견하지 못했다. "정보는 부주의와 적절한 보존이 이루어지지 않아서 소실되고, 파괴되고, 말살되었다." 그는 이렇게 욕을 퍼부었다. "국가의 기록이 가장 허술하다! …… 본당 교구의 집사는 글을 거의 쓰지 못하는 문맹이고, 주정뱅이이거나 게으름뱅이이다. 전체 왕국의 운명과 이득이 크게 좌우되는 과제가 그 기록이다." 마을의 오래된 책장 속에 보관되어 있던, '1642년 세례자 명단'이라는 제목의 낡은 양피지 책 안에 이런 문구가 적혀 있다. "아이작과 한나 뉴턴의 아들 아이작, 1월 1일."⁴⁵

84년 동안 그는 많은 재산을 모았다. 집안의 가구와 비품들은 대부분 심홍색이었다. 심홍색 커튼, 심홍색 앙골라 털 침대, 그리고 심홍색 쿠션 등. 그밖에 시계, 한 벌의 수학 도구와 화학 실험용 유리기구들, 포도주와 사과술 몇 병, 39개의 은메달과 여러 개의 소석고燒石膏, 거의 2천 권에 달하는 방대한 장서와 많은 비밀 원고들, 금괴와 금화들이 있었다 – 그의 전체 유산은 모두 31,821파운드⁴⁶의 가치가 나가는 것으로 추정되었다. 이것은 상당한 액수였다.

그러나 그는 유언장을 남기지 않았다.

역자후기

우리는 모두 뉴턴주의자이다

 이 책을 쓴 제임스 글릭은 우리에게도 무척 친숙한 과학저술가이다. 그가 썼던 『카오스』와 『천재』는 많은 사람들의 사랑을 받았다. 특히 『카오스』는 불모에 가까웠던 우리나라의 과학 교양서 시장에 일대 돌풍을 일으켰고 많은 사람들에게 과학책을 통해 재미와 함께 세상을 바라보는 중요한 관점도 얻을 수 있다는 것을 알려 주었다.
 영국의 『가디언지』는 글릭의 글이 가지는 장점을 '간결함과 집중'이라고 적절하게 평했다. 조금 풀어서 설명하자면, 그는 군더더기를 찾아보기 힘들만큼 깔끔하게 과학의 역사에서 가장 중요하고 가장 신비에 싸인 인물을 서술했고, 일반인을 대상으로 한 책이라고 해서 적당히 넘어가지 않고 다루어야 할 주제를 모두 다루고 있다.
 많은 사람들이 가장 위대한 과학자로 뉴턴을 꼽지만, 뉴턴만큼이나 신비화되고 오해된 인물도 찾기 힘들 것이다. 그동안 뉴턴이나 그의 이론을 소재로 삼은 책은 헤아릴 수 없이 많지만 대부분의 서술은 1차 자료에 기반한 것이 아니라 2차, 3차 사료를 토대로 삼았다. 따라서 어디까지가 진짜이고, 어디부터가 허구인지 구분하기도 쉽지 않은 것이 사실이었다. 그에 비해 글릭은 거의 1차 사료에 근거해서 이 책을 쓰고 있다.
 글릭이 이 책에서 서술하려는 첫 번째 목표는 '있는 그대로의 뉴턴'을 보여 주려는 것이었다. 그는 과학의 가장 위대한 인물로 칭송되었던 뉴턴의 또 다른 면모를 숨기지 않고 드러낸다. 그는 부모도 친구도 없이 기이할 정도로 단순하고 강박적인 삶을 살았고, 자신의 길을 방해하는 거물들과는 치졸할 만큼 온갖 수를 동원해 싸움을 벌였고, 최소한 한 번 이상 미치기 직전의 정신적 공황으로 내몰렸고, 평생 가장 멀리 이동한 거리가 고작 150마일을 넘지 않으며, 죽을 때까지 여자를 한 번도 접하지 않은 것이 확실하고, 그가 썼던 글의 주제 중에서 연금술이 가장 큰 비중을 차지했던 최후의 연금술사였다. 이 책은 독자들에게 살아 숨쉬고, 욕망과 시기심에 불타고, 오로지 자신의 천재성에 기반해서 마술과 과학의 경계선을 넘나들며 고뇌하는 인간 뉴턴의 모습을 훌륭하게 복원시켜 준다.

또 하나의 중요한 특징은 글릭이 '뉴턴주의'가 어떻게 형성되었는지를 보여 준다는 점이다. 그는 서문에서 이렇게 썼다. "뉴턴이 깨달은 것은 …… 우리 지식의 정수로 남아 있다. 뉴턴의 법칙이 우리의 법칙인 것이다. 우리가 힘과 질량에 대해서나 작용과 반작용에 대해서 말할 때 …… 그리고 팔을 쭉 펴고 지구 쪽으로 끌어당기는 중력의 힘을 도처에서 느낄 때, 우리는 열렬하고 독실한 뉴턴주의자가 된다."

뉴턴이 『프린키피아』에서 정식화한 운동법칙과 중력법칙은 우리가 세상을 바라보는 관점의 초석이 되었다. 우리가 근대성^{modernity}이라 지칭하는 근대의 특성, 즉 근대를 그 이전의 시대와 구분시키는 '근대스러움'은 사실 뉴턴에 의해 그 토대가 마련된 셈이다. 뉴턴의 법칙은 곧 우리의 법칙인 셈이다. 그런 면에서 우리는 모두 뉴턴주의자이다.

따라서 이 책을 통해 우리는 뉴턴이 어떻게 세계를 인식하는 틀을 구축했는지 따라가면서, 우리 자신의 세계관이 어떻게 형성되었는지를 좇아가는 셈이다.

역자 김동광

후주

연대에 대한 일러두기. 우리가 다루는 시기에 영국의 역법은 처음에는 10일, 그리고 나중에는 11일이 유럽 다른 지역의 역법보다 늦었다. 나는 영국의 날짜를 따랐다. 그리고 영국의 1년은 1월 1일이 아니라 3월 25일에 시작되었다. 따라서 가령 뉴턴이 3월 20일이 죽었을 때, 영국에서는 그해가 1726년이라고 생각하지만, 다른 지역에서는 1727년이다. 우리의 시대착오적 관점에 따르면, 그것은 1727년이다. 따라서 나는 유럽의 근대 역법을 따랐다.

언어에 대한 일러두기. 나는 대부분 원본의 철자와 문체를 그대로 따랐다. 그러나 뉴턴이 (그리고 다른 사람들이) 단어를 "y^e," "w^{ch}," "y^t," &c., 식으로 압축한 경우에는 가독성을 높이기 위해서 바른 철자법으로 현대화시켰다.

제사[題詞] 죽기 전해에 최초의 반사망원경을 제작한 일에 대한 회상. 그의 조카 남편인 존 콘듀이트에 의해 기록되었다. 비망록. 1726년 8월 31. Keynes MS 130.10.

1. "철학자들의 허영과 억측에 대해 얼마나 좋은 교훈인가!" 1831년에 최초의 뉴턴 전기 (*The Life of Sir Isaac Newton*, p. 303)를 썼던 브루스터[Brewster]는 이렇게 외쳤다. 끊임없이 책을 읽고, 불안정한 상태에서 벗어나지 못했던 뉴턴은 밀턴[Milton]과 흡사했다(*Paradise Regained*, 320-21);

강박적으로 책을 읽는 사람,

그리고 자신의 독서에 동등하거나 우월한 영혼과 판단을 가져오지 못하는 사람.

(그리고 그는 그가 다른 곳에서 찾는 어떤 요구를 가져오는가?)

불확실과 불안정은 여전히 남아 있다.

책과 그 자신 속에 있는 그림자에 정통했다.

조야하고 취해 있고, 장난감들을 수집하고,

해면 정도의 가치가 있는 물건들을 선택하는 데 시간을 낭비하고,

마치 해변에서 조약돌을 모으는 어린 아이처럼.

2. Stukeley, *Memoirs*, p. 34.
3. 그들을 연인들과 비교하면서 볼테르^{Voltaire}는 현명하게 이렇게 덧붙였다. "그 점 때문에 뉴턴을 칭송할 수 있다. 그러나 그 때문에 데카르트를 비난해서는 안 된다." *Letters on England*, 14, pp. 68~70.
4. 그는 우리를 빨리 설득하지 않았다. 그가 죽기 몇 년 전에 학술저자가 뉴턴의 중력 개념을 매도하면서 이렇게 비판했다.("이 원인, 그것은 고대의 허구들만큼이나 터무니없게 보이지 않는가?") 그는 그 말을 사용하는 겸손도 거절했다. 물체가 다른 물체를 이끌거나 잡아당기는 힘 또는 효능, 모든 물질 입자가 이러한 힘 또는 효능을 가진다는 것, 그것이 아무리 멀리 떨어져 있어도 모든 장소에 미친다는 것, 태양과 행성들의 중심에까지 관통한다는 것 그리고 다른 자연력처럼 물체의 표면에 작용하는 것이 아니라 전체 물체, 또는 단단한 내용에 작용한다는 것 등등. 그리고 만약 그렇다면, 그것은 무척이나 이상한 것임에 틀림없다. Gordon, *Remarks*, p. 6.
5. Hermann Bondi, "Newton and the Twentieth Century - A Personal View," in Fauvel et al., *Let Newton Be!* p. 241.

6. *Principia*(Motte), p. 6.
7. 아인슈타인 자신도 잘 알았듯이, 헤르만 본디^{Hermann Bondi}는 이렇게 평했다. "내가 특수상대성이론에 대해 말할 때, 나는 항상 아인슈타인의 기여가 어렵다는 평판을 받고 있다고 말한다. 그러나 이것은 틀렸다. 실제로 아인슈타인의 이론은 아주 쉽다. 그러나 안타깝게도 그것은 갈릴레오, 그리고 뉴턴의 이론들에 의존하고 있으며, 그 이론들이 이해하기 매우 어려운 것이다!"

"Newton and the Twentieth Century — A Personal View," in Fauvel et al., *Let Newton Be!* p. 245.
8. *Opticks*, Foreword, p. lix.

1장 어떤 직업이 그에게 맞을까?

1. 바너버스 스미스는 63세였고 유복했다. 한나 아이스코프는 30살이었을 것이다. 그들의 결혼은 교구민 중 한 사람이 사례를 받고 중매를 서고, 그녀의 오빠도 일정한 역할을 했을 것이다. 아이작은 울스소프에 남고 스미스가 그에게 땅을 한 필지 주기로 합의했다. 그녀는 결혼 지참금으로 50파운드의 소출이 나는 한 필지의 땅을 제공했다.
2. 1643년 5월 13일에 그랜댐 근처에서 작은 전투가 벌어졌다. 이 싸움은 산발적으로 거의 여름까지 이어졌으며, 이따금 40년대 말까지 싸움이 계속되기도 했다.
3. 다음 문헌을 참조하라. Clay, *Economic Expansion and Social Change*,

pp. 8~9.

4. 상인들은 '읽고 쓰는 지식과 솜씨' 뿐 아니라 '수학의 지식과 기술'도, 펜이 아니더라도 널빤지의 계수기를 통해서라도, 배우게 될 것으로 기대했다. Hugh Oldcastle, *A Briefe Introduction and Maner how to keepe Bookes of Accompts*(1588). Thomas, "Numeracy in Modern England," p. 106에서 인용.

5. 트리니티 칼리지의 학생이던 스무 살 때, 그는 성령 강림절 무렵, 일종의 양심적 위기를 겪었다. 그는 자신만이 아는 속기형식으로 자신의 죄를 나열했다. 초기에 지은 죄로는 "어머니와 계부 스미스에게 그들과 그들의 집에 불을 지르겠다고 위협했고", "죽고 싶어 했고, 누군가가 죽기를 바랐다"는 내용이 포함되었다. 또한 그는 어머니와 의붓 여동생에게 "성마르게" 굴었고, 여동생과 다른 사람들을 때렸고, "정결치 못한 생각, 말, 행동을 했으며, 지저분한 꿈을 꾸었고", 거짓말을 하고 안식일을 어겼다고 회상했다. ("Thy day"). Westfall, "Short-Writing and the State of Newton's Conscience," p. 10.

6. Stukeley, *Memoirs*, p. 43: "그는 여러 가지 형태의 해시계를 만들어서 태양의 운행을 알아내려는 호기심을 충족시키는 또 다른 방법을 보여 주었다. 그는 자신의 방, 입구, 다른 방 등 집안에서 해가 드는 곳이면 어디든 해시계를 설치했다."

7. The analemma.

8. Stukeley, *Memoirs*, p. 43. "그리고 이러한 주기를 사용한 일종의 달력을 만들었다. 이 달력으로 한 달 중 어느 날인지 알았다. 거기에는 태양이 기호로 기재되었고, 분점과 지점도 표시되었다. 따라서 아이작의 해시계는

해가 떠 있을 때에는 가족과 이웃들이 함께 쓰는 안내자였다."

9. *Henry VI*, Part 3, II.v.21.

10. 결국 그는 이렇게 썼다.

"특정한 천체의 실제 운동과 겉보기 운동을 찾아내고 적절하게 구분하는 것은 정말 힘든 일이다. 이러한 운동이 일어나는 불변의 공간을 우리의 감각으로는 결코 관찰할 수 없기 때문이다. 그러나 그 일이 완전히 절망적이지는 않다. 우리는 실제 운동과 다른 겉보기 운동으로부터 우리를 인도할 몇 가지 논거를 가지고 있기 때문이다. 그것은 부분적으로 진짜 운동을 원인과 결과인 힘으로부터 얻는다. 예를 들어, 서로를 연결한 줄로 일정한 거리를 유지하고 있는 두 개의 구체가 그들의 공통 무게 중심 주위를 돈다면, 우리는 끈의 장력을 통해 구체들이 운동 축에서 벗어나려 한다는 것을 알 수 있다. 거기에서 그들의 원 운동량을 계산할 수 있을 것이다 ……." *Principia*(Motte), p. 12.

11. Couth, ed., *Grantham during the Interregnum*, 1641-1649.

12. Stukeley, *Memoirs*, p. 43. 아마도 다른 뉴턴주의자들의 미숙한 작도는 발견되지 않았을 것이다. 화이트사이드[Whiteside]는 (Whiteside, "Isaac Newton: Birth of a Mathematician," p. 56) 그들을 냉정하게 평가했다. "교차하는 원들과 선으로 휘갈긴 도형들에서 예술가적 솜씨나 수학적 조숙함을 읽어내려면 어머니의 맹목성이 필요할 지경이다."

13. 소년시절 뉴턴은 수학적 훈련을 전혀 받지 않았다고 오랫동안 알려졌다. 그러나 스토크스[Stokes]의 노트 "Notes for the Mathematicks"가 그랜댐 박물관에 보관되어 있다(D/N 2267). Whiteside, "Newton the Mathematician," in Bechler, *Contemporary Newtonian Research*, p. 111.

에이커에 대해서는 다음 문헌을 보라. Petty, *Political Arithmetick*, and John Worlidge, *Systema Agriculturce* (London: Dorling, 1687).

14. Manuel, *Portrait*, pp. 57~58에서 인용. 여기에 나오는 '라틴어 교과서'는 원래 포츠머스 콜렉션[Portsmouth Collection]의 문서들 속에 포함되어 있었으나 지금은 개인이 소장하고 있다. 마누엘[Manuel]은 이렇게 덧붙였다. "놀랍게도 그 글에는 긍정적인 느낌을 찾아볼 수 없다. 사랑이라는 단어는 한 번도 등장하지 않고, 즐거움이나 바람도 찾아보기 힘들다. 구운 고기에 대한 기호가 유일하게 강한 감정적인 열망이다."

15. Burton, *Anatomy of Melancholy*, p. 14.

16. 원문을 좀 더 소개하면 다음과 같다. "과거 물리학과 철학에 많은 거인들이 있었지만, 나는 디다코 스텔라[Didacus Stella]의 말을 인용해서 이렇게 말한다 ; 거인의 어깨 위의 난쟁이가 거인 자신보다 더 멀리 볼 수 있다. 나는 내 전임자들보다 더 많은 것을 더하고, 변경하고, 더 멀리 볼 수 있다." 이것이 이 아포리즘에 대한 이야기의 시작도 끝도 아니다. 이 말의 근원에 대해서는 다음 문헌을 보라. Merton, *On the Shoulders of Giants*

17. Burton, *Anatomy of Melancholy*, p. 423.

18. Ibid., p. 427.

19. 이 노트는 그가 죽은 직후 그의 조카딸의 남편, 존 콘듀이트[John Conduitt]에 의해 언급되었다. 그 후 수세기동안 사라졌다가 1920년대에 피어폰트 모건 도서관[Pierpont Morgan Library]의 소유물로 모습을 드러냈다. 이 노트는 지금도 그곳에 보관되어 있다(MA 318). 다음 문헌을 참조하라. David Eugene Smith, "Two Unpublished Documents of Sir Isaac Newton," in Greenstreet, *saac Newton*, pp. 16~34; Andrade, "Newton's Early

Notebook"; 그리고 그 원본인 다음 문헌도 참조하라. Bate, *Mysteryes*

20. Stukeley, *Memoirs*, p. 42.

21. Bate, *Mysteryes*, p. 81.

22. 당시 사전이나 백과사전은(지식의 '집합') 거의 없었다. 그러나 그가 다음 문헌을 보았을 지도 모른다. John Withals, *A Shorte Dictionarie for Yonge Begynners* (1556). 이 사전은 주제의 제목에 따라 단어들을 배열했다. Robert Cawdry, *Table Alphabeticall Contayning and Teaching the True Writing and Understanding of Hard Usuall English Words* (1604); Francis Gregory, *Nomenclatura BrevisAnglo-Latinum*.

2장 몇 가지 철학적 의문들

1. Stukeley, *Memoirs*, pp. 46~49.

2. 몇 년 후, 케임브리지 학부 신입생 시절에 그는 당시의 기억을 떠올려 고전 유체역학을 예증하는 몇 가지 작도를 했다 – 만약 당시 유체역학이 발명되었다면 그것은 유체역학이었을 것이다. 그는 공기와 물의 저항을 연관시키면서 이렇게 추측했다. "물속에서 움직이는 어떤 물체가 뒤쪽으로 약간의 물을 끌고 가는 것을 보았을 것이다 …… 또는 최소한 물이 그 물체 뒤쪽에서 작은 힘으로 움직였다. 그것은 물속에서 관찰할 수 있다 …… 공기 속에서 일어나는 것과 비슷하게……." Questiones, "Of Violent Motion," Add MS 3996, p. 21.

3. 삼 년 후 그가 작성한 자신의 죄목 중에는 다음 내용이 들어 있다. "영지

로 가라는 어머니의 명령을 거절했다.", "여동생을 주먹으로 때렸다.", "내 어머니에게 역정을 부렸다.", "여동생에게도." Westfall, "Short-Writing and the State of Newton's Conscience," pp. 13f.

4. Westfall, *Never at Rest*, p. 53.

5. Trinity College Note Book, MS R4.48. 그의 개인교사는 벤저민 풀레인 Benjamin Pulleyn이었다. 뉴턴에게는 같은 방을 쓰는 동료가 있었지만, 그와 친교를 맺지는 않았다.

6. 웨스트폴Westfall에 의해 전사된 노트는 케임브리지 피츠윌리엄 박물관 Fitzwilliam Museum에 있고, 그는 이렇게 평했다("Short-writing and the State of Newton's Conscience"). "우리는 어린 인격이 괄목할 만큼 순수했거나 아니면 그의 자기분석력이 놀랄 만큼 발달하지 않았거나 둘 중 하나일 것이라고 판단하지 않을 수 없다. 아마도 우리는 두 가지 결론에 모두 도달하게 될 것이다."

7. Edward Ward, *A Step to Stir-Bitch-Fair* (London: J. How, 1700) ; Daniel Defoe, *Tour through the Whole Island of Great Britain* (1724). 스투브릿지 정기시는 존 버니언John Bunyan의 『천로역정Pilgrim's Progress』에서 허식의 모형으로 언급되었다.

8. Aristotle, *Nicomachean Ethics*, II: 1.

9. 그리고 "뜨겁거나 달거나 굵거나 건조하거나 희게 되어간다." Aristotle, *Physics*, 영역英譯 R. P. Hardie and R. K. Gaye, VII: 2.

10. Ibid., VIII: 4.

11. Ibid., VII: 1.

12. 다음 문헌을 참조하라. ibid., III: 1: "그것은 이미 충분히 실재하고 그

자체로서가 아니라 움직일 수 있는 것으로서, 즉 운동으로 존재할 때 그 잠재력을 성취한다. 여기에서 내가 '으로서^{as}'라고 한 것은 이런 뜻이다. 청동은 잠재적인 조상彫像이다.

13. 예외로 다음 문헌이 있었다. 『시데레우스 눈치우스 $^{Sidereus\ Nuncius}$』, published in Venice in 1610. 뉴턴은 40대 초반이 되었을 때 이 문헌의 한 판본을 얻었다(Harrison, *The Library of Isaac Newton*, p. 147). 이 문헌은 1880년에 처음 영어로 번역되었다.

14. 일부 전기작가들은 뉴턴이 이 구절을 처음 지어냈다고 주장했다. 그러나 아리스토텔레스는 *Nicomachean Ethics* I: 6에서 이 말을 했다. 이 라틴어 모토는 뉴턴이 가지고 있던 일반 연구서 Diogenes Laërtius, *De vitis dogmatibus et apophtegmatibus clarorum philosophorum*에서 따온 것이다. 이 주제에 대해 훨씬 더 철저하고 집중적으로 연구한 문헌으로는 굴락^{Guerlac}의 저서, *Newton on the Continent*에 들어 있는 "Amicus Plato and Other Friends"를 보라.

그도 쓰고 있듯이, 뉴턴은 발터 칼턴$^{Walter\ Charleton}$ (*Physiologia Epicuro-Gassendo-Charltoniana*), 데카르트^{Descartes} (라틴어로 된 부분적인 선집), 플라톤주의자였던 헨리 모어$^{Henry\ More}$ (*The Immortality of the Soul*) 그리고 동시대의 실험주의자였던 로버트 보일$^{Robert\ Boyle}$의 저서 등을 면밀하게 읽었고 때로는 반론을 제기하기도 했다. *Questiones*에 대한 결정판에 가까운 분석으로는 세밀한 필사본을 포함하고 있는 맥과이어^{McGuire}와 태미^{Tamny}의 *Certain Philosophical Questions*을 보라.

그 노트는 케임브리지대학교 도서관에 Add MS 3996번으로 보관되어 있다. 내 인용문에서는 뉴턴의 페이지 번호를 따랐다.

15. *Questiones*, p. 1.

16. Ibid., p. 6.

17. Ibid., p. 32.

18. Ibid., p. 21.

19. Ibid., p. 19.

20. "Siccity"는 건조함을 뜻한다.

21. 세계 모든 지역의 연안에 거주하는 사람들은 태양 뿐 아니라 달의 변화와 밀물과 밀물 사이의 시간 간격의 일치에 대해 주목해 왔다. 특히 북대서양 연안과 항구의 수사들은 수백 년간 자료를 축적해 왔다 – 그러나 이 자료는 전해지지 않는다.

3장 운동에 의한 문제 해결

1. Conduitt, "Memorandum relating to Sr Isaac Newton given me by Mr Demoivre in Novr 1727":

> 63년에 스투브릿지 정기시에서 천문학에 대한 책을 샀다 …… 그 책을 읽다가 천구를 그린 그림을 발견하게 되었는데, 그는 삼각법에 대한 지식이 부족해서 이해할 수 없었다. 그는 삼각법에 대한 책을 샀지만, 논증을 이해할 수 없었다. 삼각법의 기초를 이해하려는 자신에게 맞는 책으로 유클리드를 구했다. 명제의 제목만 읽고서도 그는 누구라도 그 명제들에 대한 증명을 쓰는 일을 즐기게 될 것임을 쉽게 이해

했다. 평행사변형에서 밑변과 동일한 평행선이 같다는 것을 읽고, 직각삼각형에서 빗변의 곱이 다른 두 변의 제곱을 더한 것과 같다는 것을 알게 되면서 비로소 마음을 바꾸기 시작했다.

다음 문헌을 보라. Keynes MS 130.4; and *Math* I: 15.

2. 화이트사이드^{Whiteside}는 이렇게 말했다. "우리는 뉴턴이 당대의 표준적인 수학 저작들을 거의 읽지 않았다는 사실, 또는 그가 그런 책들을 읽었다는 아무런 암시도 남기지 않았다는 사실에 – 우리는 그의 초기 자필 원고 어디에서도 네이피어, 브릭스, 데자르그, 페르마, 파스칼, 케플러, 토리첼리, 심지어는 아르키메데스와 배로의 이름도 찾아볼 수 없다." "Sources and Strengths of Newton's Early Mathematical Thought," in Palter, *Annus Mirabilis*, p. 75. 뉴턴의 노트 이외에, '점성학에 대한 책'을 포함해서 그의 독서에 대해 두 세 사람 건너 전해진 회상은 아브라함 드무아브르$^{Abraham\ DeMoivre}$ (Add MS 4007)의 서술에 남아 있다. 다음 문헌도 보라. *Corres* VII: 394.

3. 일부는 감염에도 살아남았지만, 대부분은 그렇지 못했다. 케임브리지에서 마지막으로 나온 '전염병 보고서'는 6월 5일에서 1월 1일까지 총 758명의 사망자가 있었고, 9명을 제외하고 나머지는 모두 전염병으로 죽은 사람들이었다고 보고했다. 그 숫자의 약 절반은 감염되었다가 회복되었다. Leedham-Green, *Concise History*, p. 74.

4. 이것이 뉴턴이 어머니에게 보냈거나 어머니에게서 (또는 가까운 친척들에게서) 받은 편지 중에서 남아 있는 유일한 것이다. 가장자리가 닳았고, 일부 글자가 지워졌다. *Corres* I: 2.

5. Add MS 4004.
6. 전통적으로 뉴턴주의자들이 기적의 해$^{\text{annus mirabilis}}$라 부르는 '그해'는 18, 20 또는 25개월에 해당한다. 일부 뉴턴주의자들은 때로 기적의 해의 '신화'에 대해 이야기하기를 좋아한다. 예를 들어 데릭 예르트센$^{\text{Derek Gjertsen}}$은 이 신화를 단호하게 비판한다. "이 서술은 명백히 잘못된 것이다 …… 1665년이나 1666년 어느 해에 특별한 우선권을 줄 수 없기 때문이다 …… 그렇지만 지나친 과장을 하지 않는다면, 괄목할 정도로 짧은 기간 동안 스물네 살의 대학생이 근대 수학, 역학 그리고 광학을 탄생시켰다는 것은 사실이다. 사상사에서 이와 비슷한 일은 한 번도 일어난 적이 없었다." Gjertsen, Newton Handbook, p. 24. 다음 문헌도 보라. Whiteside ("Newton the Mathematician," in Bechler, *Contemporary Newtonian Research*, p. 115): "17세기의 사람들 중에서 그 정도로 짧은 기간 동안, 독자적으로 그만큼 많은 발견을 하고 지식의 전문성이라는 거대한 창고를 쌓아올린 사람은 아무도 없었다."

어쨌든 뉴턴이 울스소프에 머물렀던 기간은 약 25개월이었고, 그 사이 1666년 봄에 잠깐 케임브리지에 다녀왔다.
7. 앨프리드 노스 화이트헤드$^{\text{Alfred North Whitehead}}$는 1500년대의 유럽이 아르키메데스 시대의 그리스보다 수학에 대해 아는 것이 없었다고 지적했다. 데이비스^{Davis}와 허시^{Hersh}, *Mathematical Experience*, p. 18.
8. "자연의 신비스러운 책을 읽었다면, 틀림없이 그는 3배나 행복했을 것이다!" Andrew Marvell, "Upon Appleton House, to My Lord Fairfax."
9. Galileo, *Il Saggiatore*(1623), in *The Controversy on the Comets of 1618*, pp. 183~84.

10. Elliott, "Isaac Newton's `Of an Universall Language,'" p. 7.
11. Whiteside, "Newton the Mathematician," in Bechler, Contemporary Newtonian Research, pp. 112~13. Newton이 주를 단 Elements, Trinity College Library, NQ.16.201.
12. 존 콘듀이트$^{\text{John Conduitt}}$의 낭만적인 설명 (Keynes MS 130.4, in *Math* I: 15~19:)

> 그가 데카르트의 기하학을 (데카르트가 그의 서한에서 무시하듯 말했듯이, 이 책은 너무 어려워서 이해하기 힘들었다) 손에 넣었을 때 그는 아직 젊었다. 그는 가장 난해한 연구서 & 저서들에서 시작했다. 그것은 기백 있는 말이 가장 달리기 힘든 땅 & 가장 거칠고 & 가파른 길에서 시작해야 하고, 그렇지 않으면 그 한계를 넘어서기 힘든 것과 마찬가지였다. 두, 세 페이지를 읽고 더 이상 이해할 수 없었지만, 그는 너무 수줍고 얌전해서 어느 누구에게도 가르쳐 달라고 부탁할 수 없었다. 따라서 그는 두 번 세 번 다시 읽기 시작했고 & 또 다른 어려운 대목에 도달할 때까지 계속 읽었고 & 다시 시작했고 & 더 앞으로 나아갔고 & 다른 누구로부터 조금의 가르침이나 도움도 받지 않고 혼자 힘으로 전체를 이해했을 뿐 아니라 데카르트의 오류를 밝혀내기까지 했다…….

그는 1664년에 스코텐^{Schooten}의 라틴어 번역으로 그 책을 읽었다. 뉴턴이 자신의 수학적 발전에 대해 회상한 글은 데카르트의 역할을 최소화하는 경향이 있지만, 화이트사이드의 주장은 단호했다. "1664년의 후반 몇 달 동안에 이루어진 두꺼운 뉴턴의 연구 논문 다발은 그의 수학적 정신에 불을 지핀 것이 데카르트의 『기하학』의 수백 페이지였다는 것을 확고하게 증언해 준다. 나는 무엇보다도 『기하학』이 그에게 대수학의 자유 변수의 보편화 능력, 특수를 보편화시키고 그 내부 구조를 폭로하는 능력을 그에게 주었다는 주장을 제기하고자 한다."
"Newton the Mathematician," in Bechler, *Contemporary Newwnian Research*, p. 114.

그러나 그는 비판적인 주석을 달아 놓기도 했다. 가령 "오류, 오류, 훌륭한 기하학이 아니다", "불완전하다" 등의 주를 달았다. Trinity College Library, NQ. 16.203.

13. "그것을 압도하고 있는 여러 개의 숫자와 불가해한 도형들에서 풀어놓는다면, 그것은 그들이 '대수학'이라는 야만스러운 명칭으로 부르는 기술 이상 그 무엇도 아닌 것처럼 보인다." Descartes, *Reguhe ad directionem ingenii*, Regula IV: 5.

14. 새로 발견된 이 진리는 분명하게 주장되어야만 했다. 마호니[Mahoney]("The Beginnings of Algebraic Thought")는 데카르트를 인용했다. "지금은 지성들의 주의를 요구하지 않지만, 결론을 위해서는 필수적인 것들, 그것은 전체 도형보다 가장 간결한 상징으로 표현하는 편이 낫다. 이렇게 하면 기억하지 못하는 사태가 발생하지 않으며, 동시에 잊지 말아야 하는 이 문제들 때문에 정신이 산란해질 필요도 없게 된다."

15. Keynes MS 130(7), Christianson, *In the Presence of the Creator*, p. 66에서 인용.

16. Biographia Britannica (London, 1760), V: 3241; 다음 문헌에서 인용.

Westfall, *Never at Rest*, p. 174.

17. 무한급수에 대한 인식은 파이(π)를 표현하려는 대수학적 시도에서 시작되었다. 뉴턴보다 바로 앞서 제임스 그레고리^{James Gregory}와 특히 존 월리스^{John Wallis}가 이 가능성을 처음으로 발전시켰다. 가장 단순한 의미에서, 무한급수는 소수의 표기법에서 가장 잘 나타난다. 그가 남긴 최초의 메모 중 하나에서 뉴턴은 이렇게 썼다. "분수 10/3을 소수로 줄이면, 3.333333……으로 무한히 계속된다. 분수 10/3을 포함하는 모든 숫자는, 따라서 무한점으로 나누어질 수 있다." *Questiones*, p. 65.

18. *Math* I: 134~41; Westfall, *Never at Rest*, pp. 119~21. 그는 이것이 로그의 계산이라는, 숨겨진 또 하나의 문제라는 것을 알았다. 수년 후 그는 이렇게 회상했다. "나는 얼마나 많은 곳에서 이 계산을 했는지 말하기 부끄럽다. 당시 나는 정말 이 발명에 너무도 기쁜 나머지 그 밖의 다른 일을 하지 못했다." 올덴버그^{Oldenburg}에게 보낸 편지. October 24, 1676, *Corres* 11: 188.

19. Descartes, *Principles of Philosophy*, in *Philosophical Writings*, I: 201.

20. 70년이 지난 후에도 최초의 후기-뉴턴주의^{post-Newtonian} 미적분 교과서 중 하나인 존 콜슨^{John Colson}의 *Method of Fluxions and Infinite Series*(1737)는 위험하면서도 낯선 이 주제를 이렇게 다루었다. "…… 이 양은 '무한히 나누어질' 수 있거나, 또는 (최소한 '정신적으로') 계속 줄어들거나, 마침내 '완전히' 사라지기 전에, '사라지는' 양^{vanishing quantities}이라 불리거나 또는 무한히 작은, 그리고 '설정할 수 있는' 어떤 양보다도 작은 양에 도달한다……." In Cohen and Westfall, *Newton: Texts*, p. 400.

21. "Of Quantity," *Questiones*, p. 5; *Math* I: 89.

22. *Questiones*; cf. *Math* I: 90, n. 8.

23. Galileo, *Discorsi*.

24. *Math* 1: 280.

25. Ibid., 282.

26. Ibid., 302 and 305.

27. *Questiones*, p. 10.

28. *Questiones*, p. 68.

29. 다음 문헌을 참조하라. *Math* I: 377; Michael Mahoney, "The Mathematical Realm of Nature," in Garber and Ayers, *Cambridge History of Seventeenth-Century Philosophy*, p. 725.

30. Math I: 29.

31. "그들이 그리는 선에 의한 물체의 속도를 구하기 위해." *Math* I: 382.

32. *Math* 1: 273.

33. 훨씬 후에 그는 이렇게 회상했다. "내가 진리를 탐구하거나 어떤 문제의 해를 구할 때, 나는 모든 종류의 근사를 이용하며, 글자 o를 쓰는 것을 무시한다. 그러나 명제를 증명할 때에는 항상 문자 o를 쓰고, 정확하게 기하학의 원리에 의거해서 증명을 진행한다." Add MS 3968.41.

34. *Math* I: 377ff., I: 392ff, and I: 400ff. October 1666 (Add MS 3958)의 소책자는 296년이 지난 후에야 다음 저서로 처음 발간되었다. Hall and Hall, *Unpublished Scientific Papers*, PP15~65.

35. Math I: 402.

36. 쿠아레^{Koyré}는 이렇게 말했다. "이러한 변화를 달성한 것이 뉴턴이 거둔 불멸의 업적이다 …… 어떤 의미에서 수학적 실체는 물리학에 더 가까

워지고, 운동에 복속되고, '있음'이 아닌 '되어감'으로, 또는 그 '흐름' 속에서 인식되었다." *Newtonian Studies*, p. 8.

4장 거대한 두 궤도

1. 20세기에 과학혁명을 주제로 마지막으로 발간된 권위 있는 저서인 스티븐 셰이핀Steven Shapin의 *Scientific Revolution*은 이렇게 시작한다. "과학혁명과 같은 것은 없다. 이 책은 그 주제에 대한 것이다."
2. Goodstein and Goodstein, *Lost Lecture*, p. 39.
3. "1687년에 뉴턴의 『프린키피아』가 등장하면서 모든 것이 변화되었다. ……『프린키피아』는 그동안 계속되었던 아리스토텔레스의 지구중심 우주론에 대한 지지를 더 이상 불가능하게 만들었다. 1687년 이후, 중세의 우주론은 의미를 잃었다. 왜냐하면 그것은 더 이상 뉴턴주의 우주론에 대해 최소한의 설득력 있는 대안조차 되지 못하기 때문이었다. 그것은 사라져 갔고, 아무도 슬퍼하지 않았다." Grant, *Planets, Stars, and Orbs*, p. 10.
4. 그러나 베르나르 코헨Bernard Cohen은 코페르니쿠스 혁명을 "18세기 역사가들의 기발한 발명품"으로 보았다. 코헨은 이렇게 주장한다. "(그 혁명은) 전혀 코페르니쿠스의 혁명이 아니었다. 기껏해야 갈릴레오와 케플러의 혁명이었다." *Revolution in Science*, p. x. 한편, 코헨과 그 밖의 학자들은 뉴턴의 독서가, 매우 넓은 범위를 포괄했지만, 갈릴레오의 *Discorsi*나 케플러의 어떤 저작도 포함하지 않았을 수 있다고 주장했다. 게다가 그가 죽을 때에도 그의 방대한 서가에는 프톨레마이오스, 코페르니쿠스 그리고 티코 등의 저서들이 한 권도 꽂혀 있지 않았다. 다음 문헌을 참고하라.

Whiteside in *Math*, VI: 3 n. and 6 n.

5. 이것은 케플러의 세 '법칙' 중에서 처음 두 가지이다. 우리는 습관적으로 그 법칙의 연대를 그의 위대한 저작 『신천문학Astronomia Nova』이 발간된 1609년으로 간주한다. 그도 중력 개념을 제기했다. "중력은 동족 천체들이 서로 결합하려는 상호적 경향이다(그런 종류로 자기력이 있다)." 그럼에도 17세기 말엽에 『프린키피아』가 나올 때까지도 케플러의 개념을 수용한 천문학자는 거의 없었다. 뉴턴조차도 『프린키피아』에서 케플러를 중요한 선구자로 간주하지 않았다. 코헨Cohen은 이렇게 평했다. "1687년 이전에 과학에서 케플러 혁명은 없었다." *Revolution in Science*, p. 132; Whiteside, "Newton's Early Thoughts on Planetary Motion," p. 121; Gjertsen, "Newton's Success," in Fauvel et al., *Let Newton Be!*, p. 25.

6. Galileo, The Starry Messenger, in Discoveries and Opinions, pp. 27f.

7. 갈릴레오가 달까지의 거리가 지구 직경의 60배라고 – 2의 인수배로 떨어져 있다고 – 선언했고 달에 있는 산의 높이를 개략적으로 계산해서 그 높이가 4마일에 달한다고 (올바르게) 선언했고, 지구의 산들은 1마일도 되지 않는다고 (잘못) 주장한 것을 제외하면 유일한 수학이었다.

8. 2년 후에 그는 다음 소책자를 발간했다. *Discourse concerning a New Planet; tending to prove, that it is probable our Earth is one of the Planets*. 또한 윌킨스는 젊은 뉴턴이 소중히 읽었던 책 *Mathematical Magick*을 저술하기도 했다.

9. Wilkins, *Mathematical and Philosophical Works*, pp. 34 and 11.

10. Bacon, "Of Tribute: Praise of Knowledge," *Works* VIII: 125.

11. Bacon, *Novum Organum*, pp. 217 and 260.

12. Wilkins, *Mathematical and Philosophical Works*, pp. 47, 49, 97, 100, 110~13. 달까지 날아가는 문제에 대해서 윌킨스는 화물 문제에 대해서 의문을 품었다. "길고 지루한 여행을 위한 여행용 양식으로 한 사람이 그렇게 많은 짐을 가지고 갈 수 있을지 상상하기 힘들다."

13. Ibid., pp. 4 and 13: "다른 세계의 지구가 그 중심으로 떨어질 수 있기 때문에, 그리고 다른 영역에서는 공기와 불이 서로 상승할 수 있기 때문에 …… 엄청난 무질서가 야기될 수 있다……."

14. Ibid., pp. 61 and 14.

15. Ibid., p. 114.

16. 그는 윌킨스^{Wilkins}의 책의 일부를 그랜댐 노트에 필사했다. (다음 문헌을 보라. Manuel, *Portrait*, p. 11, and Gjertsen, *Newton Handbook*, P. 612). 또한 윌킨스는 뜻이 모호하거나, 자신이 창안하거나, 암호로 만든 문자를 이용해서 의미를 숨기는 '비밀 서법' 체계를 설명했다(Mercury; or, the Secret Messenger, 1641). 그는 신학박사이자 저명한 하원의원이 되었고, 올리버 크롬웰$^{Oliver\ Cromwell}$의 여동생과 결혼했으며 얼마 지나지 않아서 트리니티 칼리지의 학장에 임명되었다. 그러나 승진한 직후 찰스 2세의 왕정복고로 자리에서 쫓겨났다. 그는 런던으로 가서 새로 창립된 왕립학회의 공동간사가 되었다.

17. Herivel, *Background to Newton's Principia*, p. 67; Add MS 3968.41; Westfall, *Never at Rest*, p. 143.

18. 사과 이야기의 원천은 네 명의 회고록 집필자들에서 비롯된다. 뉴턴의 조카딸인 캐서린 바턴$^{Catherine\ Barton}$, 왕립학회 부회장 마튼 폭스$^{Marton\ Folkes}$, 바턴의 남편 존 콘듀이트$^{John\ Conduitt}$ 그리고 자칭 뉴턴의 첫 번째 전기작가인

윌리엄 터클리$^{William\ Stukeley}$. 터클리는 이렇게 썼다. "중력 개념이 그의 마음에 떠오른 것은 …… 명상에 잠겨 앉아 있을 때 떨어진 사과 때문이었다."(*Memoirs*, p. 20)

볼테르^{Voltaire}는 처음에 *An Essay on Epick Poetr*에서 그리고 나중에 *Letters on England*(p. 75)에서 사과를 언급했다. "1666년 케임브리지 근처의 시골로 은퇴했을 때, 그는 정원을 걷다가 나무에서 과일이 떨어지는 것을 보았다. 그리고 그는 불현듯 그 무게에 대해 심오한 명상에 빠졌다. 그것은 모든 과학자들이 그토록 오랫동안 찾았지만 아무런 성과를 얻지 못했던 원인이었고, 일반인은 어떤 수수께끼가 거기에 숨어 있다는 사실을 생각조차 할 수 없었던 것이었다."

콘듀이트는 이렇게 썼다. "정원에서 생각에 잠겨 있을 때, 중력(사과가 나무에서 땅으로 떨어지게 만드는)이 지구로부터의 특정 거리에 한정되지 않으며, 이 힘이 흔히 생각하는 것보다 훨씬 멀리까지 확장된다는 생각이 떠올랐다. 그는 달까지 높이 도달하지 않을 이유가 무엇인지 자문했다……." Keynes MS 130.4.

사과 이야기는 독자적인 생명력을 얻어 수세기 동안 발전을 거듭했다. 가장 놀라운 특성은 20세기에 사과가 뉴턴의 머리에 떨어졌다는 이야기가 무척 자주 등장한다는 것이다. 그렇지만 꼭 그럴 필요는 없을 것이다.

웨스트폴^{Westfall}은 이렇게 설득력 있게 주장한다(*Never at Rest*, p. 155). "이런 이야기들은 만유인력을 훌륭한 발상으로 다루면서도 속화시킨다." 물론 그렇다! 그러나 그것은 훌륭한 발상이었다. 우리는 그것을 깊이 느낀다. 분명 그것이 사과 이야기가 우리의 집단의식 속에 그처럼 깊이 뿌리박고 있는 이유일 것이다. 이 훌륭한 착상은 물체가 땅으로 떨어진다는 무의식적 진리(동물과 아이들에까지 인식되는)의 결정화였다. 그것이 훌륭한 착상인 이유는 이 움직임이 힘(당시 이미 이름을 얻었고 이후 연구되어 측정된)을 시사했기 때문이다. 웨스트폴은 이렇게 덧붙였다. "훌륭한 발상은 과학적 전통을 형성할 수 없다." 이 말 역시 자명하다. 그러나 그 발상은 전통이 되었다.

19. Galileo, *Two New Sciences*, p. 166, 다음에서 인용. Cohen, *Franklin and Newton*, p. 103.

20. 상세한 계산이 이른바 피지皮紙 수고Vellum Manuscript를 – 피지 문서 뒷면 – 가득 채우고 있다. Add MS 3958.45; Herivel, *Background to Newton's Principia*, pp. 183~191

21. '큐빗'은 팔꿈치에서 손가락 끝까지의 거리이다. Herivel, *Background to Newton's Principia*, p. 184.

22. Thomas Salusbury, 1665.

23. Herivel, *Background to Newton's Principia*, p. 186.

24. "태양에서 떨어진 거리의 세제곱은 주어진 시간의 회전수의 제곱에 반비례한다. 태양으로부터 멀어지려는 노력은 태양에서 떨어진 거리의 제곱에 반비례한다." Add MS 3958, in Herivel, *Background to Newton's Principia*, p. 197; Westfall, *Never at Rest*, p. 152. In the same spirit: Principia, Book III, Proposition 10, Corollary 3 and Corollary 5 (first edition), 여기에서 분명 뉴턴은 태양이 행성들에 가하는 열을 거리의 함수로 생각했다.

25. 결국 이것이 케플러의 제3법칙, 즉 주기의 법칙으로 알려졌다.

26. Herivel, *Background to Newton's Principia*, p. 141. 데카르트는 움직

이거나 정지한 물체에 대한 원리를 제기했지만 원 운동에 대한 것은 아니었다. 그 원리는 여전히 움직이는 물체에 대한 사람들의 직관을 무시하는 것이었다. "어떤 물체가 정지해 있을 때, 어떤 다른 것에 의해 움직여지지 않는 한 영원히 정지한 상태를 유지하리라는 것은 아무도 의심하지 않을 진리이다." 홉스^{Hobbes}는 1651년에 이렇게 썼다. "움직이는 물체는 다른 무언가가 멈추게 하지 않는 한 영원히 운동을 계속할 것이다. 그러나 이유는 동일하지만 (즉, 다른 것이 변화를 주지 않는다면) 쉽게 동의할 수 없다." 사람들은 금방 지쳐서 운동을 멈추기 때문에 무생물인 물체도 역시 그러하리라고 상상한다. "학교에서 그렇게 가르치듯이, 무거운 물체는 정지하려는 욕망으로 아래로 향해 떨어지고, 자신에게 가장 적절한 장소에 자신의 본성을 보존하려 한다." *Leviathan*, II.

27. Herivel, *Background to Newton's Principia*, p. 158.
28. Ibid., p. 153.
29. 라틴어도 사정은 별반 다르지 않았다. 좀 더 단순하고 기본적인 개념으로 정의하려는 체계적인 시도에서 그는 항상 벽에 부딪쳤다 - 그것은 무한회귀의 문제였다. 그러나 그는 노력을 계속했다. 연대 미상인 노트에서 (Add MS 4003) 그는 이렇게 기록했다. 양, 지속 그리고 공간이라는 용어들은 너무 잘 알려져 있어서 다른 말로 정의를 내리기 힘들다.

정의 1. 장소(Locus)는 무언가가 균일하게 채우고 있는 공간의 일부이다.

정의 2. 물체(Corpus)는 공간을 채우는 것이다.

정의 3. 정지(Quies)는 같은 장소에 머무르고 있는 것이다.

정의 4. 운동(Motus)은 장소의 변화이다.

In Hall and Hall, *Unpublished Scientific Papers*, pp. 91 and 122.)

30. Herivel, *Background to Newton's Principia*, p. 155.

5장 신체와 감각

1. Add. MS 3996.

2. Andrew Marvell, "A Dialogue Between the Soul and Body."

3. "Immagination & Phantasie & invention," *Questiones*.

4. Add MS 3975.

5. *Questiones*, p. 43.

6. Newton to Locke, June 30, 1691, *Corres* III: 365.

7. Hooke, Micrographia, preface.

8. Letter of John Wallis, 다음 문헌에서 인용. Charles Richard Weld, *History of the Royal Society*, I: 30; Ornstein, *Role of Scientific Societies*, pp. 93 and 95; *Phil. Trans*. 1 (March 1665). 지역 차원에서 이러한 몇몇 단체들이 나폴리와 피렌체 지방에 결성되었다. 왕립학회 다음으로 탄생한 전국 규모의 과학자 단체는 4년 후 파리에서 설립된 *Academie des Sciences*였다.

9. Wallis letter, in Weld, *History of the Royal Society*, I: 30; Ornstein, *Role of Scientific Societies*, p. 95.

10. Horace, *Epistles* I: 1, 14: "Nullius addictus iurare in verba magistri…."

11. Bacon, *Novum Organum*, p. 169.

12. "An Account of a Dog dissected by Mr. Hook," in Sprat, *History of the Royal Society*, p. 232; 'Espinasse, Robert Hooke, p. 52.

13. Pepys, *Diary*, May 30, 1667. "정교한 실험들 …… 색, 천연자석, 현미경, 그리고 알코올 등을 이용한 …… 그중에서, 그녀가 그곳에 있을 때 진행된 한 실험은 익힌 양고기 조각을 순수한 피로 변화시켰다. 그것은 아주 드문 …… 그들이 그녀에게 많은 실험을 보여 준 후, 그녀는 감복해서 탄성을 질렀고, 자리를 떠나……."

14. 훅Hooke은 자신의 개인적인 일상도 똑같이 열심히 추적했다. 그가 기록한 전형적인 일지는 다음과 같다. "두 번째 수면을 취함. 땀과 * [사정]. 11시에 일어남. 수프를 먹고, 포트와인을 마심. 배가 늘어짐. 심신이 상쾌함. 2시에 화장실. 오브리Aubery와 함께 치즈를 먹음. Garaways에 감. 탐피언Tompion과 모레스Sir J. Mores와 함께 7시에서 9시까지. 배가 늘어짐. 냄새를 고침. 파이프 4개 피움. 초콜릿 H. 1. 포트와인. 잠. 땀."

15. Hooke, *Micrographia*, preface.

16. Ibid., p. 3.

17. "따라서 이 실험은 안내자나 육표로 구실하는 우리의 대단히 뛰어난 Verulam(베이컨)이 '결정적인 실험'이라고 불렀던 것 중 하나를 증명할 것이다. 그 실험이 색의 진정한 원인을 탐색하는 우리의 경로를 가르쳐 줄 것이다. 특별히 부정을 나타내는 이 정보에 따르면 색의 생성을 위해서 프리즘처럼 큰 굴절이 필요하지 않으며, 둘째 프리즘과 유리공처럼 빛과 그림자의 편향도 필요로 하지 않는다." Ibid., p. 54.

18. 훅^{Hooke}은 이렇게 말했다 "투명한 물체, 거기에는 데카르트가 그의 소구체가 그것에 의해 소용돌이를 얻는다고 주장한 것과 같은 굴절이 없다." Ibid.

19. Ibid., p. 64.

20. Ibid., p. 55. 그는 자신이 알지 못했다는 것을 인정하는 데 괘념치 않았다. "이 경우, 물이 선을 더 쉽게 전파하지만 공기보다는 더 약하게 전파하는 것처럼, 왜 이러저러한 물체가 선을 더 많이 방해하고 다른 것들은 덜 방해하는지 그 이유를 밝히는 것은 내 일이 아니다."

21. Ibid., p. 67.

22. Newton's notes: "Out of Mr Hooks Micrographia," Add MS 3958(3).1.

23. Bacon, *Novum Organum*, p. 30.

가장 주목해야 할 발견이 아니라면 가장 기이한 발견

1. Westfall, *Never at Rest*, p. 179.

2. 1669 Fitzwilliam 노트에 기록된 구입물품.

3. *Math* II: 99~150; W. W. Rouse Ball, "On Newton's Classification of Cubic Curves," *Proceedings of the London Mathematical Society*, 22 (1890-91): 104-43.

4. 뉴턴의 원기왕성한 연구열에 만족한 배로^{Barrow}는 콜린스^{Collins}에게 이렇게 말했다. "나는 당신이 논문을 정독해서 좋은 평가를 하고 내게 다시 돌려보내기를 기원합니다. 나는 그에게 그 논문을 당신에게 전달해도 좋겠느

냐고 물었고, 그의 바람으로 논문을 보냅니다. 그리고 가능하면 가장 빨리 그것을 받았다는 사실을 내게 알려주기 바랍니다. 당신이 논문을 받았다는 것을 안다면 안심이 될 것입니다. 왜냐하면 그것을 우편으로 보내는 위험을 감수했다는 걱정이 들기 때문입니다."(July 31, 1669, Corres I: 6.) 결국 뉴턴은 *De Analysi per Æquationes Infinitas*의 출간을 허락했다. 그해는 1711년으로 그의 나이 69세였다.

5. Barrow to Collins, August 20, 1669, *Corres* I: 7.

6. Newton to Collins, January 1670, *Corres* I: 9.

7. Newton to Collins, February 1670, *Corres* I: 12.

8. Gregory to Collins, September 1670, 5, *Corres* I: 18.

9. *Lectiones opticce & geometricce: in quibus phcenomenon opticorum genuine rationes investigantur, ac exponuntur: et generalia curvarum linearum symptomata declarantu* (London, 1674). 학자들은 뉴턴이 배로에게 소극적인 태도를 보였던 것을 둘러싸고 논쟁을 벌여 왔다. 코헨은 이 결정적인 순간에 뉴턴이 배로에게 그의 지식을 전하지 않았다는 것은 생각하기 힘들다는 것을 발견했다. 그는 배로가 단지 시간이 없었거나 자신의 광학 연구를 새롭게 갱신하는 작업을 시작할 의사가 없었기 때문일 것으로 추측했다(Franklin and Newton, p. 52). 그러나 크리스티안슨[Christianson]이 한 다음과 같은 주장은 상당한 설득력을 가진다. "이것은 자명한 뉴턴의 책략이다. 이제 막 경력을 시작하려는 사람이 자신의 연구에 대해 위선적인 득의의 미소를 짓고 있는 것이다." (In the Presence of the Creator, p. 125)

10. *Lectiones*, p. 108, quoted in Shapiro, *Optical Papers*, I: 15 n.

11. 배로는 왕실목사에 임명되었고, 3년 후에 트리니티 칼리지의 학장이 되

었다.

12. *Math* III: xx.

13. "그의 강의를 들으러 가는 사람들이 너무 적었고, 그를 이해하는 사람들은 더욱 적었기 때문에, 때로 그는 청강생들이 없어서 벽을 보고 책을 읽는 식으로 강의를 했고 …… 30분 가량 강의실에 머물다가 청강생이 없으면 할당된 시간의 4분의 1 또는 그 이전에 돌아갔다." Humphrey Newton, 다음 문헌에서 인용. Conduitt, Keynes MS 135; in *Math* VI:xii n. 뉴턴의 강의를 들은 사람의 회상에 대한 기록은 전혀 남아 있지 않다.

14. Shapiro, Optical Papers I: 47. 첫 번째 강연은 1670년 1월에 있었고, 이 판본은 뒤늦게 1674년에 도서관에 보관되었다.

15. "나는 앞에서 언급한 유리 작업을 중단했다. 내 생각으로 망원경을 완벽하게 만드는 것은 아직까지 한계가 있으며, 실제로 광학 저자들[Optick Authors]의 처방과 같은 (모든 사람들이 지금까지 상상했던) 모습을 하는 유리를 얻을 수 없기 때문이다. 그리고 빛 자체가 '서로 다른 굴절성을 가지는 광선들의 이질적인 혼합물'이기 때문이다." Newton to Oldenburg, February 6, 1672, *Corres* I: 40.

16. 굴절 망원경을 처음 착안한 사람은 제임스 그레고리[James Gregory]였던 것으로 보인다. 그러나 그는 실제 제작에 성공하지 못했다. Corres I: 159.

17. *Corres* I: 3.

18. Sprat, *History of the Royal Society*, p. 20.

19. 실제로 1664년에 그들은 영어를 개선하기 위한 위원회를 임명했다. 그

러나 위원회는 어떤 확실한 용어도 만들지 못했다(Lyons, *Royal Society*, p. 55)·

20. Hobbes, *Leviathan*, V.

21. Galileo to Mark Welser, May 4, 1612, 번역 Stillman Drake, in *Discoveries and Opinions of Galileo*, p. 92.

22. E.g., *Corres* I: 35.

23. Samuel Sorbiere, *A Voyage to England* (1709), 다음 문헌에서 인용 Hall, *Henry Oldenburg*, p. 52.

24. *Transactions*는 연속간행물이라는 새로운 창조물에 부합하는 적절한 명칭이었다. 그러나 이 명칭이 지속되지는 않았다. 당시 아직 잡지나 정기간행물과 같은 말이 이러한 맥락에서 존재하지 않았다. 아드리안 존스[Adrian Johns]가 지적하듯이 관보, 팸플릿, 소논문과 같은 말들은 그리 유쾌하지 않은 함의를 가지고 있었다 (Miscellaneous Methods," p. 162).

*Philosophical Transactions*는 거의 최초의 과학 저널이라는 위치를 가진다. 데릭 예르트셴[Derek Gjertsen]은 *Academia del Cimento*가 1657년에 회보를 간행하기 시작해서 약 10년 동안 발간되었고, 파리에서 *Philosophical Transactions*가 나오기 두 달 전에 *Journal des Sfavans*가 발행되기 시작했지만 자연철학 뿐 아니라 역사와 법률을 포괄했다고 말했다. *Newton Handbook*, p. 431. 초판으로 약 300부가 팔렸다. 이 회보는 한 번도 올덴버그[Oldenburg]의 기대에 근접한 이익을 내지 못했다.

25. *Phil. Trans.* 3: 632; 3: 693.

26. John Evelyn, *Diary*, III: 288~89, 295, and 325.

27. Samuel Butler, "The Elephant in the Moon" (1759).

28. *Phil. Trans.* 1: 10; 3: 792; 3: 704; 3: 43; 3: 115.

29. Notes "Out of the Hystory of the Royall Society," Add MS 3958c.

30. Oldenburg to Newton, January 2, 1672, *Corres* I: 29, and 1: 3.

31. 그 망원경, 또는 '전망'은 모인 사람들에게 깊은 인상을 남기지 못했다. 후일 그의 일기로 유명해진 존 에벌린[John Evelyn]은 당시 사건을 이렇게 기록했다. "그린랜드에서 새로 발명된 망원경이 만들어진 왕립학회로 편지가 왔는데, 그 내용은 물에 빠졌던 사람이 회복되었다는 것이었다. 또한 Lapis Obsidialis의 일부 섬에서도 보내졌다." Diary of John Evelyn, III: 601.

32. Newton to Oldenburg, January 6, 1672, *Corres* I: 33.

33. Newton to Oldenburg, January 18, 1672, *Corres* I: 35.

7장 저항과 반발

1. G. N. Watson, "Trinity College in the Time of Newton," in Greenstreet, *Isaac Newton*, p. 146.

2. Newton to Oldenburg, February 6, 1672, *Corres* I: 40. This is a correct account of the Magnus effect, named after Heinrich Gustav Magnus, who "discovered" it in 1852, 180 years after Newton.

3. *Phil. Trans.* 80 (February 1672): 3075.

4. Newton to Oldenburg, February 6, 1672, *Corres* I: 40.

5. 토마스 쿤은 '색의 유명한 현상'을 본 사람들의 목록에 훅[Hooke] 뿐 아니라

세네카^Seneca(1세기), 비텔로^Witelo(13세기), 데카르트^Descartes, 마르쿠스^Marcus, 보일^Boyle 그리고 그리말디^Grimaldi를 열거했다. "Newton's Optical Papers," in Cohen, *Papers and Letters*, p. 29. 많은 학자들은 뉴턴이 언제, 어디에서 그의 프리즘을 얻었는지 그리고 그 문제에 대해서 언제 어디에서 그가 처음으로 이 실험을 했는지를 고려했다. 이 편지를 포함해서 피츠 윌리엄^Fitz-william의 노트와 50년 후 콘듀이트^Conduitt의 수집품 등에 들어 있는 증거들은 서로 일치하지 않는다.

6. *Instantia Crucis*, 결정적 사례.

7. *Questiones*, p. 69.

8. *Phil. Trans.* 80 (February 1672): 3083.

9. 이 서한은 이 주제에 관해 최초로 저널에 발표된 중요한 과학 연구였다.

10. Newton to Oldenburg, February 6, 1672, *Corres* I: 40, pp. 96-97 and n. 19.

11. 메모는 이렇게 이어진다. "How doth the formost weake pulse keepe pace with the following stronger(어떻게 가장 약한 펄스가 뒤에 오는 더 강한 펄스에 뒤지지 않는가)?" Add MS 3958(3).1, notes "Out of Mr Hooks Micrographia."

12. *Phil. Trans.* 80 (February 1672): 3085.

13. 쿤은 이렇게 썼다. "변형 이론을 무너뜨리기 위해서는 그 이론이 예견한 늘어남과 실제 관찰된 늘어남 사이의 양적 불일치를 주목할 필요가 있었다. 그리고 그를 위해 굴절에 대한 수학 법칙과 (1637년까지는 밝혀지지 않았다) 그 법칙을 광학 문제에 적용시키는 상당한 경험을 겸비한 실험가를 요구했다. 1666년에 이러한 자격요건을 갖춘 사람은 뉴턴뿐이었다."

"Newton's Optical Papers," in Cohen, ed., *Papers and Letters*, p. 32.

14. Casper Hakfoort, "Newton's Optics: The Changing Spectrum of Science," in Fauvel et al., p. 84.

15. E.g., *Corres* I: 41.

16. Newton to Oldenburg, October 24, 1676, *Corres* II: 188.

17. Hooke to Oldenburg, February 15, 1672, *Corres* 1: ·44. 뉴턴은 훅이 마치 "빛이 불붙기 전에 나무 속에 들어 있는 것처럼" 말한다고 반박했다. Newton to Oldenburg, June 11, 1672, *Corres* I: 67.

18. Pardies to Oldenburg, March 30, 1672, *Corres* I: 52.

19. Newton to Oldenburg, April 13, 1672, *Corres* I: 55. Pardies는 뉴턴이 자신의 반론 중 일부에 답했고, '가설'이라는 말은 마음속에 가장 먼저 떠오른 단어에 불과하다고 정중하게 답신을 보냈다.

20. 그는 계속해서 이렇게 썼다. "나는 이제 내 이론에 대한 훅 씨의 고찰에 대한 관점을 이야기하겠다. 그의 고찰은 내 가설이 아닌 가설을 마치 내가 제기한 것처럼 주장하고 있다 …… 그리고 실험적 조사를 통해 드러난 진리를 부정하고 있다." Newton to Oldenburg, June 11, 1672, *Corres* 1: 67.

21. *Corres* 1: 99 and 103.

22. Newton to Oldenburg, March 8, 1673, *Corres* I: 101; Newton to Collins, May 20, 1673, *Corres* I: 110. Oldenburg to Newton, June 4, 1673, *Corres* I: 112.

23. "…… 오히려 당신은 내가 당신이 어떤 반대도 할 수 없고 나에 관해 그 밖의 냉정한 편지도 할 수 없게 한 결정에 대해 찬성하게 될 것입니다."

Newton to Oldenburg, June 23, 1673, *Corres* I: 116.

24. 뉴턴의 침묵은 1673년 6월에서 1675년 11월까지 이어졌다. 그 기간 동안 그는 단 한 번 짧은 거절의 편지를 보냈다. "나는 오래전에 더 이상 철학 발전에 대해 관심을 두지 않기로 결정했습니다. 같은 이유로, 나는 연례 철학 토론에 참가하지 않아도 용서받을 수 있기를 바랍니다. …… 언젠가 런던에 가야한다면, 기회를 봐서 한가할 때 한 2주 정도 시간을 낼 수 있을 것입니다. 그러나 그런 이야기는 굳이 언급할 필요가 없겠지요." Newton to Oldenburg, December 5, 1674, *Corres* I: 129.

25. "umbram captando eatinus perdideram quietam meam……." Newton to Oldenburg, October 24, 1676, *Corres* II: 188.

8장 회오리바람 속에서

1. Boyle, *The Sceptical Chymist*, p. 57. 그러나 그는 근대적 의미에서, 금이 원소라는 사실을 믿지 않았다.
2. Ibid., p. 3.
3. 가설의 여러 가지 다른 판본들은 다음 문헌에서 볼 수 있다. *Correspondence*: Newton to Oldenburg, December 7, 1675, *Corres* I: 146.
4. "에두름을 피하기 위해서", ibid.
5. 거기에는 "Hypothesis" (그의 생애에 발간되지 않았다) 이외에 "Note on the Discourse of Observations" (수십 년 후에 거의 그대로 *Opticks*의 2권으로 실렸다)도 포함된다.

6. 이것은 지나치게 낙관적인 견해였다. *Corres* I: 391 n.; Birch, *History of the Royal Society*, III: 303; S. I. Vavilov, "Newton and the Atomic Theory," in Royal Society, *Newton Tercentenary Celebrations*, p. 48.

7. *Corres* I: 146.

8. *Corres* I: 366.

9. 여기에서는 뉴턴의 물리적 직관이 실패했다. 그는 진공 속에서 진자의 진동을 억제하는 또 다른 요소, 즉 끈 속에 있는 마찰을 간과했다. 그러나 『프린키피아』가 발간된 수년 후, 그는 이 실험을 좀 더 세심하게 반복했고, 에테르에 대한 신념을 잃기 시작했다. 다음 문헌을 참조하라. Westfall, "Uneasily Fitful Reflections on Fits of Easy Transmission," in Palter, *Annus Mirabilis*, pp. 93 and 100 n.; 또한 다음 문헌도 보라. "De Ære et Æthere," Add MS 3970.

10. *Corres* I: 368.

11. 그는 이렇게 덧붙였다. "그들은 이 정신이 태양 연료(fewell)와 빛의 물질 원리를 제공하거나 수반할 수 있다고 가정할 것이다. 그리고 우리와 항성들 사이에 있는 방대한 에테르 공간이 이 태양과 행성들의 연료를 위한 충분한 저장소가 될 것이라고 상상할 수 있을 것이다." *Corres* I: 366.

12. *Physico-mathesis de lvmine, coloribvs et iride* (1665).

13. Birch, *History of the Royal Society*, III: 269; *Corres* I: 407 n.

14. Newton to Oldenburg, December 21, 1675, *Corres* I: 150.

15. 훅[Hooke]과 올덴버그[Oldenburg]는 다른 문제로도 다투었다. 올덴버그는 나선 스프링으로 조절되는 시계를 호이겐스[Huygens]의 발명이라고 주장했지만, 훅은 이미 그 이전에 자신이 발명한 것이라고 주장했다. 현존하는 훅의

일기에는 뉴턴이 거의 언급되지 않지만, 올덴버그는 '누워 있는 개 올덴버그', '올덴버그는 믿을 수 없는 악당' 식으로 거의 항상 등장한다. Hooke, Diary, November 8, 1675 and January 28, 1673; 'Espinasse, *Robert Hooke*, pp. 9 and 65.

16. "나의 존경하는 친구 아이작 뉴턴 씨에게, 트리니티 칼리지의 그의 방으로 ……" Hooke to Newton, January 20, 1676, *Corres* I: 152.

17. Newton to Hooke, February 5, 1676, *Corres* I: 154.

18. 일부 평자들은 문자 그대로 혹이 거인이 아니었다는 점을 지적하기 좋아했다. 즉 그는 체구가 작았고, 구부정했다. 그의 동시대인이었던 오브리[John Aubrey]는 *Brief Lives*에서 그를 "중간 키에 체격이 조금 구부정하고, 얼굴은 창백하고 못생겼지만, 머리는 컸다"라고 기술하고 있다. 이러한 사실은 뉴턴이 선택한 수사와 상반되는 것처럼 보인다. '거인의 어깨'라는 말은 이미 수세기 동안 통상적인 표현으로 사용되어 온 것이 분명하다. 로버트 머튼[Robert Merton]은 이 표현의 유래에 대한 가장 권위 있는 설명을 제공했다.

9장 모든 것은 부패한다

1. An "oven mouthed chimney." Yehuda MS 34, quoted in Westfall, *Never at Rest*, p. 253 n.

2. Stukeley, *Memoirs*, pp. 60–61; Humphrey Newton's recollection, Keynes MS 135; John Wickins, Keynes MS 137.

3. 남아 있는 뉴턴의 머리카락에 대한 1979년의 분석 결과 수은에 중독되어 있다는 사실이 밝혀졌다. Johnson and Wolbarsht, "Mercury Poisoning: A Probable Cause of Isaac Newton's Physical and Mental Ills"; Spargo and Pounds, "Newton's `Derangement of the Intellect.´"; Spargo and Pounds, "Newton's `Derangement of the Intellect." 그러나 그 정도가 얼마나 심각한지, 수은 중독이 뉴턴의 정신적 문제를 일으킬 정도였는지 여부는 아직 의문이다. 다음 문헌을 보라. Ditchburn, "Newton's Illness of 1692-3."

4. Gaule, *Pys-mantia*, p. 360.

5. Keynes MS 33. 아마도 Mr. F.는 에제키엘 폭스크로프트[Ezekial Foxcroft]일 것이다(Dobbs, Foundations of Newton's Alchemy, p. 112); 어쨌든 이러한 수수께끼 그리고 그의 논문에서 확인되지 않은 젠틀맨의 존재는 그의 전기 작가들에게 끊임없이 좌절감을 안겨 주었다. 웨스트폴[Westfall]은 이렇게 말했다. "뉴턴이 누군가에게서 연금술 필사본을 얻었다는 것은 추측이 아니다. 왜냐하면 나는 그것이 허공에서 갑자기 모습을 드러냈다고 믿지 않기 때문이다." Westfall, *Never at Rest*, p. 290.

6. 1680년대에 그는 필기생이었다. 험프리 뉴턴[Humphrey Newton](친척이 아니다)은 이렇게 회상했다. "특히 봄과 가을에, 그는 대개 자신의 실험실에서 약 6주간 보내곤 했다. 밤이든 낮이든 거의 불빛이 밖으로 새나오지 않았고, 그는 자신의 화학 실험을 끝낼 때까지 하룻밤을 꼬박 새웠다. 나도 다른 날 밤을 새웠다 …… 그의 목표가 무엇이었는지, 나로서는 간파할 수 없었다. 그러나 그의 노고는 …… 그가 목표로 삼는 것이 인문학이나 산업의 범주를 넘어서는 무엇이라고 생각하게 만들었다." Cohen and Westfall, *Newton: Texts*, p. 300.

7. *The Works of Geber* 영역 Richard Russell (reprinted London: Dent, 1928), p. 98.

8. 진사는 붉은색을 띠는 황화 수은이며, 화가들에게는 주색^{朱色} 안료로도 알려져 있다. 연금술사들은 그것이 수은과 황의 '승화물'이라는 사실을 알고 있었다. 한편, 'quicksilver'를 'mercury'와 동일시하는 것은 완전하지 않았다. 연금술사들은 다른 금속에서도 추출할 수 있는 보다 일반적인 물질인 '철학적 수은$^{philosophic\ mercury}$'에 대해서도 말했다.

9. White, *Medieval Technology*, p. 131.

10. 이 기호는 한 쌍의 뱀이 – 수컷 한 마리와 암컷 한 마리 – 지팡이를 감싸고 있는 형상이다.

11. Add MS 3973, 다음 문헌에서 인용. Westfall, *Never at Rest*, p. 537.

12. Keynes MS 55, 다음 문헌에서 인용 Dobbs, *Foundations*, p. 145.

13. *Phil. Trans.* 10:515-33.

14. "내 단순한 판단으로 고상한 저자는, 그가 스스로 이 정도까지 밝히는 것이 적절하다고 생각했기 때문에, 분별력 있게 나머지를 보류하고 있다." Newton to Oldenburg, April 26, 1676, *Corres* II: 157. 뉴턴은 평소와 달리 말이 많았던 것에 대해 유감을 나타내며 결론지었다. "나는 막힘없이 최선을 다했다. 그러나 이 편지를 다른 사람들에게 보이지 말아 주기를 바란다."

15. Peter Spargo, "Newton's Chemical Experiments," in Theerman and Seeff, *Action and Reaction*, p. 132: "내가 아는 한, 보일을 포함해서 당대의 화학자들 중 아무도 화학에서 이 정도의 정량화에 접근한 사람은 없었다 – 실제로 상당한 시간이 흐른 후까지도 그러했다."

16. "On Natures Obvious Laws and Processes in Vegetation," in Cohen and Westfall, *Newton: Texts*, pp. 301, 305, and 303.
17. Keynes MS 56, 다음 문헌에서 인용, Never at Rest, p. 299.
18. Cohen, *Revolution in Science*, p. 59.
19. "De Gravitatione et æquipondio fluidorum," in Hall and Hall, *Unpublished Scientific Papers*, p. 151. "나는 물체의 단단한 부분이 단지 서로 접촉함으로써 정지한 상태를 유지하는 것이 아니라, 그 외에도 그것이 강하고 단단하게 응집해서 하나로 합쳐진다고 생각한다. 마치 풀로 접착되듯이……."
20. "그리고 설명되어야 할 현상들만큼이나 많은 가설로 이루어진 철학에 어떤 확실성이 있을 수 있는가." Add MS 3970.3, 다음 문헌에서 인용. Hutchison, "What Happened to Occult Qualities in the Scientific Revolution?"
21. Newton to Oldenburg, December 7, 1675, Corres I: 146.

10장 이단, 신성모독, 우상숭배

1. Westfall, *Never at Rest*, pp. 311-12. 이 '신학 노트'는 케인즈[Keynes] MS 2이다. 그중 일부는 뉴턴 사후 "출판에 적합치 않음"이라는 (Thomas Pellett에 의해) 표시가 붙은 후 저장되어 사람들에게 읽히지 않았다. 케인즈가 1936년에 이 노트를 얻은 후에야 세상에 알려졌다.
2. 그는 올덴버그[Oldenburg]에게 이 사실을 알렸고, 1675년 1월에 다시 한 번 상

기시켰다. "내가 연구원직을 떠날 시간이 다가오고 있습니다……."
Corres VII: X.132.

3. 데이비드 그레고리David Gregory의 메모에서. Cohen and Westfall, *Newton: Texts*, p. 329.

4. "아버지는 어떤 장소에서도 제거할 수 없으며, 그를 비우거나 채울 수 없다. 따라서 그는 자연의 영원한 필연성이다. 그 밖의 모든 것은 장소에 따라 이동가능하다." "A Short Schem of the True Religion," Keynes MS 7, in Cohen and Westfall, *Newton: Texts*, p. 348.

5. *Principia* 941.

6. "종교는 부분적으로 근본적이고 불변이고, 부분적으로 정황적이고 변화가능하다." "A Short Schem of the True Religion," Keynes MS 7, in Cohen and Westfall, *Newton: Texts*, p. 344.

7. 다음 문헌에서 인용. Westfall, *Never at Rest*, p. 348.

8. 학자들은 고대 그리스의 문헌 중에서 '이 세 가지가 하나'라는 구절이 없다는 데 동의한다. 현대 영어 번역에서는 (일반적으로) 세 가지가 동일하다.

9. "Two Notable Corruptions of Scripture"; *Corres* III: 83; etc.

10. 다음 문헌에서 인용. Dobbs, *Foundations of Newton's Alchemy*, p. 164. 그리고 Jan Golinski, "The Secret Life of an Alchemist," in Fauvel et al., *Let Newton Be!*

11. 그의 생애가 끝날 무렵, 윌리엄 휘스톤William Whiston을 비롯해서 소수의 사람들만이 케임브리지 대학의 루카스 교수직의 후계자가 누구인지 알고 있었다. 휘스톤은 그 교수직을 박탈당하고 이단을 시도했다. 그가 스스로 아리우스파라고 공표했기 때문이다. 그가 교수직을 얻었던 것은 뉴

턴의 후원 덕분이었다. 그 후 뉴턴은 그가 왕립학회 회원이 되는 것을 반대했다. 그 이유는 – 휘스톤이 믿기를 – "그들이 감히 이단을 선택하지 않았기" 때문이다. 휘스톤은 그의 후원자에 대해 이렇게 말했다. "그는 지금까지 내가 아는 사람들 중에서 가장 무섭고, 주의 깊고, 의심이 많은 기질의 소유자이다." Memoirs, pp. 250 f.

웨스트폴은 배로가 '신성한 삼위일체의 방어'를 쓰는 정도까지 나갔고, 그의 트리니티 칼리지 학장으로서의 후계자는 "무신론자와 아리우스파를 타도하겠다……"고 맹세했다.

뉴턴이 세상을 떠났을 때, 그가 아리우스파였다는 소문이 돌았다. 그러나 그의 친구들과 당시 그의 전기작가들은 철저하게 그 사실을 부인했다. 예를 들어 터클리^{Stukeley}는 이렇게 말했다. (Memoirs, p. 71): "이단이거나 혼란된 개념을 가진 몇몇 사람들, 특히 아리우스파의 원칙을 고수하던 사람들은 아이작 경을 자신들의 진영에 끌어들이기 위해 엄청난 노력을 기울였다. 그러나 (뉴턴이) 반기독교였다는 주장은 거의 정당성을 갖지 않는다."

12. 뉴턴은 이 면제 청원서를 직접 작성한 것으로 보인다. 그러나 어떻게 그가 왕실의 허가를 얻었는지는 아무도 알지 못한다. 아마도 배로가 그를 위해 중재를 섰을 것이다.

13. Yahuda MS 14, 다음 문헌에서 인용. Westfall, *Never at Rest*, p. 315.

14. Ibid., p. 317 n.

15. Westfall, "Newton's Theological Manuscripts," in Bechler, *Contemporary Newtonian Research*, p. 132.

16. "A Short Schem of the True Religion," Keynes MS 7, in Cohen and Westfall, Newton: Texts, p. 345.

11장 제 1 원리

1. Add MS 404.
2. 그러나 그것은 '핼리 혜성'이 아니었다. 핼리 혜성은 1682년에 찾아왔다. 핼리Halley가 포물선이 아닌 타원으로 혜성의 경로를 계산하고 76년마다 돌아온다고 예견한 것은 뉴턴의 『프린키피아』가 발간되고 당시 적대적인 관계였던 플램스티드Flamsteed로부터 자료를 얻은 후인 1696년이었다.
3. Andrew P. Williams, "Shifting Signs: Increase Mather and the Comets of 1680 and 1682," *Early Modern Literary Studies* 1: 3 (December 1995).
4. Flamsteed to Crompton for Newton, December 15, 1680, *Corres* II: 242.
5. Schaffer, "Newton's Comets and the Transformation of Astrology," p. 224. 실제로 훅Hooke은 혜성이 수십 년 주기로 태양 궤도를 돌고, 혜성의 궤도가 태양의 인력으로 휘어져 곡선을 그릴 수 있다고 주장했다. Pepys, *Diaries*, March 1, 1665; Hooke, *Cometa*, 1678.
6. Flamsteed to Crompton, January 3, 1681, *Corres* II: 245.
7. Flamsteed to Crompton, February 12, 1681, *Corres* II: 249.
8. Flamsteed to Halley, February 17, 1681, *Corres* II: 250.
9. Newton to Crompton for Flamsteed, February 28, 1681, *Corres* II: 251. 여기에서 뉴턴이 얻을 수 있었던 자료가 오류와 모순 투성이었다는 사실이 분명해진다. 심지어 일부 오류는 역법의 차이로 인해 빚어진 혼란에서 기인했다.
10. "내 판단에서 이 어려움을 극복할 수 있는 유일한 방법은 혜성이 ☉와 지구 사이로 가버리는 것이 아니라 ☉주위를 돈다고 가정하는 것이다."

11. Hooke to Newton, November 24, 1679, *Corres* II: 235.

12. Newton to Hooke, November 28, 1679, *Corres* II: 236.

13. *An Attempt to Prove the Motion of the Earth by Observations* (London: John Martyn, 1674). 혹은 중력이 거리에 반비례한다는 것을 시사했지만 수학적으로 언명하지는 않았다. 이 인력은 그 힘이 작용하는 물체가 그 자체 중심에 얼마나 가까운가에 따라 훨씬 강해진다.

14. Newton to Hooke, November 28, 1679, *Corres* II: 236. 혹은 이것을 거짓말로 받아들였다. 그는 편지에 이렇게 썼다. "그는 마치 자신이 H의 가설을 모르는 것처럼 가장했다." 그리고 그의 말이 옳았다. 뉴턴은 1686년에 핼리에게 그 사실을 인정했다. 다음 문헌을 보라. Koyré, "An Unpublished Letter of Robert Hooke to Isaac Newton," in *Newtonian Studies*, p. 238 n., and Westfall, *Never at Rest*, p. 383 n.

15. Newton to Hooke, November 28, 1679, Corres II: 236.

16. 이어진 토론은, 쿠아레[Koyré]가 말했듯이 "그 시대의 최고의 지성임에도 불구하고 이해의 수준, 또는 이해의 결여를 보여 준다." 크리스토퍼 렌[Christopher Wren]은 탄환을 똑바로, 그러나 총탄이 완벽한 원을 그리면서 떨어지는지 보기 위해서 '매번 원을 그리며' 발사했다고 말했다. 플램스티드는 똑바로 위를 향해 발사된 공이 그 조각의 입으로 떨어지지 않는다는 것은 잘 알려진 사실이라고 말했다. 그는 87도의 각도를 주장했다. Koyré, *Newtonian Studies*, p. 246.

17. Hooke to Newton, December 9, 1679. 뉴턴은 이중의 오류를 저질렀다. 왜냐하면 그는 북반구에 떨어진 이러한 물체 하나가 동쪽 뿐 아니라 남쪽으로도 치우치는 경향이 있기 때문이었다. 그러나 거기에는 복잡성

이 있다. 혹은 진공을 가정하고 있었다. 후일 뉴턴이 지적했듯이, 공기처럼 저항이 있는 매질을 통과하는 경로는 실제로 지구 중심에까지 도달하는 나선이라고 생각되었다. 또한 지구의 질량을, 중심점에 집중되어 있는 것이 아니라 낙체의 경로 바깥쪽으로 퍼져 나가는 구체로 고려한다는 것이 (중력적으로) 무엇을 뜻하는지 (처음부터) 알아낼 준비가 되어 있던 사람은 아무도 없었다. Koyré, *Newtonian Studies*, p. 248, and *Corres* II: 237.

18. 후일 그는 핼리에게 이렇게 말했다. "나는 그에게 내가 철학을 옆으로 제쳐 두었다고 말했고, 그와의 서신 교환을 거절했다 …… 나는 더 이상 그에게서 어떤 이야기도 기대하지 않으며, 간신히 나 자신을 설득해서 그의 두 번째 편지에 답했고, 그의 세 번째 편지에는 답을 하지 않았다."
Newton to Halley, June 20, 1686, *Corres* II: 288.

19. 혹은 지구의 중심을 타원의 초점이 아니라 타원 중심에 잘못 설정했다. Hooke to Newton, December 9, 1679, *Corres* II: 237; Newton to Hooke, December 13, 1679, *Corres* II: 238.

이 도해에 대한 철저하고 설득력 있는 분석 그리고 그 도해가 그 가능성들에 대한 뉴턴의 이해에 대해 – 뒤로는 곡률에 대한 그의 최초의 수학에 대해서, 그리고 앞으로는 『프린키피아』에 대해서 – 밝혀 주고 있는 점에 대해서는 다음 문헌을 참조하라. J. Bruce Brackenridge and Michael Nauenberg, "Curvature in Newton's Dynamics," in Cohen and Smith, *Cambridge Companion to Newton*.

20. Hooke to Newton, January 6, 1680, *Corres* II: 239.

21. Hooke to Newton, January 17, 1680, *Corres* II: 240.

22. "혹은 그가 알고 있지만, 다른 사람들이 시도했고 실패를 거듭할 얼마간의 기간 동안 그것을 숨길 것이며, 그가 그것을 공표할 때면 그것을 어떻게 평가해야 할지 알 것이라고 말했다." Halley to Newton, June 29, 1686, *Corres* II: 289.

23. Add MS 3965, De Motu Corporum, in Hall and Hall, *Unpublished Scientific Papers*, p. 241.

24. De Motu Corporum in Gyrum, in Herivel, *Background to Newton's Principia*, pp. 257-89.

25. Flamsteed to Newton, December 27, 1684, *Corres* II: 273. 결국 플램스티드는 그 논문을 보았다.

26. Flamsteed to Newton, December 27, 1684, and January 12, 1685, *Corres* II: 273 and 276.

27. Humphrey Newton's recollections, 다음 문헌에서 인용. Westfall, *Never at Rest*, p. 406.

28. *Principia* 382.

29. "…… 그 표현 양식은 통상적인 것에서 벗어나 순수하게 수학적인 것이 될 것이다. …… 따라서 거기에서 이 언어들이 측정되어야 할 양을 지칭하는 것으로 해석하는 사람들은 성서에 대해 불경을 행하는 것이다. 그리고 그들은 수학과 철학을 같이 더럽히는 것이다……." *Principia* 414.

30. *Principia* 408.

12장 모든 물체는 유지한다

1. Birch, *History of the Royal Society*, 4: 480

2. Humphrey Newton (no relation).

3. Birch, *History of the Royal Society*, 4: 480

4. Halley to Newton, May 22, 1686, *Corres* II: 285.

5. Newton to Halley, May 27, June 20, July 14, and July 27, 1686, *Corres*』II: 286, 288, 290, 291.

6. Westfall, *Never at Rest*, p. 449. 그는 훅의 이름을 지우고, 그보다 앞선 뛰어난 학자들을 다음과 같이 언급했다. "크리스토퍼 렌[Christopher Wren] 경, 존 월리스[John Wallis] 박사 그리고 크리스티안 호이겐스[Mr. Christiaan Huygens], 이들이 단연 이전 세대 최고의 기하학자들이었다." Principia 424.

7. Newton to Halley, June 20, 1686, *Corres* II: 288.

8. Francis Willoughby and John Ray, *Historia Piscium* (London: John Martyn, printer to the Royal Society, 1678).

9. Halley to Newton, February 24, 1687, *Corres* II: 302.

10. Halley to Newton, July 5, 1687, *Corres* II: 309.

11. *Phil. Trans.* 16: 291.

12. *Principia* 416~17.

13. 다음 문헌을 참고하라. J. R. Milton, "Laws of Nature," in Garber and Ayers, *Cambridge History of Seventeenth-Century Philosophy*, p. 680. 아직까지 과학적 발견을 한 후에 '법칙'이라는 이름을 붙이는 관행은 없었다. 여기에서 처음 그런 관행이 탄생했다. 케플러 법칙이 뉴턴

보다 시기적으로 앞섰지만, 케플러 법칙은 18세기에 만들어진 것이었다.

14. *Natura valde simplex est et sibi consona.* "Conclusio" (Add MS 4005), in Hall and Hall, *Unpublished Scientific Papers*, p. 333.

15. 미적분이라는 무기를 가지고 있는 현대의 물리학 연구자들은 미적분으로 쉽게 뉴턴의 결과를 이끌어 내지만, 같은 결과를 뉴턴이 『프린키피아』에서 채택했던 기하학적 관점에서 이해하기 힘들다는 것을 깨닫게 된다. 뉴턴 자신도 이것을 미리 예견했다. 30년 후 그는 제 3자를 가장해서 익명의 설명을 붙였다.

> 새로운 해석학의 도움으로 뉴턴 씨는 자신의 *Principia Philosophise*에서 대부분의 명제를 발견했다. 그러나 고대인들은 상황을 명확하게 하기 위해서 종합적으로 입증하기 전에는 기하학에 어떤 것도 허용하지 않았다. 천구의 체계는 훌륭한 기하학을 기반으로 건설될 수 있을 것이다. 그리고 이것은 이처럼 재주 없는 사람들이 그 명제를 토대로 하는 해석을 보기 힘들게 만든다. *Phil. Trans.* 29 (1715): 206.

뉴턴은 미적분법을 누가 발명했는지 논쟁을 벌이는 와중에 자신이 미적분을 사용한 것에 대해 이와 유사한 자기봉사적인 주장을 했다. 학자들은 그것을 둘러싸고 끝없는 논쟁을 벌였다. 그들은 새로운 해석의 관점에서 『프린키피아』의 폐기된 원고와 비슷한 것을 어디에서도 찾지 못했다.

16. *Principia* 442.
17. *Principia* 590.

18. 뉴턴이 세상을 떠난 후 두, 세 사람을 건너서 전달된 콘듀이트^{Conduitt}의 회상. Keynes MS 130.6.
19. *Principia* 793 and Keynes MS 133.
20. *Principia* 790.
21. *Principia* 803.
22. 이곳을 비롯한 그 밖의 여러 계산에서 그는 정확한 것처럼 보이기 위해서 숫자를 조작하는 것을 수치로 여기지 않았다. 아무도 그의 행동을 허세라고 부르지 않았다. 비교되는 위치였던 갈릴레오는 정확한 수치 계산에 관여하지 않는 쪽을 선택했고 이렇게 말했다. 공기 저항과 같은 예상치 못한 변화는 "고정된 법칙과 정확한 기술에 복종하지 않는다. ……이러한 어려움의 구속을 끊어낼 필요가 있다." 그에 비해 뉴턴은 그 자신과 과학에 아무것도 제외하지 않고 모든 것을 계산할 의무를 지웠다. 웨스트폴^{Westfall}은 이렇게 말했다. "근대 물리과학은 너무도 철저하게 『프린키피아』를 스스로의 모형으로 삼았기 때문에 우리는 이러한 계산이 얼마나 미증유의 것인지 거의 이해할 수 없을 지경이다." 가용한 자료를 감안했을 때, 그것은 불가능한 일이었다. 그리고 때로 뉴턴은 기만행위를 저질렀다. Westfall, "Newton and the Fudge Factor," *Science* 179 (February 23, 1973): 751. 다음 문헌도 보라. Nicholas Kollerstrom, "Newton's Lunar Mass Error," *Journal of the British Astronomical Association* 95 (1995): 151. 화이트사이드^{Whiteside}가 "숫자 조작의 섬세한 기술"이라고 불렀던 또 다른 예로 다음 문헌을 보라. *Math* VI: 508-36.
23. *Principia* 807.
24. *Principia* 806.

25. *Principia* 814.

26. *Principia* 829.

27. Add MS 3965, "De motu corporum," in Hall and Hall, *Unpublished Scientific Papers*, p. 281.

28. *Principia* 875-78 and 839. 이 자료에는 결정적인 내용이 없었지만, 뉴턴은 지나치지 않았다. 그는 이상화된 조석으로 한정해서 강어귀와 강의 지형을 고려하려고 시도했다. 그는 수많은 강어귀와 중국해, 인도양으로 이어지는 열린 수로를 가지고 있는 바추하 항만의 지도를 연구했고, 자료를 설명할 수 있는 파도의 간섭 이론을 수립했다. I. Bernard Cohen, "Prop. 24: Theory of the Tides; The First Enunciation of the Principle of Interference," in *Principia* 240; Ronan, *Edmond Halley*, pp. 69f.

29. Galileo, *Dialogue*, pp. 445 and 462.

30. 이것들은 2판에서 확실하게 규칙이 되었다. 초판에서는 '가설들'이라고 불렸다. *Principia* 794-96. 모두 4개의 규칙이 있었다. 나머지는 다음과 같다.

> 증가하거나 감소할 수 없는 물체의 특성 그리고 실험이 이루어질 수 있는 모든 물체에 속하는 특성은 모든 물체의 보편적인 특성으로 간주되어야 한다.
>
> 실험 철학에서, 귀납을 통해 현상에서 수집된 명제들은 어떤 반대 가설에도 불구하고, 다른 현상들이 이러한 명제를 더 정확하게 하거나 예외를 허용하게 할 때까지, 정확히 참이거나 참에 근사한다고 간주되어야 한다.

31. Quoted in Westfall, *Never at Rest*, p. 464.

32. "I do not feign hypotheses(나는 가설을 만들지 않는다)"라는 말은 번역을 둘러싸고 역사상 많은 논쟁을 벌였던 사례에 대한 가장 유명한 해결책이다. 원문은 "*Hypotheses non fingo*"이다. ('feign'에 대한) 합리적인 대안은 "frame"이다. 번역을 어느 쪽으로 하든, 뉴턴은 항상 이 말을 처음 한 사람으로 알려져 있다. 그러나 그가 이 표현은 창안한 것은 아니었다. (예를 들어) 올덴버그는 왕립학회의 거장들을 다음과 같이 표현했다. "who, neither feigning nor formulating hypotheses of nature's actions, seek out the thing itself.(자연의 작동에 대한 가설을 만들지도 세우지도 않으면서, 그 자체를 추구하는 사람들)" Oldenburg to Francisco Travagino, May 15, 1667.

33. *Principia* 943.

34. *Principia* 382.

13장 그는 다른 사람과 같은가?

1. "Aphorisms Concerning the Interpretation of Nature and the Kingdom of Man," Bacon, *Novum Organum*, p. 43.

2. "견줄 데 없이 탁월한 저자가 마침내 공개적으로 모습을 드러내도록 설득되었다. 그는 이 논문에서 인간 정신력의 넓이를 보여주는 가장 괄목할 만한 예증을 해 주었다." *Phil. Trans.* 186: 291.

3. Halley to King James II, July 1687, *Corres* II: 310. 제임스 국왕이 그

책을 어떻게 했든 간에, 책은 오늘날 전해지지 않는다.

4. Halley, "The true Theory of the Tides, extracted from that admired Treatise of Mr. Isaac Newton, Intituled, Philosophiæ Naturalis Principia Mathematica," *Phil. Trans.* 226: 445, 447.

5. Untitled draft, *Corres* II: 301.

6. Newton to John Covel, February 21, 1689, *Corres* III: 328.

7. Godfrey Kneller, 1689. 권두 그림을 보라.

8. Newton to a Friend, November 14, 1690, *Corres* III: 358. "그렇다 진정으로 이들 아리우스파는 전 세계를 대상으로 음흉하고 교묘하게 음모를 꾸미는 교활한 악당들이다."

9. Pepys to Newton, November 22, 1693, *Corres* III: 431. 피프스[Pepys]는 다른 누구보다도 산술에 높은 관심을 가졌다. 그는 항해사의 도움으로 29살에 곱셈을 배웠다. Thomas, "Numeracy in Early Modern England," pp. 111~12.

10. Newton to Locke (draft), December 1691, *Corres* III: 377.

11. Defoe, *A Journal of the Plague Year*, p. 1.

12. Johns, *The Nature of the Book*, pp. 536~37.

13. *Bibliothèque Universelle et Historique* (March 1688, 필경 로크[Locke] 자신이 썼을 것이다), *Acta Eruditorum* (June 1688), 그리고 *Journal des Sçavans* (August 1688).

14. Keynes MS 130.5, 다음 문헌에서 인용 Westfall, *Never at Rest*, p. 473.

15. Newton to Bentley, February 25, 1693, *Corres* III: 406.

16. Draft of the General Scholium (section IV, no. 8, MS C), in Hall and

Hall, *Unpublished Scientific Papers*, p. 90.

17. Newton to Bentley, December 10, 1692, Corres III: 398.

18. Corres III: 395.

19. "The Rise of the Apostasy in Point of Religion," Yehuda MS 18, Jewish National and University Library, Jerusalem.

20. 당시 뉴턴이 겪은 쇠약증의 세부적인 모습이 어떠했는지는 영원한 논쟁과 추측을 촉발시킬 것이다. 화재에 대해서는, 대부분의 사람이 70대 말에 일어난 불로 논문 중 일부를 잃었다고 믿고 있다. 웨스트폴은 한 걸음 더 나아가 이렇게 주장했다. "한 차례 …… 화재가 있었고 – 내 생각으로는 또 다른 화재가 있었을 수도 있다 – 그 불이 이미 극도의 긴장 상태에 있던 그의 마음을 산란하게 만들었을 가능성이 있다. 1690년대에 숯이 된 원고들이 남아 있다. 그러나 그것들을 맞추기는 힘들다……." *Never at Rest*, p. 538. 다이아몬드와 양초라 불린 개에 관련해 전해 오는 잘 알려진 이야기는 근거가 의심스럽다(바틀릿의 유명한 인용을 참조하라). 자신의 뜻에 반한 구금은 사실이 아니다. 수은 중독의 경우, 그는 불면증이나 두드러진 편집증과 같은 증상에 시달리지 않았다. 그러나 그에게는 그 밖의 여러 가지가 결핍되었다. 그리고 그것은 일시적 현상이었다. 그의 머리카락에 대한 현대적인 검사결과는 수은 중독 수준을 밝혀 주었다. 그러나 그의 머리카락의 연대는 알 수 없었다. 일부 논쟁은 다음 문헌들에서 비롯되었다. Spargo and Pounds, "Newton's 'Derangement of the Intellect' "; Johnson and Wolbarsht, "Mercury Poisoning: A Probable Cause of Isaac Newton's Physical and Mental Ills"; Ditchburn, "Newton's Illness of 1692-3"; and Klawans,

Newton's Madness.

화이트사이드^{Whiteside}는 이러한 문제들에 대한 학자들의 상황을 이렇게 요약했다. "자신의 관점을 기반으로 학자들은 뉴턴이 몰락한 원인과 그의 장기 후유증을 둘러싸고 지난 150년 동안 끊임없이 말다툼을 벌여 왔다. …… 현존하는 기록이 존재하지만 시야를 희미하게 흐리는 상황에서 어떤 식으로든 명확한 평가를 내리려는 시도를 벌이는 것은 어리석은 일일 것이다……." Math VII: xviii.

21. Newton to Pepys, September 13, 1693, and Newton to Locke, September 16, 1693; Corres III: 420 and 421.
22. Pepys to Millington, September 26, 1693, *Corres* III: 422.
23. 다음 문헌에서 인용 Whiteside, *Math* VII: 198.
24. 데이비드 그레고리는 신임 천문학 교수이자 최초로 *Principia*로 개종한 인물이었다. "David Gregory's Inaugural Lecture at Oxford," Notes and Records of the Royal Society 25 (1970): 143-78.
25. Whiston, *Memoirs*, p. 32.
26. *Oeuvres de Huygens* XXI: 437, 다음 문헌에서 인용 Westfall, *Force in Newton's Physics*, p. 184, 다음 문헌도 참조하라. Guerlac, *Newton on the Continent*, p. 49.
27. Guerlac, *Newton on the Continent*, p. 52.
28. Unpublished draft, quoted in Hall, *Philosophers at War*, p. 153.
29. Leibniz to Newton, March 7, 1693, *Corres* III: 407. 16년 전에 짧은 편지를 주고받은 이후, 이것이 최초로 이루어진 접촉이었다.
30. Memoranda by David Gregory, *Corres* IV: 468, and Flamsteed's

recollection, *Corres* IV: 8 n.; Newton to Flamsteed, January 7, 1694, *Corres* IV: 473.

31. Newton to Flamsteed, July 20, 1695, *Corres* IV: 524.
32. Newton to Flamsteed, January 6, 1699, *Corres* IV: 601.
33. 플램스티드Flamsteed는 뉴턴에게 이렇게 썼다. "나는 이따금 몇몇 독창적인 인물들에게 그 이론을 완성시키려면 더 많은 시간과 관찰이 필요할 것이라고 말했습니다. 그런데 나는 그것이 내가 '혐오하는' 비난의 작은 부분에 불과하다는 것을 발견했습니다. …… 나는 그러한 '암시'가 당신의 펜 끝에서 나온 것이 아닌지 의심스럽게 생각합니다." January 10, 1699, *Corres* IV: 604.
34. 니콜라스 콜레스트롬Nicholas Kollerstrom의 컴퓨터를 이용한 분석인 *Newton's Forgotten Lunar Theory*는 결정적이다. 콜레스트롬은 핼리Halley가 채택했던 방법이 1714년에 의회가 제공했던 1만 파운드를 받기에 충분할 정도로 정확했다고 판단했다.
35. Westfall, *Never at Rest*, p. 550. 그는 교수직과 봉급을 유지했다. 그러나 케임브리지로 돌아오는 일은 거의 없었고 그곳에 머무는 동안 어떤 지인에게도 단 한 통의 편지도 쓰지 않았다.

14장 그 누구도 자신의 증인이 되지는 못한다

1. Westfall, *Never at Rest*, p. 699.
2. 그 문제는 어떤 물체가 주어진 점에서 자체 중력만으로 가장 짧은 시간에

내려갈 수 있는 곡선(최단강하선)을 찾는 것이었다(롤러코스터에서 가장 빠른 궤도를 생각하면 된다). 갈릴레오는 최단강하 곡선이 원의 간단한 호일 것이며, 그것이 직선 경사로보다 확실하게 빠르다고 생각했다. 실제로 그것이 사이클로이드^{cycloid}라는 곡선이다.

베르누이는 미적분법의 우선권을 둘러싸고 논쟁이 벌어지던 상황에서 뉴턴에게 이 문제를 도전해야 할 과제로 제시했다. 그는 "자신들이 좀 더 비밀스러운 기하학의 가장 은밀하게 숨겨진 장소를 관통했을 뿐 아니라 …… 그 한계를 그들의 황금 정리들에 의해 괄목할 만한 방식으로 확장시켰다고 …… 스스로 자랑스러워하는 바로 그 수학자"에게 편지를 썼다. (다음 문헌에서 인용. Mandelbrote, *Footprints of the Lion*, p. 76) 뉴턴은 편지가 도착한 날 밤에 이 문제를 풀었다. 화이트사이드^{Whiteside}에게 이 위업은 노년에 그의 수학적 능력이 많이 떨어졌다는 것을 의미했다. ("Newton the Mathematician," in Bechler, *Contemporary Newtonian Research*, p. 122) "몇 해 전만해도 그가 '무한소의 극대와 극소' 방법으로 불과 수분 만에 그것이 사이클로이드임을 알아차렸을 것이고, 그 후 12시간 동안이나 고집스럽게 그 문제와 씨름을 벌이지 않았을 것이다."

3. Westfall, *Never at Rest*, p. 721.

4. Valentin Boss, *Newton and Russia*.

5. Hoppit, *A Land of Liberty?*, p. 186.

6. "…… 당신은 만물을 치수, 숫자 그리고 무게로 배열했다." Wisdom of Solomon 11: 20.

7. Petty, *Political Arithmetick*.

8. 조폐국장으로 임명되면서 그는 다음과 같은 선서를 해야만 했다. "당신

은 화폐의 가장자리에 글자를 넣거나 깔쭉깔쭉하게 만들거나 또는 두 가지를 모두 적용하는 새로운 발명을 어떤 사람이나 사람들에게도, 직접적이든 간접적이든, 누설해서는 안 된다. 맹세코." Corres IV: 548.

9. "…… 고작 연간 400*lib*, 연간 40*lib*의 주택, 그리고 부수입은 겨우 연간 3*lib* 12*s* …… 조폐국의 권위를 지탱하기에는 너무 적은 액수이다……." Corres IV: 551.

10. 뉴턴과 심홍색 사이의 관계에 대해서는 다음 문헌이 가장 설득력 있게 설명해 준다. Richard de Villamil in 1931 (Newton the Man, pp. 14-15), 그는 가구 목록을 분석한 후 이렇게 말했다.

> …… 도처에 심홍색 모헤어(앙골라 염소털)가 있었다. 뉴턴의 침대는 '심홍색 하라틴 감으로 된 침대 커튼'이 달린 '심홍색 모헤어 침대'였고, '심홍색 모헤어 벽걸이 천', 그리고 '심홍색 의자'까지……. 어쩌면 뉴턴이 만년에 성미가 급해졌던 이유가 '심홍색 분위기'라고 부름직한 상황 속에서 살았기 때문일지도 모른다.

11. 뉴턴주의자들은 20세기까지도 이 관계를 완곡하게 표현하기 위한 어법을 찾기 위해 안간힘을 기울였다.(안드라데[Andrade]는 1947년에 "(그들) 관계의 정확한 성격에 대해서 흉한 추측이 이루어졌다"라고 썼다.) 1715년에 핼리팩스[Halifax]가 세상을 떠나자, 그는 2만 파운드 이상의 유산을 받고 바턴[Barton]을 떠났다. 플램스티드[Flamsteed]는 유산을 받은 이유를 "그녀의 훌륭한 언변 덕분에"라고 비꼬았다. 그 관계가 뉴턴이 조폐국장에 취임되도록 도와주었다는 소문도 있었다(물론 이것은 여러 가지 사건들의 결과를 한데

결합시킨 것이지만). 이 소문을 가장 열심히 퍼뜨린 사람은 볼테르^{Voltaire}였다. 그는 이렇게 말했다. "예쁜 조카딸이 없었다면 미적분이나 중력도 아무 소용이 없었을 것이다." (Lettres Philosophiques, letter 21).

뉴턴의 프로이드주의 전기작가인 마누엘$^{Frank\ Manuel}$은 이런 식의 완곡어법을 피하고 캐서린^{Catherine}을 어머니 한나^{Hannah}의 화신으로 보는 관점을 선택했다. "그의 친구 핼리팩스와 질녀 사이의 간통 행위에서 뉴턴은 어머니와의 육체적 관계를 대리 만족하고 있었는가?" Manuel, *Portrait*, p. 262.

12. Montague to Newton, March 19, 1696, *Corres* IV: 545.

13. 예를 들어 중국은 유럽보다 은의 가치가 높았고, 거래도 활발했다. "중국의 금값이 우리보다 높아지거나 혹은 낮아질 때까지 우리는 계속 중국에 은을 보내야 한다." 뉴턴은 이렇게 썼다. "그들과의 금 교역은 우리의 경화를 크게 늘리고 국가 이익이 될 것이다……." Craig, *Newton at the Mint*, p. 43.

14. "Observations concerning the Mint," *Corres* IV: 579.

15. Newton and Ellis to Henry St John, September 1710, *Corres* V: 806.

16. Signed, "Your near murderd humble Servant W. Chaloner." Chaloner to Newton, March 6, 1699, *Corres* IV: 608.

17. Memorandum, "Of the assaying of Gold and Silver, the making of indented Triall-pieces, and trying the moneys in the Pix," Mint Papers (Public Record Office, Kew), I: f. 109. "A Scheme of a Commission for prosecuting Counter feiters & Diminishers of the current coyn," manuscript, Pierpont Morgan Library.

18. 그는 첫 번째 청구서를 4월, 두 번째를 12월에 발행했다.

19. Wallis to Newton, *Corres* IV: 503 and 567. 월리스는 이렇게 덧붙였다. "나는 내가 아직 알지 못하고, 당신이 비밀에 붙인 많은 것들에 대해서도 같은 이야기를 해야 한다."

20. Stukeley, *Memoirs*, p. 79.

21. *Opticks*의 라틴어판은 2년 후인 1706년에 발간되었다. 그것은 *Principia*의 영어판이 간행된 1729년보다 훨씬 전이었다.

22. *Advertisement* to *Opticks*, first edition.

23. *Opticks*, Query 29, p. 370.

24. 이것은 지금도 뉴턴 고리로 불린다. 그러나 뉴턴은 인정하려 들지 않았지만, 이 관찰은 원래 훅[Hooke]의 *Micrographia*에서 처음 이루어졌다.

25. *Opticks*, book II, part 3, proposition XIII, p. 280. 다음 문헌도 참조하라. Westfall, "Uneasily Fitful Reflections on Fits of Easy Transmission," in Palter, *Annus Mirabilis*, pp. 88~104.

26. 다음 문헌을 보라. *Opticks*, p. 376. 뉴턴의 가장 위대한 형이상학적 고찰은 – 특히 Query 31의 신조 – 초판에서 아직 충분히 개화되지 않았지만, 1706년의 라틴어판에서 발전하기 시작했다.

27. *Opticks*, p. 394.

28. *Opticks*, p. 404.

29. 로버트 보일[Robert Boyle]의 조수였던 프랜시스 혹스비[Francis Hauksbee], 그리고 후일 산문과 운문으로 뉴턴 이론을 보급한 인물로 유명한 존 데오빌로 데자글리에[John Theophilus Desaguliers]이다.

30. 다음 문헌에서 인용. Heilbron, *Physics at the Royal Society*, p. 65.

31. *Opticks*, p. 405.

32. *Opticks*, pp. 399~400.

33. 최초의 프랑스어 번역판은 1720년에야 등장했다. 그럼에도, 이것은 최초의 그리고 유일한 『프린키피아』 프랑스어판보다 30년이나 앞섰다. 『프린키피아』를 프랑스어로 번역한 사람은 볼테르^{Voltaire}의 친구이자 애인이었던 뒤 샤틀레 후작부인$^{Marquise\ du\ Châtelet}$이었다.("그녀는 유일한 결점이 여자라는 사실일 뿐인 위대한 인물이었다.") 이 책의 표지에는 뉴턴이 아닌 그녀의 이름이 올라 있었다. 샤틀레 후작부인^{Châtelet}는 데카르트학파에 대해 이렇게 말했다. "그것은 사면이 버팀목으로 간신히 지지되어 있고, 몰락해 가는 집이다 …… 나는 그곳을 떠나는 것이 현명하다고 생각한다."

34. Guerlac, *Newton on the Continent*, p. 51 n.

35. "나는 그가 역학, 또는 힘의 법칙들을 깊이 탐구하지 않았다는 것을 보여 주는 특정 사실들에 주목했다." Leibniz to J. Bernoulli, March 29, 1715, Corres IV: 1138. 늦게나마 뉴턴은 '감각중추'라는 표현의 위험을 인식했고, 한발 물러서 그 구절을 수정했다.

36. Alexander, *Leibniz-Clarke Correspondence*, p. 30. 하워드 스타인$^{Howard\ Stein}$은 만약 라이프니츠^{Leibniz}가 그의 상대론의 모순을 이해했다면, 중력의 중요성을 인식할 수 있는 준비를 더 잘 갖추었을 것이라고 주장했다. "Newton's Metaphysics," in Cohen and Smith, *Cambridge Companion to Newton*, p. 300.

37. Epistola Posterior라 불리는 편지, Newton to Oldenburg, October 24, 1676, *Corres* II: 188. Cf. *Principia* 651 n. 암호의 열쇠는 다음을 보라.

Add MS 4004.

38. "…… 우리의 미분법이 없다면 아무로 이렇게 쉽게 공략할 수 없을 것이다." *Acta Eruditorum*, May 1684, 영역 D. J. Struik, in Fauvel and Gray, *History of Mathematics*, p. 434.

39. 뉴턴이 라이프니츠에게 처음 보낸 편지는 1699년에 발간된 존 월리스 John Wallis 의 *Opera Mathematica* 3권에 처음 실렸다 - 이 책은 증거들을 의도적으로 모아 놓은 것이었다. 배로 Barrow 는 1669년에 콜린스 Collins 에게 뉴턴의 *De Analysi per Æquationes Infinitas*를 보냈다. 그리고 콜린스는 그것을 돌려보내기 전에 최소한 한 부의 사본을 만들었다 - 그는 그 사본을 1676년에 라이프니츠에게 보여 주었다.

40. John Keill, *Phil. Trans.* 26 (1709), 다음 문헌에서 인용. Westfall, *Never at Rest*, p. 715.

41. *Corres* V: xxiv.

42. "An Account of the Book Entituled *Commercium Epistolicum, Collinii et Aliorum, de Analysi Promota*," Phil. Trans. 342 (February 1715): 221.

43. Ibid., pp. 205 and 206.

44. Ibid., pp. 216, 209, and 208.

45. Ibid., pp. 223~24.

46. 러셀 L. J. Russell 은 이렇게 말했다. "당신은 언제든 간단한 대체물을 떠올릴 수 있다. 가령 대수 방정식이나 또는 급수의 합의 형태로……. 그리고 그것은 새로운 일반적 방법으로 이어질 것이다. 때로는 특정 문제를 풀기 위해 누군가가 발견했던 방법이 당신에게 그 문제를 해결하는 올바른

방향을 보여 주고 그래서 그 문제를 풀기에 충분한 경우도 있다. 이런 경우, 필요한 것은 공개라는 정보 교환 센터이다." "Plagiarism in the Seventeenth Century, and Leibniz," Greenstreet, *Isaac Newton*, p. 135.

47. 라이프니츠의 기호는 뉴턴이 자신의 사용을 위해 고안했던 표기법인 유율을 나타내는 점 기호(문자 위에 점을 찍어 표시한 기호)와 변수들을 위한 다양한 대안들과 정확하게 일치하지 않았다. 그 결과 영국과 대륙 수학자들은 18세기 내내 서로 다른 기호를 사용했다. 결국 19세기에 라이프니츠의 미분기호가 보편적으로 사용되었고, 영국에서도 점 기호를 누르고 일반적 표기가 되었다.

48. Lenore Feigenbaum, "The Fragmentation of the European Mathematical Community," in Harman and Shapiro, Investigation of Difficult Things, p. 384. 또한 그녀는 화이트사이드[Whiteside]를 인용해서 이 논쟁을 '이후 십년 동안 전체 유럽 세계를 고름이 흘러나오는 부패로 오염시킨 오랫동안 곪은 상처'라고 불렀다. *Math* VIII: 469.

49. Baily, *Account of the Revd John Flamsteed*, p. 294. 플램스티드는 그 후 곧 세상을 떠났다. 그는 45년 동안 왕립천문대장을 역임했고, 그 자리를 핼리가 물려받았다.

50. *Math* VII: xxix.

51. Leibniz to Rémond de Montmort, October 19, 1716, 다음 문헌에서 인용. Manuel, *Portrait*, p. 333.

15장 냉혹한 정신

1. Nicolson, *Science and Imagination*, p. 115.
2. Swift, *Gulliver's Travels*, III: 8.
3. *Letters on England*, No. 13, p. 67.
4. *Letters on England*, pp. 86 and 79~80. 이후 한 세대 동안, 프랑스에서 뉴턴이 수용되는 과정은 영불간의 경쟁이라는 색채를 띠었다. 그는 1699년에 Academie Royale의 외국 위원으로 선출되었지만, 그 영예를 인정하지 않았고 아카데미와 한 번도 교통하지 않았다. 프랑스 과학자들은 '뉴턴주의자'를 뜻하는 용어로 'les anglais(영국인)'라는 표현을 사용했다.
5. Bernard le Bovier de Fontenelle, *The Eloguim of Sir Isaac Newton* (London: Tonson, 1728), 이 추도문은 왕립과학학사원Académie Royale des Sciences에서 1727년 11월에 낭독되었다. 다음 문헌에 재수록. Cohen, ed., *Papers and Letters*, pp. 444~74; 다음 문헌에 기반함. John Conduitt's "Memoir," in *Isaac Newton: Eighteenth-Century Perspectives*, pp. 26~34.("그는 온순하고 유화한 천성이었고 …… 그의 전 생애는 근면, 인내, 자애, 고결, 절제, 경건, 선량, 그리고 그 밖의 덕성들의 연속이었으며, 어떤 사악함도 혼합되지 않았다.") 또한 당시 관습에 따라서 퐁트넬Fontenelle은 뉴턴의 조상들에 대해서도 과장된 찬사를 열거했다. "그는 뉴턴 경Sir. John Newton Baronet의 가계의 장손의 후예였고 …… 울스소프Woolsthrope 장원은 그의 가족에게 이백 년 동안 속해 있었고 …… 아이작 경의 어머니는 …… 마치 고대의 가족과 같았고 …… " 퐁트넬에 대해 공평하게 말하자면, 그는 뉴턴이 작위를 받은 후에 과장된 그의 가계도에 의존했다.

뉴턴이 단 한 번 웃었다는 이야기는 험프리 뉴턴$^{Humphrey\ Newton}$에서 기인한다. 터클리^{Stukeley}(Memoirs, p. 57)는 이 점을 충분히 자세하게 다루었고, 그가 뉴턴이 웃는 모습을 종종 보았고, "그가 소리를 내서 웃지는 않았지만 미소를 짓는 경우는 흔했다"고 말했다.

6. 다음 문헌에서 인용. Paul Elliott, "The Birth of Public Science," p. 77.

7. "자연 스스로 그에게 그 분야를 맡겼다 / 그를 통해 자연의 비밀은 더 이상 숨겨질 수 없게 되었다." *Gentleman's Magazine* I (February 1731): 64.

8. *Gentleman's Magazine* I (April 1731): 157.

9. *Epitaphs* (1730). 20세기의 익살꾼들은 길고 느린 가락의 Pope의 이 시에 다음과 같이 대꾸했다. "그것은 오래가지 않았다. 악마는 이렇게 울부짖었다. '호, / 아인슈타인아 있으라.' 그러자 현상이 복원되었다." Koyré, "The Newtonian Synthesis," in Newtonian Studies.

10. 관찰자 중 한 사람이었던 윌리엄 휘스톤$^{William\ Whiston}$은 일식 강연으로 충분한 돈을 벌었고 '그 전후로 내 도표를 팔아서' 그의 가족이 1년 동안 쓸 생활비를 마련했다고 말했다. 그는 이렇게 덧붙였다. "그곳에 우연히 트리폴리에서 온 마호메트 사절이 참석했다. 처음에 그는 언제 전능한 신이 개기일식을 일으킬 것인지 정확하게 아는 것처럼 가장해서 그의 회교도들은 그런 것을 할 수 없다고 미혹하려는 의도로 생각했다. …… 우리가 예측한대로 일식이 정확하게 일어났을 때, 우리는 그에게 이제 그 문제에 대해 어떻게 생각하는지 물었다. 그의 답은 이러했다. 그는 우리가 마술로 그 사실을 알게 되었다고 가정한다는 것이었다." *Memoirs*, p. 205.

11. George Gordon (London: W. W., 1719).

12. 1890년까지는 뉴턴주의라는 말이 없었다. 처음 등장한 것도 경멸적인 의미였다. "1890 Athenæum 19 July 92/2 (메르시에^{Mercier})는 뉴턴주의가 지금까지 인간 상상력에서 나온 것 중에서 가장 터무니없는 과학적 방종이라고 선언했다."
13. *Sir Isaac Newton's Philosophy Explain'd for the Use of the Ladies* (London: E. Cave, 1739), p. 231.
14. Socolow, "Of Newton and the Apple," *Laughing at Gravity*, p. 7.
15. Haydon's *Autobiography* (1853), 다음 문헌에서 인용. *Nicolson, Newton Demands the Muse*, p. 1; 그리고 Penelope Hughes-Hallett, *The Immortal Dinner: A Famous Evening of Genius and Laughter in Literary London*, 1817 (London: Viking, 2000).
16. Keats, *Lamia* (1819).
17. Shelley, Queen Mab, V: 143~45. 그는 뉴턴을 세심하게 읽었고 그 의미를 이해했다. "우리는 다양한 힘을 가진 다양한 물체를 본다. 우리는 그 결과를 알 뿐이다. 우리는 그 본질과 원인에 대해서는 무지한 상태이다. 뉴턴은 이것을 사물의 현상이라고 부른다. 그러나 철학의 자존심은 그 원인에 대한 무지를 인정하지 않으려 든다." *Notes to Queen Mab*, VII.
18. Wordsworth, *The Prelude*, III.
19. Blake, *The Book of Urizen*, I.
20. Blake, "Annotations to the works of Sir Joshua Reynolds."
21. Blake, "On the Virginity of the Virgin Mary & Johanna Southcott" (*Satiric Verses & Epigrams*). 다음 문헌도 참고하라. "To teach doubt &

Experiment / Certainly was not what Christ meant." *The Everlasting Gospel*.

22. Blake, *Jerusalem*, Chapter I.

23. Brewster, *Life of Sir Isaac Newton*, p. 271.

24. Byron, *Don Juan*, Canto X.

25. Burtt, *Metaphysical Foundations*, pp. 203, 303.

26. *Principia* (Motte), p. 192.

27. 클리포드 트루스데일[Clifford Truesdell]은 이렇게 말했다. ("Reactions of Late Baroque Mechanics to Success, Conjecture, Error, and Failure in Newton's Principia," in Palter, Annus Mirabilis, p. 192): "뉴턴은 비수학적 철학자, 화학자, 심리학자 등에게 주어진 외교관의 면책특권을 포기했다. 그리고 그것이 뉴턴의 오류라 해도 오류는 오류인 법, 사실 이것이 뉴턴의 오류이기 때문에 더욱 그러한 영역에 속했다."

28. Cohen, *revolution in science*, pp. 174-75.

29. Steven Weinberg, "the Non-Revolution of Thomas Kuhn," in Facing Up, p. 197: "쿤은 오늘날 물리학자들이 뉴턴의 중력과 운동이론을 계속 사용하고 있다는 것을 알고 있었다. 우리가 뉴턴주의와 맥스웰 이론을 틀린 것으로 간주하는 방식과 아리스토텔레스의 운동이론이나 불이 원소라는 이론이 틀렸다고 하는 것은 분명 다르다."

30. 다음 문헌에서 인용. Fara, *Newton*, p. 256.

31. Kuhn, *Structure of Scientific Revolutions*, p. 108.

32. 따라서 아인슈타인의 시공은 라이프니츠[Leibniz]나 그 밖의 동시대의 반뉴턴주의자들의 그것이 아니었다. 알렉산더[H. G. Alexander]가 지적하듯이, 라이

프니츠의 절대 공간과 절대 시간 비판은 결코 아인슈타인의 이론을 예견한 것이 아니었다. "라이프니츠의 근본적인 가정은 시간과 공간이 실재하지 않는다는 것이다. 따라서 시공에 어떤 특성을 귀속시키는 이론을 그보다 더 강하게 배격한 사람은 없을 것이다." *The Leibniz-Clarke Correspondence*, Introduction, p. 1v. 또한 하워드 스타인[Howard Steind]은 이렇게 말했다. "절대 공간과 절대 시간이 폐기되었고, 시공의 기하학 구조가 물질 분포와 독립적이라는 사실이 입증되었지만 …… 여전히 시공과 그 기하학이 '실재'로서의 지위를 가진다고 간주할 필요가 있다 …… 이러한 '일반적인' 관점에서 – '세부적인' 측면에서는 분명 아니지만 – 뉴턴은, 우리 자신의 과학의 눈으로 볼 때, 시간과 공간을 근본적인 실체로 간주했다는 점에서 '옳았다'." "Newton's Metaphysics," in *Cohen and Smith, Cambridge Companion to Newton*, p. 292.

33. Einstein, "What Is the Theory of Relativity?" Times of London, November 28, 1919, 다음 문헌에 재수록. *Out of My Later Years*, p. 58a. 그리고 그는 몇 년 후에(1927) 이렇게 말했다. "우리는 뉴턴 이전에는 경험 세계의 보다 깊은 특징을 표상할 수 있는 어떤 완비된 물리적 인과 체계도 없었다는 사실을 깨달아야 한다." Einstein, "The Mechanics of Newton and Their Influence on the Development of Theoretical Physics," in *Ideas and Opinions*, p. 277.

34. *Principia* (Motte), p. 8.
35. *Opticks* 374.
36. *Principia* 407.
37. *Opticks* 388-89.

38. 그는 이러한 과학의 금과옥조를 수립하면서도 다른 가능성을 허용했다. 그의 후계자와 추종자들은 그것을 잊었다. 그러나 그는 이렇게 썼다. "신이 다양한 크기와 형태의 물질 입자들, 공간에 대한 여러 가지 비율 그리고 어쩌면 서로 다른 밀도와 힘까지도 창조할 수 있다는 사실을, 따라서 자연의 법칙을 변화시키고 우주의 여러 부분에 여러 종류의 세계를 만들 수 있다는 사실을 인정해야 한다. 최소한 나는 이 모든 것에서 어떤 모순도 보지 않는다." *Opticks* 403-4.

39. "Newton and the Twentieth Century-A Personal View," in Fauvel et al., *Let Newton Be!*, p. 244

40. 스콧 만델브로트 Scott Mandelbrote 는 이렇게 말했다. "그 원인들은 헤아리기 힘들지만, 국제적 상황과 연관될지도 모른다. 즉, 케임브리지가 이미 중요한 뉴턴의 논문들을 모두 소유했고, 시장에는 뉴턴의 서재에서 나온 책들이 넘쳐나고 있었고, 심지어는 리밍톤 Lymington 경의 우익적 정치관이 불안감을 조성했을 수도 있다." *Footprints of the Lion*, p. 137. 경매로 얻은 총액은 두 장의 초상화와 데스마스크를 포함해서 고작 9천 파운드였다. 가장 큰 관심을 보이고 판매 전에 상당한 선전이 이루어진 곳은 미국이었다. P. E. Spargo, "Sotheby's, Keynes, and Yahuda: The 1936 Sale of Newton's Manuscripts," in Harman and Shapiro, *Investigation of Difficult Things*, pp. 115~34.

41. John Maynard Keynes, "Newton the Man," in Royal Society, *Newton Tercentenary Celebrations*, p. 27. 그곳에 있었던 프리먼 다이슨 Freeman Dyson 은 당시 케인즈 Keynes 가 했던 말을 다음 문헌에 기록했다. *Disturbing the Universe* (New York: Harper & Row, 1979), pp. 8~9.

42. 콘듀이트^{Conduitt}가 편집한 이 책은 (Principia와 Opticks 이후) 그의 사후에 간행된 최초의 연구였다. 웨스트폴^{Westfall}은 오늘날의 관점에서 이 연구가 "무척이나 지루하고 …… 오늘날 자신이 저지른 죄 때문에 연옥을 지나야만 하는 극소수의 생존자들이나 읽을 법하다"고 애처롭게 선언했다. Westfall, *Never at Rest*, p. 815.

43. Keynes MS 130.11; Brewster, *Life of Sir Isaac Newton*, p. 324.

44. "Principles of Philosophy," manuscript fragment (c. 1703), Add MS 3970.3

45. Stukeley, *Memoirs*, pp. 25~26.

46. Inventory, "Dom Isaaci Newton, Mil.," dated May 5, 1727, in de Villamil, *Newton the Man*, pp. 49~61.

감사의 말

나는 가능한 한 이 책 전체를 뉴턴이 살던 시대와 그의 원고에 기초해서 집필하려고 노력했다. 뉴턴의 원고들은 그가 세상을 떠나면서 흩어지기 시작했고, 무려 3백 년 동안 이산이 계속되다가 최근에야 회수되기 시작했다. 아직도 산지사방에 흩어져 있지만, 케임브리지 대학교 도서관은 핵심적인 자료 중 상당부분을 수집했다. 그중에는 뉴턴의 서가에 있던, 그의 주가 달려 있는 책도 많이 포함된다. 나는 아담 퍼킨스[Adam J. Perkins]를 비롯한 그 밖의 여러분에게 많은 빚을 졌다. 문헌들은 Add MS (Additional Manuscripts), (Keynes MS Keynes Collection at Kings College) 식으로 케임브리지 도서관의 기호체계에 따라 인용되었다. 나는 조안나 코든[Joanna Corden], 라파엘 와이저[Rafael Weiser], 실비 메리안[Silvie Merian] 그리고 런던에 있는 왕립학회 고문서 보관소에 있는 그들의 동료들에게 깊은 감사를 드린다. 그리고 예루살렘에 있는 유대 국립대학교 도서관[Yehuda MS], 뉴욕의 피어폰트 모건 도서관, 울스소프 장원의 국립 트러스트 관리인들에게도 접근을 허용해 주고 많은 지식을 준 데 대해 감사드린다.

이 책을 쓰기까지 많은 인도와 비평을 해 주고, 틀린 부분을 바로잡아 준 제임스 아틀라스[James Atlas], 신시아 크로센[Cynthia Crossen], 피터 갤리슨[Peter Galison], 스코트 만델브로트[Scott Mandelbrote], 에스더 쇼어[Esther Schor], 크레이그 타운센드[Craig Townsend], 조나단 와이너[Jonathan Weiner] 그리고 나의 출판대리인 마이클 칼리슬[Michael Carlisle]에게 특별한 감사를 드린다. 그리고 누구보다 이 책의 편집자인 댄 프랭크[Dan Frank]에게 고마움을 전한다.

참고문헌

그의 저작을 모아놓은 '아이작 뉴턴 선집'과 같은 것은 없다. 런던의 임페리얼 칼리지가 계획한 뉴턴 프로젝트^{The Newton Project}는 그의 신학, 연금술 그리고 화폐주조에 대한 저작들을 발간하려는 장기 계획을 가지고 있다. 한편 그의 서한과 수학 논문들을 모아 놓은 금자탑과도 같은 두 가지 중요한 학문적인 집대성이 있다.

Turnbull, Herbert W.; Scott, John F.; Hall, A. Rupert; and Tilling, Laura, eds. *The Correspondence of Isaac Newton* (cited as *Corres*). Seven volumes. Cambridge: Cambridge University Press, 1959~77.

Whiteside, D. T., ed. *The Mathematical Papers of Isaac Newton* (cited as Math). Eight volumes. Cambridge: Cambridge University Press, 1967~80.

광학 논문들은 현재 발간이 진행 중이다 :

Shapiro, Alan E., ed. *The Optical Papers of Isaac Newton: The Optical*

Lectures 1670~1672. Cambridge: Cambridge University Press, 1984.

나는 다음 책들에 수집되거나 재판이 수록된 핵심적인 저작들을 기반으로 이 책을 집필했다. I have depended on other essential texts collected or reproduced in these volumes:

Principia:

The Principia: Mathematical Principles of Natural Philosophy (cited as *Principia*). Translated by I. Bernard Cohen and Anne Whitman with the assistance of Julia Budenz. Berkeley: University of California Press, 1999.

Sir Isaac Newton's Mathematical Principles of Natural Philosophy and His System of the World. Translated by Andrew Motte (1729), revised by Florian Cajori. Berkeley: University of California Press, 1947.

Newton's Principia The Central Argument: Translation, Notes, and Expanded Proofs. Dana Densmore and William H. Donahue. Santa Fe: Green Lion Press, 1995.

Opticks. Foreword by Albert Einstein. New York: Dover, 1952.

The Background to Newton's Principia: A Study of Newton's Dynamical Researches in the Years 1664~1684. John Herivel. Oxford: Oxford University Press, 1965.

Certain Philosophical Questions: Newton's Trinity Notebook. J. E. McGuire and Martin Tamny. Cambridge: Cambridge University Press, 1983.

Isaac Newton's Papers & Letters on Natural Philosophy. Edited by I. Bernard Cohen. Cambridge, Mass.: Harvard University Press, 1958.

The Janus Faces of Genius: The Role of Alchemy in Newton's Thought. Betty Jo Teeter Dobbs. Cambridge: Cambridge University Press, 1991.

Newton: Texts, Backgrounds, Commentaries. Edited by I. Bernard Cohen and Richard S. Westfall. New York: Norton, 1995.

The Preliminary Manuscripts for Isaac Newton's 1687 Principia, 1684~85. Introduction by D. T Whiteside. Cambridge: Cambridge University Press, 1989.

The Unpublished First Version of Isaac Newton's Cambridge Lectures on Optics, 1670~1672. Introduction by D. T. Whiteside. Cambridge: University Library, 1973.

Unpublished Scientific Papers of Isaac Newton. Edited by A. Rupert Hall and Marie Boas Hall. Cambridge: Cambridge University Press, 1962.

그 밖의 1차 문헌과 2차 문헌들

권위 있는 과학적 전기는 웨스트폴[Richard S. Westfall]의 *Never at Rest* (Cambridge: Cambridge University Press, 1980)이다. 그는 그의 뒤를 이어 전기를 쓴 모든 사람들에게 다음과 같은 유익한 경고를 해 주었다. "그를 더 많이 연구할수록, 뉴턴은 내게서 더 멀리 물러났다. …… 또 한 사람의 뉴턴만이 그의 존재 속으로 충분히 들어갈 수 있을 것이다. 그러나 인간이 벌이는 사업의 경제는 그것을 허용하지 않아서 또 한 사람의 뉴턴이 있다 해도 그는 첫 번째의 전기를 쓰는데 자신을 바치지 않을 것이다."

Adair, John. *By the Sword Divided: Eyewitness Accounts of the English Civil*

War. Bridgend, U.K.: Sutton, 1998.

Alexander, Henry Gavin, ed. *The Leibniz-Clarke Correspondence*. Manchester: Manchester University Press, 1956.

Algarotti, Francesco. *Sir Isaac Newton's Philosophy Explain'd For the Use of the Ladies. In Six Dialogues on Light and Colours*. London: E. Cave, 1739.

Andrade, Edward Neville da Costa. "Newton's Early Notebook." *Nature* 135 (1935): 360.

——. *Sir Isaac Newton: His Life and Work*. New York: Macmillan, 1954.

Arbuthnot, John. *An Essay on the Usefulness of Mathematical Learning in a Letter from a Gentleman in the City to His Friend in Oxford*. Oxford: The Theater, 1701.

Aubrey, John. *Brief Lives*. Edited by Oliver Lawson Dick. London: Secker and Warburg, 1949.

Ault, Donald D. *Visionary Physics: Blake's Response to Newton*. Chicago: University of Chicago Press, 1974.

Bacon, Francis. *The Essays, or Councils, Civil and Moral*. London: H. Clark, 1706.

——. *Novum Organum*. Translated and edited by Peter Urbach and John Gibson. Chicago: Open Court, 1994.

——. *The Works of Francis Bacon: Baron of Verulam, Viscount St. Alban, and Lord High Chancellor of England*. Edited by James Spedding, Robert L. Ellis, and Douglas D. Heath. New York: Garrett Press, 1968.

Baily, Francis. *An Account of the Revd John Flamsteed, the First Astronomer-Royal, Compiled from His Own Manuscripts and Other Authentic Documents*. Reprint of the 1835 edition. London: Dawsons, 1966.

Banville, John. *The Newton Letter: A Novel*. Boston: David R. Godine, 1972.

Bate, John. *The Mysteryes of Nature and Art*. Third edition. London: Andrew Crooke, 1654.

Bechler, Zev, ed. *Contemporary Newtonian Research*. Dordrecht: D. Reidel, 1982.

Ben-Chaim, Michael. "Newton's Gift of Preaching," *History of Science* 36: 269-98 (September 1998).

Birch, Thomas. *The History of the Royal Society of London*. Four volumes. Facsimile of the London edition of 1756-57. Introduction by A. Rupert Hall. New York: Johnson, 1968.

Blake, William. *The Complete Poetry and Prose of William Blake*. Edited by David F. Erdman. Berkeley: University of California Press, 1982.

Blay, Michel. *Reasoning with the Infinite: From the Closed World to the Mathematical Universe*. Translated by M. B. DeBevoise. Chicago: University of Chicago Press, 2000.

Boss, Valentin. *Newton and Russia: The Early Influence, 1698-1796*. Cambridge, Mass.: Harvard University Press, 1972.

Boyle, Robert. *Experiments and Considerations Touching Colours*. London: Henry Herringman, 1664. *The Sceptical Chymist: or Chymico-physical Doubts & Paradoxes*. London: Cadwell, 1661.

Brewster, David. *The Life of Sir Isaac Newton: The Great Philosopher*, revised and edited by W. T. Lynn. London: Gall & Inglis, 1855.

Broad, C. D. *Sir Isaac Newton*. London: Oxford University Press, 1927.

Bronowski, Jacob. *Magic, Science, and Civilization*. New York: Columbia

University Press, 1978.

Buckley, Michael J. *Motion and Motion's God*. Princeton: Princeton University Press, 1971.

Burke, John G., ed. *The Uses of Science in the Age of Newton*. Berkeley: University of California Press, 1983.

Burton, Robert. *The Anatomy of Melancholy*. Edited by Floyd Dell and Paul Jordan-Smith. New York: Tudor, 1927.

Burtt, Edwin Arthur. *The Metaphysical Foundations of Modern Physical Science*. Second edition. London: Routledge & Kegan Paul, 1932.

Capp, Bernard. *Astrology and the Popular Press: English Almanacs 1500-1800*. London: Faber & Faber, 1979.

Castillejo, David. *The Expanding Force in Newton's Cosmos as Shown in His Unpublished Papers*. Madrid: Ediciones de Arte y Bibliofilia.

Challis, C. E., ed. *A New History of the Royal Mint*. Cambridge: Cambridge University Press, 1992.

Chapman, Allan. "England's Leonardo: Robert Hooke and the art of experiment in Restoration England," *Proceedings of the Royal Institution of Great Britain 67* (1996): 239-75.

Christianson, Gale E. *In the Presence of the Creator: Isaac Newton and His Times*. New York: Free Press, 1984.

―――. *Isaac Newton and the Scientific Revolution*. Oxford: Oxford University Press, 1996.

Clark, David H.; and Clark, Stephen P. H. *Newton's Tyranny: The Suppressed*

Scientific Discoveries of Stephen Gray and John Flamsteed. New York: W. H. Freeman, 2000.

Clay, C. G. A. *Economic Expansion and Social Change: England 1500–1700*. Two volumes. Cambridge: Cambridge University Press, 1984.

Cohen, H. Floris. "The Scientific Revolution: Has There Been a British View? A Personal Assessment." *History of Science 37* (March 1999).

Cohen, I. Bernard. *The Birth of a New Physics*. New York: Norton, 1983.

──── . *Franklin and Newton*. Philadelphia: American Philosophical Society, 1956.

──── . "Newton in the Light of Recent Scholarship." *Isis* 51 (December 1960): 489–514.

──── . "Newton's Second Law and the Concept of Force in the *Principia*." In Palter, *Annus Mirabilis*, 143–85.

──── . "Notes on Newton in the Art and Architecture of the Enlightenment." *Vistas in Astronomy* 22 (1979): 523–37.

──── . *Revolution in Science*. Cambridge, Mass: Harvard University Press, 1985.

Cohen, I. Bernard, and Smith, George E., eds. *The Cambridge Companion to Newton*. Cambridge: Cambridge University Press, 2002.

Collier, *Arth. Clavis Universalis, or, a New Inquiry after Truth, being a demonstration of the Non–Existence, or Impossiblity, of an External World*. London: Robert Gosling, 1713.

Collingwood, R. G. *The Idea of Nature*. Oxford: Oxford University Press, 1945.

Cook, Alan. *Edmond Halley: Charting the Heavens and the Seas*. Oxford: Oxford University Press, 1998.

Costello, William T. *The Scholastic Curriculum at Early Seventeenth-Century Cambridge*. Cambridge, Mass.: Harvard University Press, 1958.

Couth, Bill, ed. *Grantham during the Interregnum: The Hall Book of Grantham, 1641-1649*. Woodbridge, U.K.: Lincoln Record Society, 1995.

Cowley, Abraham. *A Proposition for the Advancement of Experimental Philosophy*. London: 1661.

Craig, John. *Newton at the Mint*. Cambridge: Cambridge University Press, 1946.

Crombie, A. C. *The History of Science from Augustine to Galileo*. Mineola, N.Y: Dover, 1995.

Crosby, Alfred W. *The Measure of Reality: Quantification and Western Society, 1250-1600*. Cambridge: Cambridge University Press, 1997.

Dalitz, Richard H.; and Nauenberg, Michael, eds. *The Foundations of Newtonian Scholarship*. Singapore: World Scientific, 2000.

David, F. N. "Mr Newton, Mr Pepys & Dyse: A Historical Note." *Annals of Science* 13 (1957): 137-47.

Davis, Philip J., and Hersh, Reuben. *The Mathematical Experience*. Boston: Houghton Mifflin, 1981.

De Morgan, Augustus. *Newton: His Friend: and His Niece*. Reprinted with introduction by E. A. Osborne. London: Dawsons, 1968.

de Santillana, Giorgio. *The Origins of Scientific Thought*. Chicago: University of Chicago Press, 1961.

de Villamil, Richard. *Newton the Man*. London: Gordon D. Knox, 1931.

Defoe, Daniel. *A Journal of the Plague Year*. Edited by Louis Landa. Oxford: Oxford University Press, 1998.

Dehaene, Stanislaus. *The Number Sense: How the Mind Creates Mathematics*. Oxford: Oxford University Press, 1997.

Descartes, René. *Philosophical Writings*. Translated by John Cottingham, Robert Stoothof, and Dugald Murdoch. Cambridge: Cambridge University Press, 1984–91.

Ditchburn, R. W. "Newton's Illness of 1692–3." *Notes and Records of the Royal Society* 35 (1980): 1–16.

Dobbs, Betty Jo Teeter. *The Foundations of Newton's Alchemy, or "The Hunting of the Greene Lyon."* Cambridge: Cambridge University Press, 1975.

Dobbs, Betty Jo Teeter; and Jacob, Margaret C. *Newton and the Culture of Newtonianism*. Atlantic Highlands, N.J.: Humanities Press, 1995.

Drake, Stillman. *Galileo at Work: His Scientific Biography*. Chicago: University of Chicago Press, 1978.

Dreyer, J. L. E. *A History of Astronomy from Thales to Kepler*. New York: Dover, 1953.

Eamon, William. *Science and the Secrets of Nature: Books of Secrets in Medieval and Early Modern Culture*. Princeton: Princeton University Press, 1994.

Easlea, Brian. Witch Hunting, *Magic and the New Philosophy: An Introduction to the Debates of the Scientific Revolution 1450–1750*. Sussex: Harvester Press, 1980.

Einstein, Albert. *Ideas and Opinions*. New York: Modern Library, 1994.

——. Out of My Later Years. New York: Carol, 1995.

Einstein, Albert; and Infeld, Leopold. *The Evolution of Physics*. New York: Simon & Schuster, 1938.

Eisenstein, Elizabeth L. *The Printing Press as an Agent of Change: Communications and Cultural Transformations in Early-Modern Europe*. Cambridge: Cambridge University Press, 1979.

Elliott, Paul. "The Birth of Public Science in the English Provinces," *Annals of Science* 57 (2000): 61-100.

Elliott, Ralph W. V. "Isaac Newton as Phonetician." *Modern Language Review* 49 (1954): 1.

———. "Isaac Newton's `Of an Universall Language."' *Modern Language Review* 52 (1957): 1.

'Espinasse, Margaret. *Robert Hooke*. Berkeley: University of California Press, 1962.

Evelyn, John. *The Diary of John Evelyn*. Edited by E. S. de Beer. Six volumes. Oxford: Clarendon Press, 1955.

Fara, Patricia. *Newton: The Making of a Genius*. London: Macmillan, 2002.

Fauvel, John; and Gray, Jeremy, eds. *The History of Mathematics: A Reader*. London: Macmillan, 1987.

Fauvel, John; Flood, Raymond; Shortland, Michael; and Wilson, Robin, eds. *Let Newton Be!* Oxford: Oxford University Press, 1988.

Feingold, Mordechai, ed. *Before Newton: The Life and Times of Isaac Barrow*. Cambridge: Cambridge University Press, 1990.

Feynman, Richard. *The Character of Physical Law*. Introduction by James Gleick. New York: Modern Library, 1994.

Foster, C. W. "Sir Isaac Newton's Family." Reports and Papers of the Architectural & Archeological Society of the County of Lincoln 39 (1928).

Galileo Galilei. *The Controversy on the Comets of 1618*. Translated by Stillman Drake and C. D. O'Malley. Philadelphia: University of Pennsylvania Press, 1960.

──── . *Dialogue Concerning the Two Chief World Systems — Ptolemaic & Copernican*. Translated by Stillman Drake, foreword by Albert Einstein. Berkeley: University of California Press, 1967.

──── . *Discoveries and Opinions of Galileo*. Translated by Stillman Drake. New York: Anchor Books, 1957.

Garber, Daniel; and Ayers, Michael. *The Cambridge History of Seventeenth — Century Philosophy*. Cambridge: Cambridge University Press, 1998.

Gaule, John. *Pys — mantia the Mag — Astromancer, or the Magicall — Astrologicall — Diviner, Posed, and Puzzled*. London: J. Kirton, 1652.

Gjertsen, Derek. *The Newton Handbook*. London: Routledge & Kegan Paul, 1986.

Glanvill, Joseph. *Scepsis Scientifica: or, Contest Ignorance, the way to Science*. London: E. Cotes, 1665.

Goethe, Johann Wolfgang von. *Theory of Colours*. Translated by Charles Lock Eastlake, introduction by Deane B. Judd. Cambridge, Mass.: MIT Press, 1970.

Gooding, David; Pinch, Trevor; and Schaffer, Simon, eds. *The Uses of Experiment: Studies in the Natural Sciences*. Cambridge: Cambridge University Press, 1989.

Goodstein, David L.; and Goodstein, Judith R. *Feynman's Lost Lecture*. New York: Norton, 1996.

Gordon, George. *Remarks upon the Newtonian Philosophy*. London: W. W., 1719.

Grant, Edward. *The Foundations of Modern Science in the Middle Ages*. Cambridge: Cambridge University Press, 1996.

―――. *Planets, Stars, and Orbs: The Medieval Cosmos, 1200-1687*. Cambridge: Cambridge University Press, 1994.

Greenstreet, W. J., ed. *Isaac Newton 1642-1727: A Memorial Volume*. London: G. Bell & Sons, 1927.

Guerlac, Henry. *Newton on the Continent*. Ithaca, N.Y.: Cornell University Press, 1981.

Guicciardini, Niccoló. *The Development of Newtonian Calculus in Britain, 1700-1800*. Cambridge: Cambridge University Press, 1989.

―――. *Reading the Principia: The Debate on Newton's Mathematical Methods for Natural Philosophy from 1687 to 1736*. Cambridge: Cambridge University Press, 1999.

Hall, A. Rupert. *Ballistics in the Seventeenth Century: A Study in the Relations of Science and War with Reference Principally to England*. Cambridge: Cambridge University Press, 1952.

―――. *Isaac Newton: Eighteenth-Century Perspectives*. Oxford: Oxford University Press, 1999.

―――. *Newton, His Friends and His Foes*. Aldershot, U.K.: Variorum, 1993.

―――. *Philosophers at War: The Quarrel between Newton and Leibniz*. Cambridge: Cambridge University Press, 1980.

―――. *The Scientific Revolution 1500-1800*. Second edition. Boston: Beacon Press, 1962.

Hall, A. Rupert; and Hall, Marie Boas. "Newton's Theory of Matter." *Isis* 51 (March 1960): 163.

Hall, A. Rupert; and Hall, Marie Boas, eds. *The Correspondence of Henry Oldenburg*. Madison: University of Wisconsin Press, 1965-73.

Hall, Marie Boas. *Henry Oldenburg. Shaping the Royal Society*. Oxford: Oxford University Press, 2002.

Halley, Edmond. *Correspondence and Papers of Edmond Halley*. Edited by E. F. MacPike. Oxford: Oxford University Press, 1937.

Harman, P. M.; and Shapiro, Alan E., eds. *The Investigation of Difficult Things: Essays on Newton and the History of the Exact Sciences in Honour of D. T. Whiteside*. Cambridge: Cambridge University Press, 1992.

Harrison, John. *The Library of Isaac Newton*. Cambridge: Cambridge University Press, 1978.

Heilbron, J. L. *Physics at the Royal Society during Newton's Presidency*. Los Angeles: William Andrews Clark Memorial Library, 1983.

Hill, Christopher. *Change and Continuity in Seventeenth Century England*. Cambridge, Mass.: Harvard University Press, 1975.

History of Science Society. *Sir Isaac Newton 1727-1927: A Bicentenary Evaluation of His Work*. Baltimore: Williams & Wilkins, 1927.

Hobbes, Thomas. *Leviathan*. Edited by Richard E. Flathman and David Johnston. New York: Norton, 1996.

Hooke, Robert. *An Attempt to Prove the Motion of the Earth from Observations*. London: Royal Society, 1674.

―――. *Diary, 1672-1680*. Edited by Henry W. Robinson and Walter Adams. London: Taylor & Francis, 1935.

―――. *Lectures and Collections: Cometa and Microscopium*. London: J. Martyn, 1678.

―――. *Micrographia: or some Physiological Descriptions of Minute Bodies Made by Magnifying Glasses with Observations and Inquiries thereupon*. London: J. Martyn and J. Allestry, 1665.

Hoppit, Julian. *A Land of Liberty? England 1689-1727*. Oxford: Oxford University Press, 2000.

Houghton, Walter E., Jr. "The History of Trades: Its Relation to Seventeenth Century Thought." *Journal of the History of Ideas* 2-1 (1941): 33-60.

Hubbard, Elbert. *Newton: Little Journeys to Homes of Great Scientists*. East Aurora, N.Y.: Roycrofters, 1905.

Hunter, Michael, ed. *Robert Boyle Reconsidered*. Cambridge: Cambridge University Press, 1994.

Hunter, Michael; and Schaffer, Simon, eds. *Robert Hooke: New Studies*. Woodbridge, U.K.: Boydell Press, 1989.

Hutchinson, Keith. "What Happened to Occult Qualities in the Scientific Revolution?" *Isis* 73 (1982): 233-53

Huxley, G. L. "Two Newtonian Studies." *Harvard Library Bulletin* 13 (winter 1969): 348-61.

Iliffe, Robert. "Playing Philosophically: Isaac Newton and John Bate's Mysteries of Art and Nature." *Intellectual News* 8 (Summer 2000): 70.

Jacob, Margaret. *The Newtonians and the English Revolution, 1689-1720*. Ithaca, N.Y.: Cornell University Press, 1976.

Jardine, Lisa. *Ingenious Pursuits: Building the Scientific Revolution*. New York: Doubleday, 1999.

Johns, Adrian. *The Nature of the Book: Print and Knowledge in the Making*. Chicago: University of Chicago Press, 1998.

──── . "Miscellaneous Methods: Authors, Societies, and Journals in Early Modern England." *British Journal for the History of Science* 33 (2000): 159.

Johnson, L. W.; and Wolbarsht, M. L. "Mercury Poisoning: A Probable Cause of Isaac Newton's Physical and Mental Ills." *Notes and Records of the Royal Society* 34 (1979): 1.

Kaplan, Robert. *The Nothing That Is*. Oxford: Oxford University Press, 1999.

Klawans, Harold L. *Newton's Madness*. New York: Harper & Row, 1990.

Kollerstrom, Nicholas. *Newton's Forgotten Lunar Theory*. Santa Fe: Green Lion Press, 2000.

Koyrè, Alexandre. *From the Closed World to the Infinite Universe*. Baltimore: Johns Hopkins University Press, 1957.

Newtonian Studies. Chicago: University of Chicago Press, 1965.

Kuhn, Thomas S. *The Structure of Scientific Revolutions*. Second edition. Chicago: University of Chicago Press, 1970.

Leedham-Green, Elisabeth. *A Concise History of the University of Cambridge*. Cambridge: Cambridge University Press, 1996.

Lenoir, Timothy, ed. *Inscribing Science: Scientific Texts and the Materiality of*

Communication. Stanford, Calif.: Stanford University Press, 1998.

Li, Ming-Hsun. *The Great Recoinage of 1696 to 1699*. London: Weidenfeld & Nicolson, 1963.

Lindberg, David C. *The Beginnings of Western Science*. Chicago: University of Chicago Press, 1992.

Lindberg, David C.; and Westman, R. S., eds. *Reappraisals of the Scientific Revolution*. Cambridge: Cambridge University Press, 1990.

Lohne, Johannes A. "Hooke versus Newton: An Analysis of the Documents in the Case on Free Fall and Planetary Motion." *Centaurus* 7-1 (1960): 6-52.

──── . "Isaac Newton: The Rise of a Scientist." *Notes and Records of the Royal Society of London* 20-2: 125-39.

Lyons, Henry. *The Royal Society 1660-1940*. Cambridge: Cambridge University Press, 1944.

Mahoney, Michael S. "The Beginnings of Algebraic Thought in the Seventeenth Century." In S. Gaukroger, ed., *Descartes: Philosophy, Mathematics and Physics*. Sussex: Harvester, 1980.

Mancosu, Paolo. *Philosophy of Mathematics and Mathematical Practice in the Seventeenth Century*. Oxford: Oxford University Press, 1996.

Mandelbrote, Scott. *Footprints of the Lion: Isaac Newton at Work*. Cambridge: Cambridge University Library, 2001.

Manuel, Frank. *Isaac Newton, Historian*. Cambridge, Mass.: Harvard University Press, 1963.

──── . *A Portrait of Isaac Newton*. Cambridge, Mass.: Harvard University

Press, 1968.

McGuire, J. E. *Tradition and Innovation: Newton's Metaphysics of Nature.* Dordrecht: Kluwer, 1995.

McGuire, J. E.; and Rattansi, Piyo M., "Newton and the 'Pipes of Pan.'" *Notes and Records of the Royal Society* 21-2: 108-42

McKnight, Stephen A. ed. *Science, Pseudo-Science, and Utopianism in Early Modern Thought.* Columbia: University of Missouri Press, 1992.

McLachlan, H., ed. *Sir Isaac Newton's Theological Manuscripts.* Liverpool: Liverpool University Press, 1950.

McMullin, Ernan. *Newton on Matter and Activity.* Notre Dame, Ind.: University of Notre Dame Press, 1978.

Meli, Domenico Bertoloni. *Equivalence and Priority: Newton versus Leibniz.* Oxford: Clarendon Press, 1993.

Merton, Robert K. *On the Shoulders of Giants: A Shandean Postscript.* The Post-Italianate Edition. Foreword by Umberto Eco. Afterword by Denis Donoghue. Chicago: University of Chicago Press, 1993.

──── . "Priorities in Scientific Discovery: A Chapter in the Sociology of Science." *American Sociological Review* 22 (December 1957): 635-59.

──── . *Science, Technology, & Society in Seventeenth Century England.* New York: Howard Fertig, 1970.

Moore, Jonas. *Moore's Arithmetick: Discovering the Secrets of that Art, in Numbers and Species.* London: Thomas Harper, 1650.

More, Henry. *An Antidote against Atheisme, or An Appeal to the Natural*

Faculties of the Minde of Man, whether there be not a God. London: Roger Daniel, 1653.

More, Louis Trenchard. *Isaac Newton: A Biography.* New York: Scribner, 1934.

Moretti, Tomaso. *A General Treatise of Artillery: or, Great Ordnance.* Translated by Jonas Moore. London: Obadiah Blagrave, 1683.

Murdin, Lesley. *Under Newton's Shadow: Astronomical Practices in the Seventeenth Century.* Bristol: Adam Hilger, 1985.

Neugebauer, Otto. *The Exact Sciences in Antiquity.* New York: Dover, 1969.

Nicolson, Marjorie Hope. *Newton Demands the Muse: Newton's Opticks and the Eighteenth Century Poets.* Princeton: Princeton University Press, 1946.

──── . *Science and Imagination.* Ithaca, N.Y.: Great Seal Books, 1956.

Ornstein, Martha. *The Rôle of Scientific Societies in the Seventeenth Century.* Chicago: University of Chicago Press, 1928.

Palter, Robert, ed. *The Annus Mirabilis of Sir Isaac Newton: 1666-1966.* Cambridge, Mass.: MIT Press, 1970.

Park, David. *The Fire within the Eye.* Princeton: Princeton University Press, 1997.

Pepys, Samuel. *The Diary of Samuel Pepys.* Notes by Richard Lord Braybrooke. London: Dent, 1906.

Petty, William. *Political Arithmetick.* London: Robert Clavel, 1690.

Porter, Roy; and Teich, Mikuláš, eds. *The Scientific Revolution in National Context.* Cambridge: Cambridge University Press, 1992.

Price, Derek J. de Solla. "Newton in a Church Tower: The Discovery of an

Unknown Book by Isaac Newton." *Yale University Library Gazette* 34 (1960): 124.

Pyenson, Lewis; and Sheets-Pyenson, Susan. *Servants of Nature: A History of Scientific Institutions, Enterprises, and Sensibilities.* New York: Norton, 1999.

Raphson, Joseph. *The History of Fluxions.* London: William Pearson, 1715.

Rattansi, Piyo M. *Isaac Newton and Gravity.* London: Wildwood, 1974.

Ronan, Colin A. *Edmond Halley: Genius in Eclipse.* Garden City, N.Y.: Doubleday, 1969.

Royal Society. *Newton Tercentenary Celebrations.* Cambridge: Cambridge University Press, 1947.

Russell, Bertrand. *Mysticism and Logic.* New York: Norton, 1929.

Sabra, A. I. *Theories of Light from Descartes to Newton.* Cambridge: Cambridge University Press, 1981.

Schaffer, Simon. "Newtonianism." In Olby, R. C.; Cantor, G. N.; Christie, J. R. R.; and Hodge, M. J. S., eds., *Companion to the History of Modern Science.* London: Routledge, 1990.

─── . "Newton's Comets and the Transformation of Astrology." In Patrick Curry, ed., *Astrology, Science and Society: Historical Essays.* Woodbridge, U.K.: Boydell Press, 1987.

Secord, James A. "Newton in the Nursery: Tom Telescope and the Philosophy of Tops and Balls." *History of Science* 23 (1985): 127.

Shapin, Steven. *The Scientific Revolution.* Chicago: University of Chicago Press, 1996.

─── . *A Social History of Truth: Civility and Science in Seventeenth-Century*

England. Chicago: University of Chicago Press, 1994.

Shapiro, Alan E. *Fits, Passions, and Paroxysms: Physics, Method, and Chemistry and Newton's Theories of Colored Bodies and Fits of Easy Reflection*. Cambridge: Cambridge University Press, 1993.

——. "The Gradual Acceptance of Newton's Theory of Light and Color, 1672–1727. *Perspectives on Science* 4 (1996): 59–140.

Socolow, Elizabeth Anne. *Laughing at Gravity: Conversations with Isaac Newton*. Introduction by Marie Ponsot. Boston: Beacon Press, 1988.

Spargo, P. E.; and Pounds, C. A. "Newton's `Derangement of the Intellect': New Light on an Old Problem." *Notes and Records of the Royal Society* 34 (1979): 11–32.

Sprat, Thomas. *The History of the Royal Society*. Edited by Jackson I. Cope and Harold Whitmore Jones. London: Routledge & Kegan Paul, 1959.

Stayer, Marcia Sweet, ed. *Newton's Dream*. Kingston, Ont.: McGill–Queen's University Press, 1988.

Stewart, Larry. "Other Centres of Calculation, or, Where the Royal Society Didn't Count: Commerce, Coffee–houses and Natural Philosophy in Early Modern London." *British Journal for the History of Science* 32 (1999): 133–53.

——. *The Rise of Public Science: Rhetoric, Technology, and Natural Philosophy in Newtonian Britain, 1660–1750*. Cambridge: Cambridge University Press, 1992.

Stimson, Dorothy. *Scientists and Amateurs: A History of the Royal Society*. London: Sigma, 1949.

Stuewer, Roger H. "Was Newton's 'Wave–Particle Duality' Consistent with

Newton's Observations?" *Isis* 60 (fall 1969): 203, 392–94.

Stukeley, William. *Memoirs of Sir Isaac Newton's Life*, 1752. Edited by A. Hastings White. London: Taylor & Francis, 1936.

Telescope, Tom (pseudonym). *The Newtonian System of Philosophy: Explained by Familiar Objects, in an Entertaining Manner, for the Use of Young Persons*. London: William Magnet, 1798.

Theerman, Paul; and Seeff, Adele F., eds. *Action and Reaction: Proceedings of a Symposium to Commemorate the Tercentenary of Newton's Principia*. Newark: University of Delaware Press, 1993.

Thomas, Keith. "Numeracy in Early Modern England." *Transactions of the Royal Historical Society* 37, 5th series (1987): 103–32.

Thorndike, Lynn. *A History of Magic and Experimental Science*. New York: Columbia University Press, 1923.

van Leeuwen, Henry G. *The Problem of Certainty in English Thought 1630–1690*. The Hague: Martinus Nijhoff, 1963.

Voltaire (François–Marie Arouet). *Letters on England*. Translated by Leonard Tancock. Harmondsworth, U.K.: Penguin, 1980.

Waller, Maureen. *1700: Scenes from London Life*. New York: Four Walls Eight Windows, 2000.

Wallis, John. *A Defence of the Royal Society, and the Philosophical Transactions, in Answer to the Cavils of Dr. William Holder*. London: Thomas More, 1678.

Walters, Alice N. "Ephemeral Events: English Broadsides of Early Eighteenth–

Century Solar Eclipses." *History of Science* 37 (March 1999): 1-43.

Webster, Charles. *From Paracelsus to Newton: Magic and the Making of Modern Science*. Cambridge: Cambridge University Press, 1982.

Weinberg, Steven. *Facing Up*. Cambridge, Mass.: Harvard University Press, 2001.

Weld, Charles Richard. *A History of the Royal Society, with Memoirs of the Presidents*. London: 1848.

Westfall, Richard S. *Force in Newton's Physics: The Science of Dynamics in the Seventeenth Century*. London: Macdonald, 1971

―――. *Never at Rest: A Biography of Isaac Newton*. Cambridge: Cambridge University Press, 1980.

―――. "Newton and the Fudge Factor," *Science* 179: 751.

―――. *Science and Religion in Seventeenth-Century England*. New Haven: Yale University Press, 1958.

―――. "Short-Writing and the State of Newton's Conscience, 1662." *Notes and Records of the Royal Society* 18 (1963): 10.

Whiston, William. *Memoirs of the Life and Writings of Mr. William Whiston*. Second edition. London: Whiston & White, 1753.

White, Lynn, Jr. *Medieval Technology and Social Change*. Oxford: Oxford University Press, 1962.

White, Michael. *Isaac Newton: The Last Sorcerer*. New York: Perseus, 1998.

Whiteside, D. T. "The Expanding World of Newtonian Research." *History of Science* 1 (1962): 16-29.

―――. "Isaac Newton: Birth of a Mathematician." *Notes and Records of the Royal Society* 19 (1964): 53-62.

―――. "Newton's Early Thoughts on Planetary Motion: A Fresh Look." *British Journal for the History of Science* 2 (December 1964):117-37.

―――. "Newton's Marvellous Year: 1666 and All That." *Notes and Records of the Royal Society* 21 (1966): 32.

Wilkins, John. *Mathematical and Philosophical Works*. Facsimile of 1708 edition. London: Frank Cass, 1970.

Yeo, Richard. *Encyclopaedic Visions: Scientific Dictionaries and Enlightenment Culture*. Cambridge: Cambridge University Press, 2001.

―――. "Genius, Method, and Morality: Images of Newton in Britain, 1760-1860." *Science in Context* 2 (autumn 1988): 257.

그림 출처

46세의 아이작 뉴턴 초상화, 고트프리 넬러 경 그림(1689년) • 8
By kind permission of the Trustees of the Portsmouth Estates.
Photographed by Jeremy Whitaker.

데카르트의 소용돌이 • 39
Gilbert-Charles le Gendre, *Traite de l'opinion ou memoires pour servir àl' l'histoire de l'esprit humain*(Paris, 1733).

격렬한 운동 • 40
Newton's *Questiones*, Add MS 3996, f. 98r.*

뉴턴이 초기에 그린 여러 가지 장치들 • 49
Add MS 3965, f. 35v.*

쌍곡선의 면적을 구한 무한급수 • 50
Add MS 4004, f.81v.*

안와^{眼窩}에 밀어 넣은 뜨개바늘에 대한 스케치 • 74
Add MS 3975, f. 15.*

반사 망원경 • 86
Philosophical Transactions, No. 81, March 25, 1672.

결정적인 실험 • 94
Correspondence I, p. 107.

눈과 프리즘 • 97
Add MS 3996, f. 122r.*

뉴턴과 훅의 1679년 논쟁 • 136
Correspondence II, pp. 301, 305, and 307.

우주 중력의 탄생 • 141
Principia, Book I, Proposition XI.

1680년의 혜성 • 154
Principia, Book III, Proposition XLI.

라이프니츠에게 보낸 암호의 열쇠 • 187
Add MS 4004, f. 81 v.*

윌리엄 블레이크^{William Blake}의 뉴턴(1795년) • 201
ⓒ Tate Gallery, London/Art Resource, N. Y.

뉴턴의 데드 마스크 • 211
By John Michael Rysbrack. Keynes Collection, King's College, Cambridge.

* 표시는 케임브리지 대학교 위원회의 허가를 받은 것입니다.

찾아보기

ㄱ

갈릴레오 갈릴레이 Galileo Galilei 25, 36, 46, 53, 61~62, 64, 68, 69
갈릴레오가 관찰한 태양 흑점 sunspot Galileo's observation of 88
결정론 determinism 153, 204, 206
결정적인 실험 Experimentum Crucis 78, 80, 94~95, 100~101
고대 그리스 Greeks, ancient:
    그리스 과학 science of 33~35, 37~38
    그리스 기하학 geometry of 43, 47, 147
고트프리트 라이프니츠 Gottfried Leibniz 99, 169~170, 186~193
공기펌프 air-pump 39, 77, 104, 105
과학혁명 Scientific Revolution 60~61, 206
구심력 centripetal force 140
기계론적 철학 mechanical philosophy 119
기하학 geometry 53, 57~58, 82, 148, 207

ㄴ

뉴턴의 중력법칙 Newton's universal law of gravity 138, 214
뉴턴주의 Newtonianism 15~16, 115, 162, 169, 195, 198~199, 203~204, 206
니콜라 말브랑슈 Nicolas Malebranche 82
니콜라스 메르카토르 Nicholas Mercator 82
니콜라스 파티오 데 듀일리에 Nicolas Fatio de Duillier 161~162, 166
니콜라우스 코페르니쿠스 Nicolaus Copernicus 161

ㄷ

달 moon 41, 62~68, 70, 151~155, 170
『대수법Logarithmotechnia』(메르카토르) 82
대수학 algebra 46~47, 50, 53, 169
데이비드 굿스타인 David Goodstein 60
데이비스 그레고리 David Gregory 172~173
데이비드 브루스터 David Brewster 203

ㄹ

레노어 파이겐바움 Lenore Feigenbaum 192
『레이디스 다이어리 Ladies Diary』 197
로버트 버튼 Robert Burton 24~26
로버트 보일 Robert Boyle 39, 89, 105, 117
    공기 펌프를 이용한 로버트 보일의 실험 air-pump experiments of 105
로버트 훅 Robert Hooke 75~78, 98~102, 134~140, 143~145
르네 데카르트 René Descartes 16, 38~39, 48, 51, 73, 78, 97~98

ㅁ

마르키스 드 로피탈 Marquis de l'Hopital 165
마법 magic, magician 27, 48, 115, 120
망원경 telescope 25, 61, 62, 64, 75, 84~86, 88, 91, 92, 97, 181
메리 피트먼 Mary Pitman 179
목성 Jupiter 25, 62, 86, 90, 141, 151~152
무한 급수 infinite series 50~51, 53, 82, 84, 187
무한소 infinitesimal 52~53, 56~58, 134, 148
미적분 Calculus 53, 56~57, 82, 104, 134, 148, 188~192

ㅂ

바너버스 스미스 Barnabas Smith 19~20, 23, 264
벤저민 헤이든 Benjamin Haydon 200
별 star 61, 132, 140
빛 light
    펄스 이론 pulse (wave) theory of 79, 98, 111
    펄스 이론과 입자 이론 pulse (wave) vs. particle theory of 98, 105

ㅅ

새뮤얼 버틀러 Samuel Butler 90
새뮤얼 스터미 Samuel Sturmy 154
새뮤얼 콜프레스 Samuel Colepress 89, 154
새뮤얼 피프스 Samuel Pepys 161, 163, 167~168
색 color 27, 74, 78~79, 85, 94, 97, 101, 183
성령 Holy Ghost 123, 126~128, 162
스투어브리지 정기시 Stourbridge Fair 32, 43
시계 clock 21~22, 35, 38, 41, 153, 177, 207
    우주에 대한 은유로서의 시계 as metaphor for cosmos 153
실험 철학 Experimental Philosophy 74, 76, 156, 184
십진제 decimal notation 177

ㅇ

아르키메데스 Archimedes 23
아리스토텔레스 Aristotle 28, 32~37, 52, 61, 63, 65, 74, 78, 194~195
아리스토텔레스 주의 Aristotelianism 28, 61
아이작 뉴턴 Isaac Newton (아버지) 14
아이작 뉴턴 경 Sir Isaac Newton:
    논문 disposition of papers of 82, 105~106, 140, 143, 158, 162, 172, 182, 188, 199
    마술사 as "magician" 158, 210
    어릴적 교육 early education of 21, 23
    의회의 의원 as member of Parliament 160~161
    죽음 death of 210~212
    출생과 어린시절 birth and childhood of 19~21
아이작 배로 Isaac Barrow 43, 80, 81, 82~84, 86
아킬레스와 거북이 역설 Achilles and the tortoise, paradox of 54
아타나시우스 키르케르 Athanasius Kircher 91
알렉산더 포프 Alexander Pope 197
알베르트 아인슈타인 Albert Einstein 18, 183, 206~208
앤드루 마블 Andrew Marvell 73
양자역학 quantum mechanics 109, 208
어두운 물질 dark matter 166
에드먼드 핼리 Edmund Halley 131~132, 139~140, 143~146, 153~155, 158~159
에드윈 아서 버트 Edwin Arthur Burtt 205
에테르 ether 93, 98, 100, 108~109, 111~112, 133, 138, 181, 183
엘리자베스 소콜로우 Elizabeth Socolow 200
엠페도클레스 Empedocles 63
역법 calendar 14, 21, 29
    뉴턴의 역법 계산 Newton's computation of 29
    영국 역법과 대륙 역법 English vs. Continental (modern) 21
역제곱법칙 inverse-square law 67, 70, 138~139, 145, 165, 199
연금술과 변화 fermentation, in alchemy 115, 119

영구 운동 perpetual motion 39, 90, 116, 183
오노레 파브리 Honoré Fabri 110
왕립학회 Royal Society of London 82, 86~92, 175, 181~192, 184
요하네스 케플러 Johannes Kepler 25, 61, 65, 70, 120, 132, 140, 155
운동 법칙 laws of motion 134, 146, 150, 155
    뉴턴이 제시한 공리 presented as axioms 147
울스소프 Woolsthorpe 15, 19~20, 22~23, 59, 67, 82, 104, 141, 151
윌리엄 아이스코프 William Ayscough 19, 30
윌리엄 오트레드 William Oughtred 43
윌리엄 워즈워스 William Wondsworth 200~201
유율 fluxions 58, 188
유체 운동 fluid mechanic 30
유클리드 Euclid 43, 47, 52~53, 67, 196
율리우스 카이사르 Julius Caesar 63
이냐스 파르디에 Ignace Pardies 100
이마누엘 칸트 Immanuel Kant 205
인식론적 상대주의 epistemological relativism 194
일식 solar eclipse 66, 198

ㅈ

자기 magnetism 133, 208
장이론 field theories 204, 208
절대 공간 absolute time 124, 142, 165, 186, 206
절대 시간 absolute space 18, 166, 206
점성술 astrology 43
접선 tangents 48, 53~54, 56, 134, 148, 186~187

제1동자 first mover 34
제1물질 first matter 37, 127
제논의 역설 Zeno's paradox 54
제인 하우스덴 Jane Housden 179
제임스 그레고리 James Gregory 83, 172~173, 227
제임스 크롬프턴 James Crompton 132~133
조나단 스위프트 Jonathan Swift 178, 195
조석 tide 14, 41, 148, 154~155, 159
조르주 퀴비에 Georges Cuvier 206
조지 고든 바이런 George Gordon Byron 204
조지 버나드 쇼 George Bernard Shaw 206
존 골 John Gaule 115
존 로크 John Locke 161~162, 167~168, 177, 203
존 메이너드 케인스 John Maynard Keynes 209~210
존 베이트 John Bate 27~28
존 아버스노트 John Arbuthnot 165
존 월리스 John Wallis 43, 180~181
존 윌킨스 John Wilkins 62~63, 64~66, 77, 89
존 콘듀이트 John Conduitt 210
존 콜린스 John Collins 82~83, 102, 189
존 키츠 John Keats 200
존 플램스티드 John Flamsteed 132~134, 140, 171~173, 193
중력 gravity 15~16, 67~70, 159, 165, 170, 206
진공 vacuum 37, 39, 41, 76, 104, 108, 186, 202
진자 pendulums 35, 69, 108, 137~138, 151, 153

ㅊ

찰스 몬터규 Charles Montague 177~178
천구 celestial sphere 25, 35, 66, 169
『천구의 회전에 관하여 De Reoolutionibus Orbium Coelestium』 (코페르니쿠스) 61
「철학회보 Philosophical Transactions」 89, 146, 188~189, 194

ㅋ

캐서린 바턴 Catherine Barton 177, 209
큐빗 cubit 55, 69, 125
크리스토퍼 렌 Christopher Wren 139, 164
크리스토퍼 콜럼버스 Christopher Columbus 65
크리스티안 호이겐스 Christiaan Huygens 102, 156, 161~162, 169

ㅌ

타원 ellipse 23, 56, 61, 81, 137~139, 153
태양 sun 22, 39, 61, 88, 95, 133~134
토머스 쿤 Thomas S. Kuhn 206
토머스 홉스 Thomas Hobbes 87, 225
트리니티 칼리지 Trinity College 17, 30~31, 43, 47, 81
티코 브라헤 Tycho Brahe 25, 223

ㅍ

퍼시 비시 셸리 Percy Bysshe Shelley 200
프란체스코 마리아 그리말디 Francesco Maria Grimaldi 110, 229
프란츠 메스머 Franz Mesmer 199
프랑스 과학아카데미 French Academy of Sciences 198
프랑스와 마리 아루에 드 볼테르 French Marie Arouet de Voltaire 15~16, 68, 195
프랜시스 베이컨 Francis Bacon 63~64, 77~80, 95, 147, 158
프리드리히 빌헬름 니체 Friedrich Wilhelm Nietzsche 120
프리즘 prisms 32, 78~79, 85, 94~97
『프린키피아 Principia』 (뉴턴) 182, 184, 188, 193, 214
플라톤 Plato 32, 37
피에르 시몽 드 라플라스 Pierre Simon de Laplace 204

ㅎ

한나 아이스코프 뉴턴 스미스 Hannah Ayscough Newton Smith (어머니) 9~20, 23, 31, 45
해시계 sundial 22, 29
행성 planet 26, 35, 61, 134, 138~139, 152, 154
헤르만 본디 Hermann Bondi 17, 209
헨리 스토크스 Henry Stokes 23, 30
헨리 올덴버그 Henry Oldenburg 88~94, 98~100, 102~106, 110, 112~113, 186
현미경 microscope 53, 75, 77~79, 101, 106
혜성 comet 44, 90, 131~134, 140, 149, 153, 198, 210

도서출판 승산에서 만든 책들

19세기 산업은 전기 기술 시대, 20세기는 전자 기술(반도체) 시대, 21세기는 양자 기술 시대입니다. 미래의 주역인 청소년들을 위해 21세기 **양자 기술**(양자 컴퓨터, 양자 암호, 양자 정보, 양자 철학 등) 시대를 대비한 수학 및 양자 물리학 양서를 계속 출간하고 있습니다.

파인만의 과학이란 무엇인가?
리처드 파인만 강연 | 192쪽 | 정재승, 정무광 옮김 | 10,000원
'과학이란 무엇인가?', '과학적인 사유는 세상의 다른 많은 분야에 어떻게 영향을 미치는가?' 에 대한 기지 넘치는 강연을 생생히 읽을 수 있다. 아인슈타인 이후 최고의 물리학자로 누구나 인정하는 리처드 파인만의 1963년 워싱턴대학교에서의 강연을 책으로 엮었다.

타이슨이 연주하는 우주 교향곡 1, 2권
닐 디그래스 타이슨 지음|박병철 옮김|1권 256쪽, 2권 264쪽|각권 10,000원
모두가 궁금해하는 우주의 수수께끼를 명쾌하게 풀어내는 책! 10여 년 동안 미국 월간지 〈유니버스〉에 '우주' 라는 제목으로 기고한 칼럼을 두 권으로 묶었다. 우주에 관한 다양한 주제를 골고루 배합하여 쉽고 재치 있게 설명해 준다.

아인슈타인의 우주 <GREAT DISCOVERIES>
미치오 카쿠 지음 | 고중숙 옮김 | 328쪽 | 15,000원
밀도 높은 과학적 개념을 일상의 언어로 풀어내는 카쿠는 『아인슈타인의 우주』에서 인간 아인슈타인과 그의 유산을 수식 한 줄 없이 체계적으로 설명한다. 가장 최근의 끈이론에도 살아남아 있는 그의 사상을 통해 최첨단 물리학을 이해할 수 있는 친절한 안내서 역할도 할 것이다.

퀀트 물리와 금융에 관한 회고
이매뉴얼 더만 지음 | 권루시안 옮김 | 472쪽 | 18,000원
'금융가의 리처드 파인만'으로 손꼽히는 금융가의 전설적인 더만! 그가 말하는 이공계생들의 금융계 진출과 성공을 향한 도전을 책으로 읽는다. 금융공학과 퀀트의 세계에 대한 다채롭고 흥미로운 회고. 수학자 제임스 시몬스는 70세 나이에도 1조 5천 억 원의 연봉을 받고 있다. 이공계생들이여, 금융공학에 도전하라!

과학의 새로운 언어, 정보
한스 크리스천 폰 베이어 지음 | 전대호 옮김 | 352쪽 | 18,000원

양자역학이 보여 주는 '반직관적인' 세계관과 새로운 정보 개념의 소개. 눈에 보이는 것이 세상의 전부가 아님을 입증해 주는 '양자역학'의 세계와, 현대 생활에서 점점 더 중요시되는 '정보'에 대해 친근하게 설명해 준다. IT산업에 밑바탕이 되는 개념들도 다룬다.

한국과학문화재단 출판지원 선정 도서

아인슈타인의 베일 양자물리학의 새로운 세계
안톤 차일링거 지음 | 전대호 옮김 | 312쪽 | 15,000원

양자물리학의 전체적인 흐름을 심오한 질문들을 통해 설명하는 책. 세계의 비밀을 감추고 있는 거대한 '베일'을 양자이론으로 점차 들춰낸다. 고전물리학에서 최첨단의 실험 결과에 이르기까지, 일반 독자들을 위해 쉽게 설명하고 있어 과학 논술을 준비하는 학생들에게 도움을 준다.

엘러건트 유니버스
브라이언 그린 지음 | 박병철 옮김 | 592쪽 | 20,000원

초끈이론의 바이블! 초끈이론과 숨겨진 차원, 그리고 궁극의 이론을 향한 탐구 여행을 이끈다. 초끈이론의 권위자 브라이언 그린은 핵심을 비껴가지 않고도 가장 명쾌한 방법을 택한다.

〈KBS TV 책을 말하다〉와 〈동아일보〉〈조선일보〉〈한겨레〉 선정 '2002년 올해의 책' 2008년 '새 대통령에게 권하는 책 30선' 선정

우주의 구조
브라이언 그린 지음 | 박병철 옮김 | 747쪽 | 28,000원

'엘러건트 유니버스'에 이어 최첨단 물리를 맛보고 싶은 독자들을 위한 브라이언 그린의 역작! 새로운 각도에서 우주의 본질에 관한 이해를 도모할 수 있을 것이다.

〈KBS TV 책을 말하다〉 테마북 선정, 제46회 한국출판문화상(번역부문, 한국일보사), 아 · 태 이론물리센터 선정 '2005년 올해의 과학도서 10권'

파인만의 물리학 강의 I
리처드 파인만 강의 | 로버트 레이턴, 매슈 샌즈 엮음 | 박병철 옮김 | 736쪽 | 양장 38,000원
반양장 18,000원, 16,000원(I-I, I-II로 분권)
40년 동안 한 번도 절판되지 않았던, 전 세계 이공계생들의 전설적인 필독서, 파인만의 빨간 책.
2006년 중3, 고1 대상 권장 도서 선정(서울시 교육청)

파인만의 물리학 강의 II
리처드 파인만 강의 | 로버트 레이턴, 매슈 샌즈 엮음 | 김인보, 박병철 외 6명 옮김 | 800쪽 | 40,000원
파인만의 물리학 강의I에 이어 우리나라에 처음 소개되는 파인만 물리학 강의의 완역본. 주로 전자기학과 물성에 관한 내용을 담고 있다.

파인만의 물리학 길라잡이 : 강의록에 딸린 문제 풀이
리처드 파인만, 마이클 고틀리브, 랠프 레이턴 지음 | 박병철 옮김 | 304쪽 | 15,000원
파인만의 강의에 매료되었던 마이클 고틀리브와 랠프 레이턴이 강의록에 누락된 네 차례의 강의와 음성 녹음, 그리고 사진 등을 찾아 복원하는 데 성공하여 탄생한 책으로, 기존의 전설적인 강의록을 보충하기에 부족함이 없는 참고서이다.

파인만의 여섯 가지 물리 이야기
리처드 파인만 강의 | 박병철 옮김 | 246쪽 | 양장 13,000원, 반양장 9,800원
파인만의 강의록 중 일반인도 이해할 만한 '쉬운' 여섯 개 장을 선별하여 묶은 책. 미국 랜덤하우스 선정 20세기 100대 비소설 가운데 물리학 책으로 유일하게 선정된 현대과학의 고전.
간행물윤리위원회 선정 '청소년 권장 도서', 서울시 교육청, 경기도 교육청 권장도서 선정, KBS 'TV 책을 말하다' 선정도서

파인만의 또 다른 물리 이야기
리처드 파인만 강의 | 박병철 옮김 | 238쪽 | 양장 13,000원, 반양장 9,800원
파인만의 강의록 중 상대성이론에 관한 '쉽지만은 않은' 여섯 개 장을 선별하여 묶은 책. 블랙홀과 웜홀, 원자 에너지, 휘어진 공간 등 현대물리학의 분수령이 된 상대성이론을 군더더기 없는 접근 방식으로 흥미롭게 다룬다.

일반인을 위한 파인만의 QED 강의
리처드 파인만 강의 | 박병철 옮김 | 224쪽 | 9,800원

가장 복잡한 물리학 이론인 양자전기역학을 가장 평범한 일상의 언어로 풀어낸 나흘간의 여행. 최고의 물리학자 리처드 파인만이 복잡한 수식 하나 없이 설명해 간다.

발견하는 즐거움
리처드 파인만 지음 | 승영조, 김희봉 옮김 | 320쪽 | 9,800원

인간이 만든 이론 가운데 가장 정확한 이론이라는 '양자전기역학(QED)'의 완성자로 평가받는 파인만. 그에게서 듣는 앎에 대한 열정.

문화관광부 선정 '우수학술도서', 간행물윤리위원회 선정 '청소년을 위한 좋은 책'

천재 리처드 파인만의 삶과 과학
제임스 글릭 지음 | 황혁기 옮김 | 792쪽 | 28,000원

'카오스'의 저자 제임스 글릭이 쓴, 천재 과학자 리처드 파인만의 전기. 영재 자녀를 둔 학부형, 과학자, 특히 과학을 공부하는 학생이라면 꼭 읽어야 하는 책.

2006 과학기술부 인증 '우수과학도서', 아·태 이론물리센터 선정 '2006년 올해의 과학도서 10권'

스트레인지 뷰티 머리 겔만과 20세기 물리학의 혁명
조지 존슨 지음 | 고중숙 옮김 | 608쪽 | 20,000원

20여 년에 걸쳐 입자 물리학을 지배했고 리처드 파인만과 쌍벽을 이루었던 머리 겔만. 그가 이룬 쿼크와 팔중도의 발견은 이후의 입자물리학에서 펼쳐진 모든 것들의 초석이 되었다. 1969년 노벨물리학상을 받았고, 현재도 생존해 있는 머리 겔만의 삶과 학문.

교보문고 선정 '2004 올해의 책'

볼츠만의 원자
데이비드 린들리 지음 | 이덕환 옮김 | 340쪽 | 15,000원

19세기 과학과 불화했던 비운의 천재, 엔트로피 이론을 확립한 루트비히 볼츠만의 생애. 그리고 그가 남긴 과학이론의 발자취. 간행물윤리위원회 선정 '청소년 권장 도서'

수학

불완전성 쿠르트 괴델의 증명과 역설 <GREAT DISCOVERIES>
레베카 골드스타인 지음 | 고중숙 옮김 | 352쪽 | 15,000원

독자적인 증명을 통해 괴델은 충분히 복잡한 체계, 요컨대 수학자들이 사용하고자 하는 체계라면 어떤 것이든 참이면서도 증명불가능한 명제가 반드시 존재한다는 사실을 밝혀냈다. 괴델이 보기에 이는 인간의 마음으로는 오직 불완전하게 헤아릴 수밖에 없는, 인간과 독립적으로 존재하는 영원불멸의 객관적 진리에 대한 증거였다. 레베카 골드스타인은 소설가로서의 기교와 과학철학자로서의 통찰을 결합하여 괴델의 정리와 그 현란한 귀결들을 이해하기 쉽도록 펼쳐 보임은 물론 괴팍스럽고도 처절한 천재의 삶을 생생히 그려 나간다.

간행물윤리위원회 선정 '청소년 권장 도서'

리만 가설 베른하르트 리만과 소수의 비밀
존 더비셔 지음 | 박병철 옮김 | 560쪽 | 20,000원

수학의 역사와 구체적인 수학적 기술을 적절하게 배합시켜 '리만 가설'을 향한 인류의 도전사를 흥미진진하게 보여 준다. 일반 독자들도 명실 공히 최고 수준이라 할 수 있는 난제를 해결하는 지적 성취감을 느낄 수 있을 것이다.

2007 대한민국학술원 기초학문육성 '우수학술도서' 선정

소수의 음악 수학 최고의 신비를 찾아
마커스 드 사토이 지음 | 고중숙 옮김 | 560쪽 | 20,000원

소수, 수가 연주하는 가장 아름다운 음악! 이 책은 세계 최고의 수학자들이 혼돈 속에서 질서를 찾고 소수의 음악을 듣기 위해 기울인 힘겨운 노력에 대한 매혹적인 서술이다. 19세기 이후부터 현대 정수론의 모든 것을 다루는 일반인을 위한 '리만 가설', 최고의 안내서이다.

2007 과학기술부 인증 '우수과학도서' 선정. 아·태 이론물리센터 선정 '2007년 올해의 과학도서 10권', 〈EBS 북 다이제스트〉 테마북 선정

(저자 마커스 드 사토이는 180여 년 전통의 '영국왕립연구소 크리스마스 과학강연'을 한국에 옮겨 와 일산 킨텍스에서 열린 '대한민국 과학축전'의 2007년 '8월의 크리스마스 과학강연'을 4회에 걸쳐 진행했으며 KBS TV에 방영되었다.)

허수 시인의 마음으로 들여다본 수학적 상상의 세계
배리 마주르 지음 | 박병철 옮김 | 280쪽 | 12,000원

수학자들은 허수라는 상상하기 어려운 대상을 어떻게 수학에 도입하게 되었을까? 음수의 제곱근인 허수의 수용과정을 추적하면서 수학에 친숙하지 않은 독자들을 수학적 상상력의 세계로 안내한다.

영재들을 위한 365일 수학여행
시오니 파파스 지음 | 김흥규 옮김 | 280쪽 | 15,000원

재미있는 수학 문제와 수수께끼를 일기 쓰듯이 하루에 한 문제씩 풀어 가면서 논리적인 사고력과 문제해

결능력을 키우고 수학언어에 친숙해지도록 하는 책. 더불어 수학사의 유익한 에피소드도 읽을 수 있다.

뷰티풀 마인드
실비아 네이사 지음 | 신현용, 승영조, 이종인 옮김 | 757쪽 | 18,000원

21세 때 MIT에서 27쪽짜리 게임이론의 수학 논문으로 46년 뒤 노벨 경제학상을 수상한 존 내쉬의 영화 같았던 삶. 그의 삶 속에서 진정한 승리는 30년 동안 시달려 온 정신분열증을 극복하고 노벨상을 수상한 것이 아니라, 아내 앨리샤와의 사랑으로 끝까지 살아남아 성장할 수 있었다는 점이다.

간행물윤리위원회 선정 '우수도서', 영화 〈뷰티풀 마인드〉 오스카상 4개 부문 수상

우리 수학자 모두는 약간 미친 겁니다
폴 호프만 지음 | 신현용 옮김 | 376쪽 | 12,000원

83년간 살면서 하루 19시간씩 수학문제만 풀었고, 485명의 수학자들과 함께 1,475편의 수학논문을 써 낸 20세기 최고의 전설적인 수학자 폴 에어디쉬의 전기.

한국출판인회의 선정 '이달의 책', 론-풀랑 과학도서 저술상 수상

무한의 신비
애머 악첼 지음 | 신현용, 승영조 옮김 | 304쪽 | 12,000원

고대부터 현대에 이르기까지 수학자들이 이루어 낸 무한에 대한 도전과 좌절. 무한의 개념을 연구하다 정신병원에서 쓸쓸히 생을 마쳐야 했던 칸토어, 그리고 피타고라스에서 괴델에 이르는 '무한'의 역사.

유추를 통한 수학탐구
P. M. 에르든예프, 한인기 공저 | 272쪽 | 18,000원

유추는 개념과 개념을, 생각과 생각을 연결하는 징검다리와 같다. 이 책을 통해 우리는 '내 힘으로' 수학하는 기쁨을 얻게 된다.

문제해결의 이론과 실제
한인기, 꼴랴긴 Yu. M. 공저 | 208쪽 | 15,000원

입시 위주의 수학교육에 지친 수학교사들에게는 '수학 문제해결의 가치'를 다시금 일깨워 주고, 수학 논술을 준비하는 중등학생들에게는 진정한 문제해결력을 길러 줄 수 있는 수학 탐구서.

안개 속의 고릴라
다이앤 포시 지음 | 최재천, 남현영 옮김 | 520쪽 | 20,000원

세 명의 여성 영장류 학자(다이앤 포시, 제인 구달, 비루테 갈디카스) 중 가장 열정적인 삶을 산 다이앤 포시. 이 책은 '산중의 제왕' 산악고릴라를 구하기 위해 투쟁하고 그 과정에서 목숨까지 버려야 했던 다이앤 포시가 우림지대에서 13년간 연구한 고릴라의 삶을 서술한 보고서이다. 영장류 야외 장기 생태 연구 분야에서 값어치를 매길 수 없이 귀한 고전이다. 시고니 위버 주연의 영화 〈정글 속의 고릴라〉에서도 다이앤 포시의 삶이 조명되었다.

한국출판인회의 선정 '이달의 책' (2007년 10월)

인류 시대 이후의 미래 동물 이야기
두걸 딕슨 지음 | 데스먼드 모리스 서문 | 이한음 옮김 | 240쪽 | 15,000원

인류 시대가 끝난 후의 지구는 어떻게 진화할까? 다윈도 예측하지 못한 신기한 미래 동물의 진화를 기후별, 지역별로 소개하여 우리의 상상력을 흥미롭게 자극한다. 책장을 넘기며 그림을 보는 것만으로도 이 책이 우리의 상상력을 얼마나 흥미롭게 자극하는지 느낄 수 있을 것이다. 나아가 이 책은 단순히 호기심만 부추기는 데 그치지 않고, 진화 원리를 바탕으로 타당하고 예상 가능한 상상의 동물들을 제시하기에 설득력을 갖는다.

Gamma Exploring Euler's Constant
줄리언 해빌 지음 | 프리먼 다이슨 서문 | 고중숙 옮김

수학의 중요한 상수 중 하나인 감마는 여전히 깊은 신비에 싸여 있다. 줄리언 해빌은 여러 나라와 세기를 넘나들며 수학에서 감마가 차지하는 위치를 설명하고, 독자들을 로그와 조화급수, 리만가설과 소수정리의 세계로 끌어들인다.

NOT EVEN WRONG The Failure of String Theory and the Continuing Challenge to Unify the Laws of Physics
Peter Woit 지음 | 박병철 옮김

초끈이론은 탄생한 지 20년이 지난 지금까지도 아무런 실험적 증거를 내놓지 못하고 있다. 그 이유는 무엇일까? 입자물리학을 지배하고 있는 초끈이론을 논박하면서 (그 반대진영에 있는) 루프양자이론, 트위스트이론 등을 소개한다.

THE ROAD TO REALITY A Complete Guide to the Laws of the Universe
로저 펜로즈 지음 | 박병철 옮김

지금껏 출간된 책들 중 우주를 수학적으로 가장 완전하게 서술한 책. 수학과 물리적 세계 사이에 존재하는 우아한 연관관계를 복잡한 수학을 피해 가지 않으면서 정공법으로 설명한다. 우주의 실체를 이해하려는 독자들에게 놀라운 지적 보상을 제공한다.

The Reluctant Mr. Darwin An Intimate Portrait of Charles Darwin and the Making of His Theory of Evolution 〈GREAT DISCOVERIES〉
데이비드 쾀멘 지음 | 이한음 옮김

찰스 다윈과 그의 경이롭고 두려운 생각에 관한 이야기! 다윈이 떠올린 진화 메커니즘인 '자연선택'은 과학사에서 가장 흥미를 자극하는 것이다. 이 책은 다윈의 과학적 업적은 물론 그의 위대함이라는 장막 뒤쪽의 인간적인 초상을 세밀하게 그려 낸다.

THE MAN WHO KNEW TOO MUCH Alan Turing and the Invention of the Computer〈GREAT DISCOVERIES〉
데이비드 리비트 지음 | 고중숙 옮김

튜링은 제2차 세계대전 중에 독일군의 암호를 해독하기 위해 '튜링기계'를 성공적으로 설계하고 제작하여 연합군에게 승리를 보장해 주었고 컴퓨터 시대의 문을 열었다. 또한 반동성애법을 위반했다는 혐의로 체포되기도 했다. 저자는 소설가의 감성을 발휘하여 튜링의 세계와 특출한 이야기 속으로 들어가 인간적인 면에 대한 시각을 잃지 않으면서 그이 업적과 귀결을 우아하게 파헤친다.

OBSESSIVE GENIUS The Inner World of Marie Curie 〈GREAT DISCOVERIES〉
바바라 골드스미스 지음 | 김희원 옮김

수십 년 동안 공개되지 않았던 일기와편지, 연구 기록, 그리고 가족과의 인터뷰 등을 통해 바바라 골드스미스는 신화에 가린 마리 퀴리를 드러낸다. 눈부신 연구 업적과 돌봐야 할 가족, 사회에 대한 편견, 그녀 자신의 열정적인 본성 사이에서 끊임없이 갈등을 느끼고 균형을 잡으려 애썼던 너무나 인간적인 여성의 모습이 그것이다. 이 책은 퀴리와 뛰어난 과학적 성과, 그리고 명성을 위해 치러야 했던 대가까지 눈부시게 그려 낸다.

도서출판 승산의 다른 책과 어린이 책은 홈페이지(www.seungsan.com)를 방문하면 볼 수 있습니다.

아이작 뉴턴

1판 1쇄 인쇄 2008년 9월 5일
1판 1쇄 펴냄 2008년 9월 12일

지은이 제임스 글릭
옮긴이 김동광
펴낸이 황승기
마케팅 송선경
디자인 권수진
펴낸곳 도서출판 승산
등록날짜 1988년 4월 2일
주소 서울시 강남구 역삼동 723번지 혜성빌딩 402호
전화번호 (02)568-6111
팩시밀리 (02)568-6118
이메일 books@seungsan.com
웹사이트 www.seungsan.com

ISBN 978-89-6139-014-9 03420

· 승산 북카페는 온라인 독서토론을 위한 공간입니다. '이 책의 포럼 newton.seungsan.com' 으로 오시면 이 책에 대해 자유롭게 이야기 나눌 수 있습니다.

· 도서출판 승산은 좋은 책을 만들기 위해 언제나 독자의 소리에 귀를 기울이고 있습니다.